1+X 职业技能等级证书（服务机器人应用开发）配套教材

服务机器人应用开发
（中级）

组　编　深圳市优必选科技股份有限公司
主　编　杨懿竣　裴　沛　刘小华　钟　永
副主编　刘鹤鸣　杨　欧　连国云
　　　　李晓明　陈泽兰
参　编　庞建新　李峥辉　刘　肖
　　　　唐欣玮　何　斓　李　亮

机械工业出版社

为贯彻落实《国家职业教育改革实施方案》，积极推进"1+X"证书制度的实施，深圳市优必选科技股份有限公司组织编写了这本《服务机器人应用开发（中级）》教材。

本书参考《服务机器人应用开发（中级）职业技能等级标准》，围绕服务机器人应用开发的人才需求与岗位能力要求，将智能服务机器人的典型应用场景作为教学项目，遵循"任务驱动、项目导向"的教学理念。全书共5个部分，11个教学项目，分别为语音部分——让机器人学会倾听、让机器人学会说话；视觉部分——让机器人辨别颜色、让机器人认识数字；运动控制部分——让机器人学会跳舞、让机器人手臂运动、让机器人双足步行；导航部分——让机器人构建地图、让机器人自主导航；语音视觉运动控制综合应用部分——让机器人跟踪抱球、让机器人听令前行识物。

本书是"服务机器人应用开发（中级）职业技能等级标准"的培训认证配套用书，也适合应用型本科院校、职业院校、技工院校作为专业教材使用，同时也可作为服务机器人应用开发从业人员的自学用书。

为方便教师教学，本书配有电子课件等教学资源，读者可登录机械工业出版社教育服务网（www.cmpedu.com）免费注册下载，或联系编辑（010-88379543）咨询。

图书在版编目（CIP）数据

服务机器人应用开发：中级 / 杨懿竣等主编. —北京：机械工业出版社，2024.2
1+X职业技能等级证书（服务机器人应用开发）配套教材
ISBN 978-7-111-75313-1

Ⅰ.①服… Ⅱ.①杨… Ⅲ.①服务用机器人–职业技能–鉴定–教材 Ⅳ.①TP242.3

中国国家版本馆CIP数据核字（2024）第052546号

机械工业出版社（北京市百万庄大街22号 邮政编码100037）
策划编辑：赵志鹏 责任编辑：赵志鹏
责任校对：梁 园 责任印制：邸 敏
北京富资园科技发展有限公司印刷
2024年6月第1版第1次印刷
184mm×260mm・19印张・443千字
标准书号：ISBN 978-7-111-75313-1
定价：59.80元

电话服务　　　　　　　　　网络服务
客服电话：010-88361066　　机 工 官 网：www.cmpbook.com
　　　　　010-88379833　　机 工 官 博：weibo.com/cmp1952
　　　　　010-68326294　　金 书 网：www.golden-book.com
封底无防伪标均为盗版　　机工教育服务网：www.cmpedu.com

前 言

本书以《服务机器人应用开发（中级）职业技能等级标准》为编写依据，以智能人形教育服务机器人、智能商用服务机器人教学平台为载体，以其典型应用场景为教学项目，从服务机器人行业的实际需求出发组织教材内容。本书的特色如下：

（1）在设计理念上　以就业为导向、以应用为目标、以实践为主线、以能力为中心，确定教材编写的指导思想；紧紧围绕"服务机器人应用开发"等相关岗位职业能力标准，以岗位典型工作任务所应具备的岗位职业能力为依据，确定教学项目。

（2）在教学内容选取上　简化不必要的理论，坚持以实践为重、理论够用的原则进行教材编写。使读者既能充分准备"1+X"证书考试，又能积累实际工程应用开发经验，为适应未来的工作岗位奠定坚实的基础。

（3）在编排结构形式上　以任务驱动、项目导向的教学设计思路，主要解决"服务机器人应用开发"的问题；以理论和实践一体化的工作过程为导向，强调获取完成工作任务的过程性知识；解决"怎么做"（经验）和"怎么做更好"（策略）的问题，穿插适度够用的陈述性知识（理论知识）。

本书由深圳市优必选科技股份有限公司与深圳职业技术大学人工智能学院专业教师团队联合编写。深圳市优必选科技股份有限公司技术研发团队、教研团队为本书提供技术支持。

由于编者水平和经验有限，书中难免有不妥及疏漏之处，敬请读者批评指正！

编　者

目 录

前 言

第一部分　机器人语音技术

项目 1　让机器人学会倾听 001

项目导入 001
项目任务 001
学习目标 002
知识链接 002
　一　认识智能服务机器人 002
　二　认识树莓派 007
　三　认识语音识别技术 008
　四　认识开源语音识别工具包 SpeechRecognition 011
　五　认识 SDK 与 API 013
项目准备 015
任务实施 015
　一　使用 SpeechRecognition 工具包实现语音识别 015
　二　使用 YanAPI 实现语音识别 018
任务评价 018
任务拓展 019
项目小结 019

项目 2　让机器人学会说话 020

项目导入 020
项目任务 020
学习目标 020
知识链接 021
　一　认识语音合成技术 021
　二　语音合成在智能机器人中的应用 025
　三　认识开源语音合成软件 eSpeak 026

项目准备 ... 026
任务实施 ... 027
 一 使用 eSpeak 命令让机器人说出：hello yanshee ... 027
 二 使用 eSpeak 命令机器人实时播报红外传感器的数值 ... 032
任务评价 ... 036
任务拓展 ... 036
项目小结 ... 036

第二部分　机器人视觉技术

项目 3　让机器人辨别颜色 ... 037

项目导入 ... 037
项目任务 ... 038
学习目标 ... 038
知识链接 ... 039
 一 人眼分辨颜色的原理 ... 039
 二 机器识别颜色的原理 ... 040
 三 认识色彩空间 ... 041
 四 认识图像传感器 ... 044
 五 认识 OpenCV 开源视觉库 ... 046
 六 机器人识别颜色方案设计 ... 054
项目准备 ... 054
任务实施 ... 054
 一 在 PC 端编写调试图像颜色识别程序 ... 055
 二 向机器人端移植调试图像颜色识别程序 ... 063
任务评价 ... 067
任务拓展 ... 068
项目小结 ... 068

项目 4　让机器人认识数字 ... 069

项目导入 ... 069
项目任务 ... 069
学习目标 ... 070

知识链接 ... 070
一 机器学习简介 ... 070
二 认识 KNN 算法 ... 072
三 认识 Sklearn 机器学习库 ... 073
四 机器人识别数字方案设计 ... 075
项目准备 ... 079
任务实施 ... 080
一 在 PC 端编写调试分类器程序 ... 080
二 在 PC 端编写调试主业务程序 ... 095
三 在机器人端移植调试主业务程序 ... 098
任务评价 ... 101
任务拓展 ... 102
项目小结 ... 102

第三部分 机器人运动控制技术

项目5 让机器人学会跳舞 ... 103

项目导入 ... 103
项目任务 ... 104
学习目标 ... 104
知识链接 ... 104
一 认识机器人的舵机 ... 104
二 认识机器人自由度 ... 108
三 机器人关节限位 ... 109
四 认识机器人编舞工具 ... 110
项目准备 ... 114
任务实施 ... 114
一 启动机器人 Cruzr PC 端软件 ... 114
二 选择机器人型号 ... 115
三 舞蹈编辑与测试 ... 116
任务评价 ... 121
任务拓展 ... 121
项目小结 ... 121

项目 6　让机器人手臂运动　122

项目导入 122
项目任务 122
学习目标 122
知识链接 123
一　ROS 介绍 123
二　机器人位姿和坐标转换 129
三　机器人运动学 132
四　Gazebo 仿真工具简介 133
五　URDF 模型文件 138
六　可视化工具 Rviz 141

项目准备 143
任务实施 143
一　搭建 Ubuntu16.04 环境 143
二　安装配置 ROS kinetic 环境 145
三　测试 Gazebo 仿真工具 148
四　控制机器人双手摆臂运动 148

任务评价 160
任务拓展 161
项目小结 161

项目 7　让机器人双足步行　162

项目导入 162
项目任务 162
学习目标 162
知识链接 163
一　零力矩点 163
二　质心和力矩 163
三　步态规划 165
四　更新机器人 ROS 版本 168
五　机器人步态规划方案设计 168

项目准备 174
任务实施 174
 一　安装机器人 ROS v1.6 版本安装包 174
 二　执行步态规划工程程序 177
任务评价 181
任务拓展 182
项目小结 182

第四部分　机器人导航技术

项目 8　让机器人构建地图 183

项目导入 183
项目任务 184
学习目标 184
知识链接 185
 一　移动机器人建图 185
 二　扫图步骤和注意事项 186
 三　ROS 常用命令行工具 186
 四　Rviz 的基本使用 189
 五　Teleop 控制机器人 191
 六　KartoSLAM 算法 192
 七　KartoSLAM 节点介绍 193
 八　KartoSLAM 节点参数 194
项目准备 195
任务实施 195
 一　编译安装 SLAM 源码包 195
 二　PC 端和机器人共享 ROS 环境 197
 三　使用 KartoSLAM 进行环境地图的构建 201
 四　保存并优化地图文件 206
任务评价 208
任务拓展 209
项目小结 209

项目 9　让机器人自主导航 210

项目导入 210
项目任务 210
学习目标 211
知识链接 211
一　移动机器人定位 211
二　移动机器人导航 211
三　ROS Navigation 功能包介绍 218
四　AMCL 功能包 219
五　导航功能包参数文件配置 221
项目准备 226
任务实施 227
一　配置机器人导航应用的工作环境 227
二　配置 ROS Navigation 导航功能包 227
三　启动 ROS Navigation 导航功能包 228
四　使用可视化工具 Rviz 进行重定位 232
五　使用可视化工具 Rviz 进行导航测试 234
任务评价 237
任务拓展 238
项目小结 238

第五部分　机器人语音视觉运动控制技术综合应用

项目 10　让机器人跟踪抱球 239

项目导入 239
项目任务 239
学习目标 241
知识链接 241
一　目标跟踪技术 241
二　认识多线程 246
三　机器人跟踪抱球方案设计 251
项目准备 253

任务实施 253
一　创建与编写程序 253
二　复制相关文件到机器人端 262
三　运行程序让机器人跟踪抱球 262
任务评价 263
任务拓展 264
项目小结 264

项目 11　让机器人听令前行识物　　　265

项目导入 265
项目任务 265
学习目标 266
知识链接 266
一　YanAPI 软件开发工具包 266
二　Python 之面向对象编程 269
三　进程、线程与协程 274
四　Python 中实现线程编程 275
五　MobileNet+SSD 模型简介 277
六　语音、视觉、运控综合应用程序设计 278
项目准备 279
任务实施 279
一　创建与编写 voice_object_detection 程序 280
二　复制源码包到机器人端 286
三　运行 voice_object_detection 程序 287
任务评价 289
任务拓展 290
项目小结 290

参考文献　　　291

第一部分
机器人语音技术

项目 1
让机器人学会倾听

项目导入

随着人工智能技术的飞速发展,智能语音技术的应用也陆续取得了一系列的成果。从亚马逊的 Echo 到微软的 Cortana,从苹果的语音助手 Siri 到谷歌的 Assistant,智能语音技术的应用给人们的生活带来了极大的便利。服务机器人 Cruzr 语音技术的应用场景如图 1-1 所示。当用户对机器人发出语音指令,机器人便能够执行相应的指令动作,这便是用到了语音识别技术。那么机器人是如何感知用户声音的呢?又是如何识别用户声音的呢?本项目将通过"让机器人学会倾听"任务为载体,介绍经典的开源语音工具包 SpeechRecognition 的使用方法,从而让学生掌握语音识别技术的基础知识及其应用。

图 1-1 服务机器人 Cruzr 语音技术的应用场景

项目任务

语音识别技术是机器人语音交互的关键基础技术之一,本项目需完成以下任务:
1)使用语音工具包 SpeechRecognition 调用 Sphinx 以及 Google Speech Recognition 服务实现机器人识别麦克风语音以及音频文件。
2)调用机器人的 API 接口,实现机器人识别中文语音。

学习目标

知识目标

1）理解语音识别的概念。
2）理解语音识别的原理和方法。
3）理解语音识别模块中声学模型、语音字典和语言模型的概念。
4）理解开源语音识别工具包 SpeechRecognition 的原理。

能力目标

1）能够安装开源语音识别工具包 SpeechRecognition。
2）能够在机器系统中使用 SpeechRecognition 对语音进行识别,并查看识别结果。
3）能够调用机器人 YanAPI 实现机器人识别中文语音,并查看识别结果。

知识链接

一 认识智能服务机器人

（一）智能服务机器人简介

智能服务机器人是在非结构环境下为人类提供必要服务的多种高技术集成的智能化装备。对其的研究主要以服务机器人和危险作业机器人应用需求为重点,研究设计方法、制造工艺、智能控制和应用系统集成等共性基础技术。

智能服务机器人技术集机械、电子、材料、计算机、传感器、控制等多门学科于一体,是国家高科技实力和发展水平的重要标志。国际智能服务机器人的研究主要集中在德国、日本等国家,我国近些年在智能服务机器人研究方面也取得很多进展,很多机器人研发公司将研究重点转向智能服务机器人开发。本书以服务机器人为例来介绍智能服务机器人技术的应用。

服务机器人应用场景复杂多样、细分种类繁多,可应用在零售、物流、医疗、教育、安防等众多行业和场景,实现引导接待、物流配送、清扫、陪伴教学、安防巡检等多样化、复合型功能。

服务机器人主要包括家用服务机器人、医疗服务机器人和公共服务机器人。其中,公共服务机器人指在农业、金融、物流等除医学领域外的公共场合为人类提供一般服务的机器人。服务机器人 Walker 应用场景如图 1-2 所示。

家用服务机器人分为工具型机器人和教育型机器人。

医疗服务机器人分为医疗手术机器人、医

图 1-2　服务机器人 Walker 应用场景

疗康复机器人、医疗辅助机器人、医疗后勤机器人。

公共服务机器人分为引导接待机器人、末端配送机器人和智能安防机器人等。

（二）认识智能人形服务机器人

人形机器人（英文名 Android，音译安卓）又称仿生人，是一种模仿人类外观和行为的机器人，特指具有和人类相似肌体的机器人种类。现代的人形机器人是一种智能化机器人，具有多个伺服驱动器和自由度，动作灵活，能通过智能编程软件自动完成整套动作。它能完成随音乐起舞、行走、起卧、武术表演、翻跟斗等杂技以及各种奥运竞赛动作。

如图 1-3 所示为智能人形教育服务机器人（以下简称"智能人形机器人"）。该智能人形机器人外形方面高度拟人，模块化可拆装，具有 17 个自由度，采取开放式硬件平台架构（Raspberry Pi + STM32），搭载了内置 800 万像素摄像头、陀螺仪及多种通信模块，同时配套多种开源传感器包。图 1-4 所示为智能人形机器人可拆卸化模块。

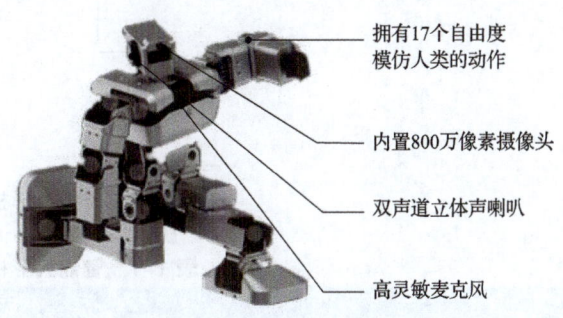

图 1-3 智能人形机器人

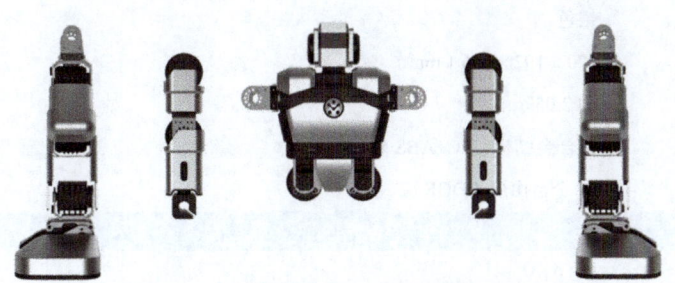

图 1-4 智能人形机器人可拆卸化模块

智能人形机器人支持 Blockly、Python、Java、C/C++ 等多种编程语言学习及多种 AI 应用的学习与开发，硬件主板为树莓派 Raspberry Pi3B/16G，面向教育教学真正做到了软件开源、硬件开放，在教育领域具有较高的应用度和影响力。

智能人形机器人硬件平台如图 1-5 所示，采用 Raspberry Pi + STM32 的开放式硬件平台架构，内置陀螺仪，开放 GPIO 接口，具有丰富的开源学习资源。

图 1-5 智能人形机器人硬件平台

智能人形机器人接口说明如图 1-6 所示，规格参数见表 1-1。

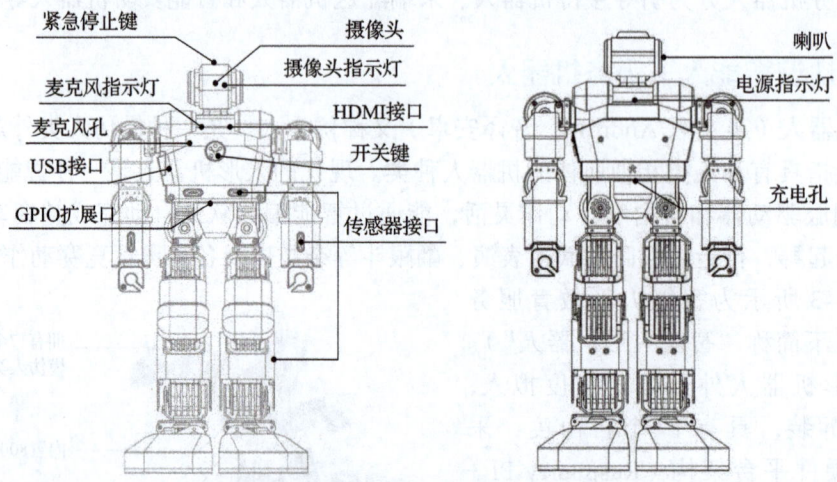

图 1-6 智能人形机器人接口说明

表 1-1 智能人形机器人规格参数

外观	
产品造型	人形外观
产品颜色	银色
产品尺寸	370×192×106（mm）
产品重量	约 2.05kg
材质	铝合金结构、PC+ABS 外壳
伺服舵机	17 个自由度（DOF）
电气性能	
工作电压	DC 9.6V
功率	4.5~38.4W
工作温度	0 ~ 40℃
电源适配器	输入：100~240V，50/60Hz，1A 输出：9.6V，4A
主芯片及存储器	
处理器	STM32F103RDT6+ Broadcom BCM2837 1.2GHz 64-bit quad-core ARMv8 Cortex-A53（Raspbian Pi 3B）
内存	1GB
存储	16GB
操作系统	Raspbian
网络	
WiFi	支持 Wi-Fi2.4G 802.11b/g/n 快速连接
蓝牙	蓝牙 4.1
电池容量	2750mAh

（续）

视觉		
摄像头	800 万像素，定焦	
灯光	眼：三色 LED 灯 ×2 胸灯光：三色 LED 呼吸灯 ×3 麦克风灯：绿色指示灯 ×1 充电：双色指示灯 ×1	
音频		
麦克风	单麦克风	
喇叭	立体声喇叭 ×2	
传感器		
内置传感器	九轴运动控制（Motion Tracking）传感器 ×1 主板温度检测传感器 ×1	
扩展接口	POGO 4PIN ×6	
调试接口		
HDMI	1	
GPIO	40（6 个已占用）	
USB	2	
其他		
按键	胸口电源键、头顶紧急制动按键	
控制方式	手机 App 语音控制	

智能人形机器人整体架构框图如图 1-7 所示。

1）Broadcom BCM2837 层：是主控制板，Broadcom BCM2837 是 Raspberry Pi 树莓派的主芯片的型号，处理器为 1.2GHz 64-bit quad-core ARMv8 Cortex-A53（Raspbian Pi 3B），主控制板 Raspberry Pi 树莓派和 STM23F103RD 的协控制板进行执行机构的数据交互，并且将机器人摄像头、机器人麦克风、机器人扬声器直接挂载在该主控制板 Raspberry Pi 树莓派上，对其进行控制。

2）STM32F103RD 层：是协控制板，STM32F103RD 是其主芯片的型号，其主要功能为执行主控制板的命令，并且反馈舵机的数据，包含了各个硬件舵机（包括左腿舵机、右腿舵机、左手舵机、右手舵机、髋舵机和头部舵机）的驱动功能的实现和控制。

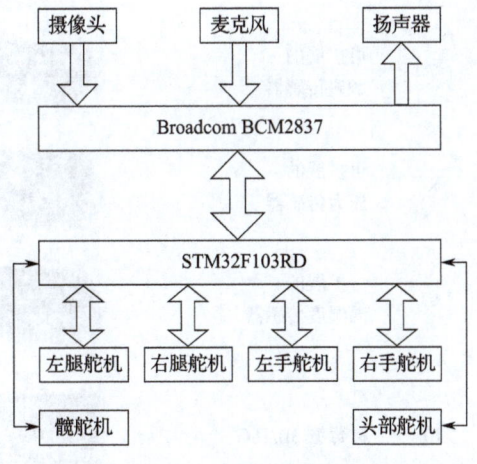

图 1-7　智能人形机器人整体架构框图

表 1-2 中列举了智能人形机器人各主要硬件模块及功能。

表 1-2 智能人形机器人各主要硬件模块及功能

序号	模块名称	模块图例	功能
1	WiFi 模块		支持 WiFi2.4G 802.11b/g/n 快速连接,挂载在主控制板上
2	蓝牙模块		蓝牙 4.1,挂载在主控制板上
3	摄像头		捕获视频或者照片,挂载在主控制板上
4	单麦克风		捕获声音,挂载在协控制板上
5	立体声喇叭		播放声音,挂载在协控制板上
6	可扩展的红外传感器		利用红外线的物理性质来测量障碍物距离的传感器 挂载在协控制板上
7	可扩展的触碰传感器		检测外界触碰的压力值 挂载在协控制板上
8	可扩展的压力传感器		检测压力信号 挂载在协控制板上
9	可扩展的温湿度传感器		检测机器人所处的环境的温湿度值 挂载在协控制板上
10	树莓派 3B/16G		机器人主控板
11	SD 卡		系统软件存储器,挂载在主控制板上

二 认识树莓派

（一）树莓派是什么

Raspberry Pi，简写为 RasPi，中文名树莓派。它是一种为学习计算机编程而设计、体积只有信用卡大小，却具有计算机的所有基本功能的微型计算机，又被称为卡片式计算机。树莓派是由英国的树莓派基金会开发的一款专门用于计算机教育的极简计算机。第一代树莓派发布于 2012 年 2 月 29 日，其发展历程如图 1-8 所示。树莓派发展至今历经四代，一般分为 A、B 两种型号。

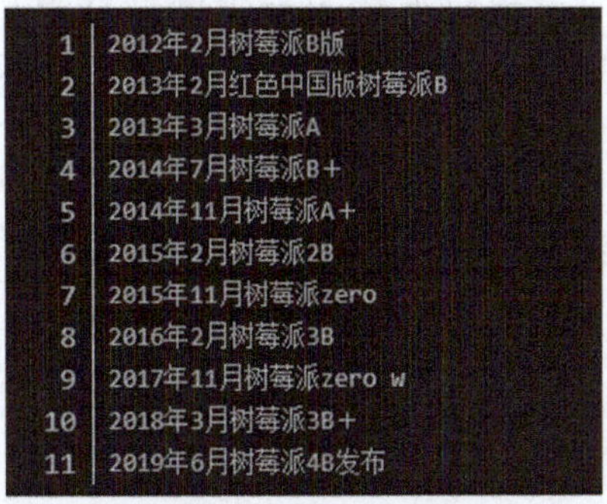

图 1-8 树莓派发展历程

严格意义上来说，Raspberry 是一款基于 ARM 的微型计算机主板，以 SD/MicroSD 卡为内存硬盘，卡片主板周围有若干 USB 接口和一个以太网接口，可以连接键鼠、网线，同时拥有视频模拟信号的电视输出接口和 HDMI 高清视频输出接口，这些部件全部集成到这个只比信用卡稍大的主板上，只需接通显示器和键盘，就能执行如文字处理、表格处理、播放高清视频、玩游戏等诸多功能。树莓派主控板如图 1-9 所示。

a）Raspberry Pi 3B

b）Raspberry Pi 4B

图 1-9 Raspberry Pi 主控板

（二）树莓派的基本应用

树莓派的应用基于 GitHub，包含 Raspberry Pi、Raspberry Pi Foundation、Raspberry Pi Learning 和 RPi-Distro，在社区和教育模块提供大量固件、文档和开源代码，涵盖 Python、Ruby、JavaScript、CSS 和 HTML 等主流语言。如图 1-10 所示。

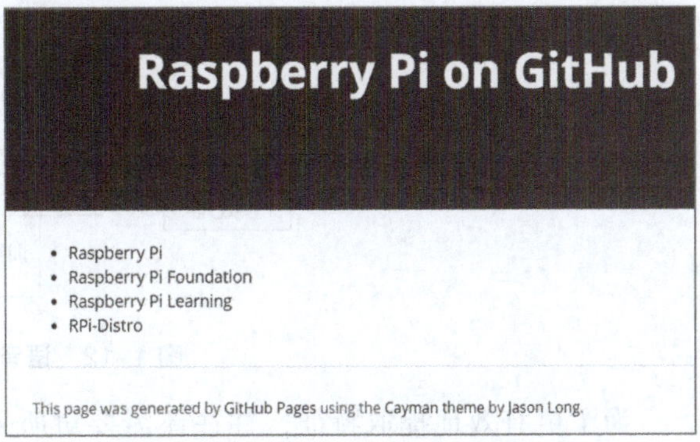

图 1-10 Raspberry Pi on GitHub

（三）树莓派的操作系统

树莓派作为一个微型计算机，可以运行多种不同的系统。在智能人形机器人上的 Raspberry Pi 安装的操作系统为其官方系统 Raspbian。

Raspbian 是一款基于 Debian 的 ARM 版 Linux 系统，它是当前使用最广泛的操作系统。Debian 始于 1993 年，是一个有广大用户群的稳定版本。它是许多其他流行的 Linux 发行版的基础，例如 Ubuntu。

随着 Windows 10 IoT 的上线，树莓派也可以运行于 Windows 平台上。

三 认识语音识别技术

（一）什么是语音识别技术

语音识别就是让智能设备听懂人类的语音，即让计算机能够把人发出的有意义的话音变成书面语言。这样一个将语音转换为文字的过程，称为语音识别，也被称为自动语音识别 Automatic Speech Recognition（简称 ASR）。

语音识别就好比"机器的听觉系统"，其目的就是给机器赋予人的听觉特性，能将听到的语音信号转变为相应的文本或命令。图 1-11 所示为商场中和机器人的咨询对话应用场景，其中就用到了语音识别技术。目前大多数语音识别技术是基于统计模式的，从语音产生机理来看，语音识别可以分为语音层和语言层两部分。根据识别的对象不同，语音识别任务大体可分为 3 类，即孤立词识别、连续语音识别和关键词识别。

图 1-11 语音识别场景图

（二）语音识别的基本原理

所谓语音识别，就是将一段语音信号转换成相对应的文本信息。其本质是一种基于语音特征参数的模式识别，主要包含 4 个部分：语音信号预处理、特征提取、模型库、模型匹配。语音识别原理如图 1-12 所示。

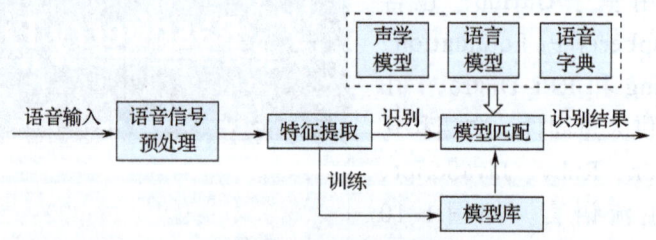

图 1-12 语音识别原理

为了更有效地提取特征，往往还需要对所采集到的声音信号进行滤波、分帧等预处理工作，把要分析的信号从原始信号中提取出来；特征提取工作将声音信号从时域转换到频域，为声学模型提供合适的特征向量；在声学模型中再根据声学特性计算每一个特征向量在声学特征上的得分；而语言模型则根据语言学相关的理论，计算该声音信号对应可能词组序列的概率；最后根据已有的字典，对词组序列进行解码，得到最后可能的文本表示。

1. 语音信号预处理

作为语音识别的前提与基础，语音信号的预处理过程至关重要。在最终进行模型匹配的时候，是将输入语音信号的特征参数同模型库中的特征参数进行对比，因此，只有在预处理阶段得到能够表征语音信号本质特征的特征参数，才能够将这些特征参数进行匹配，完成识别率高的语音识别。

2. 特征提取

完成信号的预处理之后，进行的就是整个过程中极为关键的特征提取的操作。将原始波形进行识别并不能取得很好的识别效果，频域变换后提取的特征参数用于识别，而能用于语音识别的特征参数必须满足以下几点：

1）特征参数能够尽量描述语音的根本特征；
2）尽量降低参数分量之间的耦合，对数据进行压缩；
3）应使计算特征参数的过程更加简便，使算法更加高效。基音周期、共振峰值等参数都可以作为表征语音特性的特征参数。

3. 声学模型

声学模型是语音识别系统中非常重要的一个组件，是根据训练语音库的特征参数训练出的结果。在识别时可以将待识别的语音的特征参数和声学模型进行匹配，得到识别结果。目前的主流语音识别系统多采用隐马尔可夫模型（HMM）进行声学模型建模。语音识别本质是一个模式识别的过程，而模式识别的核心是分类器和分类决策的问题。

4. 语言模型

语言模型是用来约束单词查找的。它主要用于决定哪个词序列的可能性更大，或者在出现了几个词的情况下预测即将出现的下一个词语内容。好的语言模型不仅能够提高解码效率，还能在一定程度上提高识别率。语言模型分为规则模型和统计模型两类，统计语言模型用概率统计的方法来刻画语言单位内在的统计规律，其设计简单实用而且取得了很好的效果，已经被广泛用于语音识别、机器翻译、情感识别等领域。

5. 语音字典

语音字典包含了单词与音节的映射关系。在识别的时候，字典并不是唯一的用来表示单词与音节关系的手段，也可以使用更复杂的手段来表示它们之间的关系。

6. 解码器

解码器是识别阶段的核心组件，通过训练好的模型对语音进行解码，获得最可能的词序列，或者根据识别中间结果生成识别网格（lattice）以供后续组件处理。解码器部分的核心算法是动态规划算法 Viterbi。由于解码空间非常巨大，通常在实际应用中会使用限定搜索宽度的令牌传递方法（token passing）。

语音识别系统识别过程又分为两个主要部分：一部分为语音信号训练过程，另一部分为语音信号识别过程。语音信号的训练过程通常是在离线状态下完成的，即对系统存储的大量语音单元、语音数据库通过人工智能机器学习与知识挖掘，机器在识别匹配过程中，将输入语音信号的特征与模型库中的特征参数进行对比，根据所选建模方式，找出与之最为相近的模型参数，最终得到识别结果。优化的结果与特征的选择、声学模型的好坏、模型的准确性都有直接的关系。

（三）语音识别技术工作原理

声音的本质是一种声波。人们手机中声音与歌曲的常见储存方式（例如 mp3 格式）都是声音的压缩格式，然而应用的时候必须将其转化成非压缩的纯波形格式文件来处理，例如 PCM 格式的 wav 文件。wav 文件中存储的是一个文件头和声音波形信息，图 1-13 所示的是声音的一个波形例子。

图 1-13　声音的波形

在进行语音识别时，需要把首尾端的静音切除，降低对后续步骤造成的干扰。这个静音切除的操作一般称为 VAD。接下来在对声音分析的时候，需要对声音分帧，这里可以通俗地理解为把一个连续的声音切成一小段一小段的，每一小段就是一帧。分帧操作不是简单的切开，而是使用移动窗函数来实现的，这里暂不详述。帧与帧之间是有重叠的部分，如图 1-14 所示。

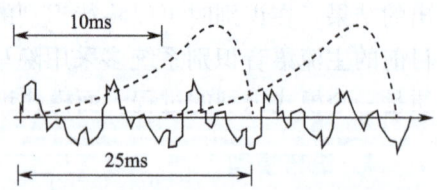

图 1-14　语音声音分帧处理示意图

说明：图中每帧的长度为 25ms，每两帧之间有 25-10=15ms 的交叠。称为以帧长 25ms、帧移 10ms 分帧。

在分帧后，由于小段语音的波形在时域上基本上没什么描述意义，因此，需要将语音波形进行转换。根据人耳生理特点，把每一帧波形转换成一个多维向量，即这个多维向量中包含了这一帧语音的内容信息，这个转换过程称为声学特征提取。

假设提取的声学特征是 12 维、N 列的一个信息数据矩阵，称之为观察序列，其中 N 为总帧数。该观察序列如图 1-15 语音声学特征观察序列示意图所示，图中每一帧都用一个 12 维的向量表示，色块颜色的深浅表示向量值的大小。

图 1-15　语音声学特征观察序列示意图

这些语音观察序列转换成文本信息的矩阵解析示意图如图 1-16 所示。

1) 音素：就是单词的发音，汉语直接用声母和韵母作为声音模型的音素集，英语用的是卡内基梅隆大学 39 音素的音素集。

2) 状态：状态是比音素更小的语音单位。一般情况下，一个音素包含 3 个状态。而语音文本解析过程，就是将帧识别转换成状态信息点，再将状态组合成音素，最后将音素组合成单词。

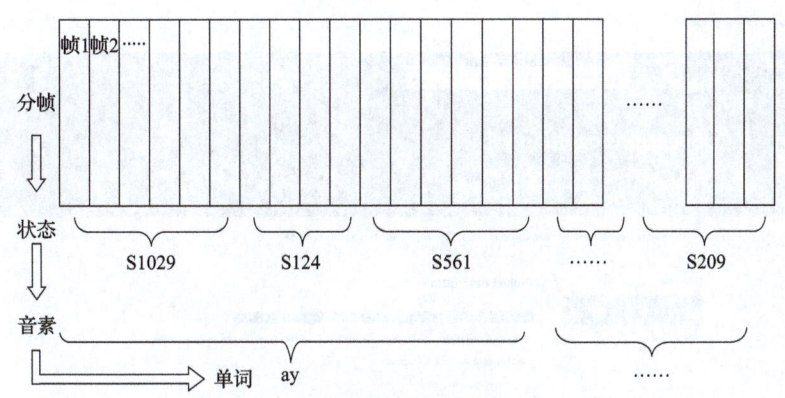

图 1-16　语音观察序列矩阵解析示意图

综上所述，语音识别技术的工作原理可总结如下：
1) 帧识别转换成状态信息；
2) 状态信息组合成音素；
3) 音素组合成单词。

（四）语音识别技术的应用

语音识别涉及数字信号处理、人工智能、语言学、数理统计学、声学、情感学及心理学等多学科，是一门交叉的学科。目前这项技术可以提供如自动客服、自动语音翻译、命令控制、语音验证码等多项应用。近年来，随着人工智能的兴起，智能语音识别技术在理论和应用方面都取得大突破，开始从实验室走向市场，已逐渐走进日常生活。现在语音识别已用于许多领域，主要包括语音识别听写器、语音寻呼和答疑平台、自主广告平台，智能客服等。

四　认识开源语音识别工具包 SpeechRecognition

目前有多种不同的开源语音识别工具包，它们为开发者构建语音识别相关的应用提供了很大的帮助。本书以 Python 自带的语音识别工具包 SpeechRecognition 为例介绍开源语音识别工具的使用。

（一）SpeechRecognition 简介

SpeechRecognition 是 Python 中的一款非常实用的语音识别工具包，其界面如图 1-17

所示。它集合了 CMU Sphinx、Google Speech Recognition、IBM Speech to Text 等多个语音识别引擎及接口，可以说是 Python 语音识别开发工具的集大成者。

使用 SpeechRecognition 可以方便地调用其支持的任意语音识别接口，对麦克风捕捉的音频或文件中的音频进行识别。其中，只有 CMU Sphinx 服务支持离线操作，其他的都需要联网操作，有些第三方工具还需要注册并获取 API 和权限。

具体参考文档可在 SpeechRecognition 官方网站进行查阅。

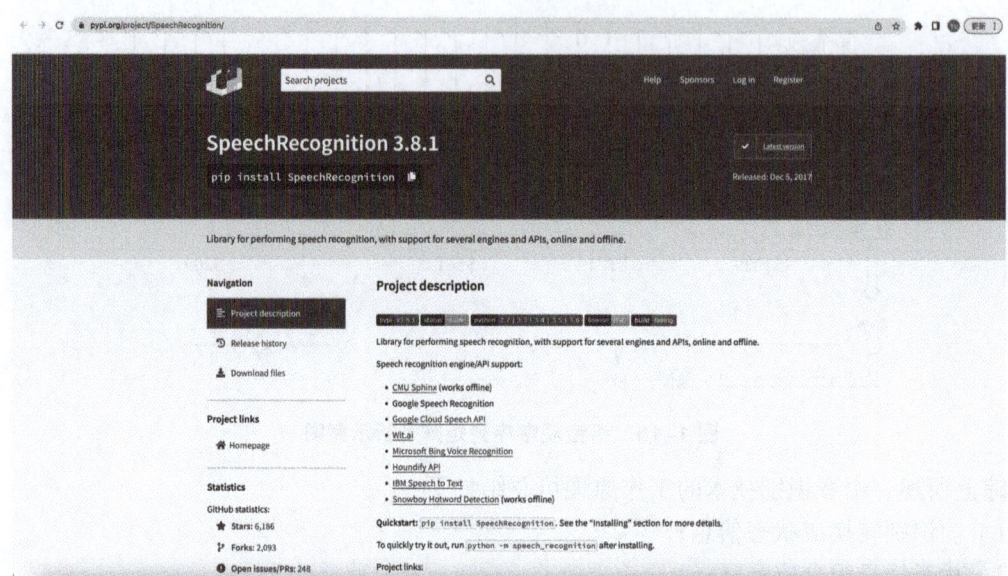

图 1-17　SpeechRecognition 工具包界面

（二）SpeechRecognition 的使用要求

要使用 SpeechRecognition 工具包的所有功能，除安装 SpeechRecognition 工具包外，还需要安装其所依赖的资源库及软件，具体如图 1-18 所示（读者可自行查阅依赖资料库及软件的详细安装方法）。

要使用该库的所有功能，您应该具有：

- Python 2.6、2.7 或 3.3+（必需）
- PyAudio 0.2.11+（仅当您需要使用麦克风输入时才需要，`麦克风`）
- PocketSphinx（仅当您需要使用 Sphinx 识别器，`recognizer_instance.recognize_sphinx` 时才需要）
- **适用于 Python 的 Google API 客户端库**（仅当您需要使用 Google Cloud Speech API，`recognizer_instance.recognize_google_cloud` 时才需要）
- FLAC **编码器**（仅当系统不是基于 x86 的 Windows/Linux/OS X 时才需要）

以下要求是可选的，但在某些情况下可以改进或扩展功能：

- 在 Python 2 上，并且仅在 Python 2 上，如果您没有安装 **Monotonic for Python 2，某些函数（如** `Recognizer_instance.recognize_bing`）会运行得更慢。
- 如果使用 CMU Sphinx，您可能需要安装其他语言包以支持国际法语或普通话等语言。

图 1-18　SpeechRecognition 所依赖的资源库及软件

五 认识 SDK 与 API

(一) SDK 简介

SDK 的全称是 Software Development Kit,即软件开发工具包,广义上指辅助开发某一类软件的相关文档、范例和工具的集合。一般是指一些被软件工程师用于特定的软件包、软件框架、硬件平台、操作系统等建立应用软件时的开发工具的集合。简单来讲,就是通过第三方服务商实现产品功能的软件工具包。

通常,SDK 会由专业的公司提供专业的服务集合,比如移动支付技术、语音识别技术、语音合成技术等。使用 SDK 开发的好处有:

- SDK 的开发语言版本覆盖业务常用的几种开发语言,如 C、C++、C#、Java 等。
- 文档通俗易懂,提供本地版本和在线版本两种方案。本地版本主要帮助开发者临时无法联网时查看,在线版本提供更丰富的文档内容资源。
- 接口简单,只要开发者传递几个参数就可以完成对接,开发者无需关心协议、加解密、校验等,使用方便。
- 有自己的开发社区,可以方便共同使用 SDK 的程序员进行交流。
- SDK 中提供了丰富的 API 函数,通过这些函数,程序员可以非常方便地实现例如调用打印机、语音播放等实用功能。

(二) API 简介

1. API 的概念

API,全称 Application Programming Interface,即应用程序编程接口,是一些预先定义的接口(如函数、HTTP 接口),目的是提供应用程序与开发人员基于某软件或硬件得以访问一组例程的能力,而又无需访问源码,或理解内部工作机制的细节。

2. YanAPI

YanAPI 是基于智能人形机器人(Yanshee)RESTful 接口开发的、针对 Python 编程语言的 SDK。YanAPI 提供使用 Python 获取机器人状态信息、设计控制机器人表现的能力,用户可以轻松定制与众不同的专属机器人。

YanAPI 常用功能说明见表 1-3,其他接口使用详细信息可访问官网进行查阅学习。

表 1-3 YanAPI 常用功能列表

模块	序号	功能	函数名
版本信息	1	获取机器人版本信息	get_robot_version_info
传感器	2	传感器校准	sensor_calibration
	3	获取所有传感器的列表	get_sensors_list
	4	获取环境传感器值	get_sensors_environment
	5	获取红外距离传感器值	get_sensors_infrared

（续）

模块	序号	功能	函数名
传感器	6	读取机器人身上的压力传感器值	get_sensors_pressure
传感器	7	获取触摸传感器值	get_sensors_touch
传感器	8	获取超声传感器值	get_sensors_ultrasonic
语音	9	停止语音识别服务	stop_voice_asr
语音	10	获取语义理解工作状态	get_voice_asr_state
语音	11	开始语义理解	start_voice_asr
语音	12	执行语义理解并获取返回结果	sync_do_voice_asr
语音	13	停止语音听写	stop_voice_iat
语音	14	获取语音听写结果	get_voice_iat
语音	15	开始语音听写	start_voice_iat
语音	16	执行语义听写并获取返回结果	sync_do_voice_iat
语音	17	停止语音播报任务	stop_voice_tts
语音	18	获取指定或者当前工作状态	get_voice_tts_state
语音	19	开始语音合成任务	start_voice_tts
语音	20	执行语音合成并获取返回结果	sync_do_tts

YanAPI 的使用方法如下：

（1）引入 SDK　当需要在机器人本体运行时，可将文件复制到机器人 /usr/local/lib/Python3.5/dist-packages/ 或者 /usr/lib/Python3.5 目录下，方便后期的引入及调用。

```
import YanAPI
```

（2）初始化　当程序在机器人外部运行时需保证机器人与 PC 在同一局域网中，调用 API 前需要使用机器人 IP 地址初始化 SDK。

```
/**
 * 初始化 sdk
 * @param robot_ip   机器人 ip 地址
 * @return 无
 */
def yan_api_init (robot_ip):    #定义初始化 SDK 函数 yan_api_init( )
```

机器人 IP 地址获取方法如下。

方法一：通过 Yanshee 移动端 App 连接机器人，在侧边栏【设置】-【机器人信息】中查看 IP 地址。

方法二：通过 HDMI 线连接机器人和显示器，打开 Terminal 终端，输入指令 ifconfig wlan0 获取 IP 地址。

方法三：通过 HDMI 线连接机器人和显示器，双击桌面的网络图标，查看 IP 地址。

当程序在机器人本体运行时无需初始化。

（3）API 调用　先找到所需的 API 函数，了解函数的输入和输出数据及其数据形式；再调用函数获取/设置信息。

以"加大机器人音量 5 个单位"为例，介绍 YanAPI 的具体调用。代码如下：

```
ret = YanAPI.get_robot_volume( )          # 调用 get_robot_volume() 函数，获
                                            取机器人当前音量
If ret["code"] == 0:                      # 如果返回的 Json 字符串中，code 为 0，
                                            表示音量获取成功
    volume = ret["data"]["volume"]        # 解析出当前音量数值
    YanAPI.set_robot_volume(volume+5)     # 当前音量基础上，提高音量，提高为 5
```

（三）SDK 与 API 的区别

API 可以调用第三方的程序，SDK 也可以使用第三方的软件。这两者的区别是：

SDK 相当于是一个开发者集成的环境，API 则是数据接口，API 是基于 SDK 之下的，可以在 SDK 的环境之下调用 API 数据。

SDK 包括了 API 的定义，API 是定义了一种能力的属性，是一种接口的规范；虽然 SDK 也包含了 API 的能力和规范，还有一些其他的辅助功能，但是缺少一部分 API 的能力。

▶ 项目准备

硬件条件

1）一台智能人形教育服务机器人（Yanshee），硬件版本 1.0 以上。
2）一套无线键鼠。
3）一台 HDMI 显示器。
4）一根 HDMI 数据连接线。

软件条件

智能人形教育服务机器人（Yanshee）软件系统，软件版本 V2.3.0 以上。

▶ 任务实施

一　使用 SpeechRecognition 工具包实现语音识别

本任务以智能人形教育服务机器人 Yanshee（以下简称：智能人形机器人）为载体，通过使用 SpeechRecognition 工具包调用 Sphinx 以及 Google Speech Recognition 服务实现智能人形机器人识别麦克风语音和音频文件。

（一）下载安装 SpeechRecognition 工具包

1）进入 Yanshee 树莓派系统，双击命令行程序启动图标，如图 1-19 所示的方框中即为命令行程序启动图标。

图 1-19　Yanshee 的命令行程序启动图标

进入命令行程序界面，如图 1-20 所示。

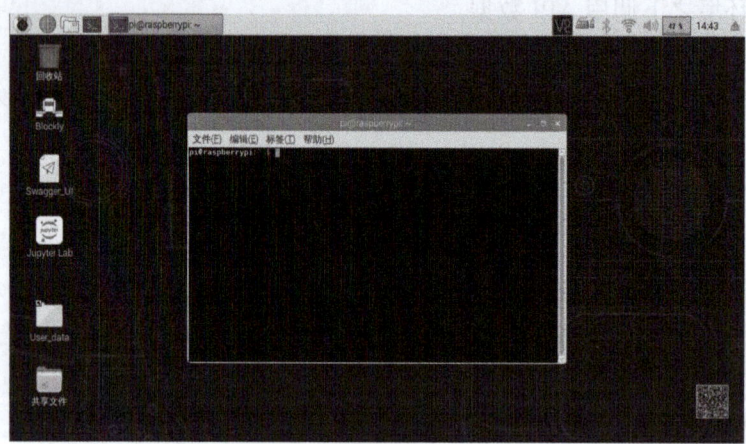

图 1-20　Yanshee 的命令行程序界面

2）输入指令下载和安装 SpeechRecognition 工具包及其依赖的资料库及软件。具体指令如下：

```
sudo apt-get install -qq build-essential swig libpulse-dev libasound2-dev
Python3 -m pip install --upgrade pip setuptools wheel
pip3 install --upgrade pocketsphinx
sudo apt-get install flac
pip3 install google-cloud-speech
pip3 install SpeechRecognition
```

（二）编写程序实现麦克风语音识别

1）打开 JupyterLab，然后运行图 1-21 所示代码录制声音，对着 Yanshee 机器人说"Hi, How are you"。

```
[1]: import speech_recognition as sr

     r = sr.Recognizer()
     with sr.Microphone() as source:
         print("请对着麦克风讲话!")
         audio = r.listen(source)

请对着麦克风讲话!
```

图 1-21　运行代码录制声音

2）在 JupyterLab 中新建一个代码框，运行以下代码，使用 Sphinx 服务识别刚才的语音，运行结果如图 1-22 所示。

```
[2]: # 使用Sphinx识别语音
     try:
         print("Sphinx认为你说的是 " + r.recognize_sphinx(audio))
     except sr.UnknownValueError:
         print("Sphinx听不懂你在说什么")
     except sr.RequestError as e:
         print("Sphinx error; {0}".format(e))

Sphinx认为你说的是 hi how are you
```

图 1-22　Sphinx 识别结果

3）再新建一个代码框，运行以下代码，使用 Google Speech Recognition 服务识别刚才的语音，运行结果如图 1-23 所示。

```
[3]: # 使用Google Speech Recognition识别语音
     try:
         print("Google Speech Recognition认为你说的是 " + r.recognize_google(audio))
     except sr.UnknownValueError:
         print("Google Speech Recognition听不懂你在说什么")
     except sr.RequestError as e:
         print("无法访问Google Speech Recognition服务; {0}".format(e))

Google Speech Recognition认为你说的是 Hi how are you
```

图 1-23　Google Speech Recognition 识别结果

（三）编写程序实现音频文件语音识别

1）打开 JupyterLab，运行图 1-24 所示代码，让智能人形机器人识别 /home/pi/Downloads/english.wav 音频文件的声音。

```
[1]: import speech_recognition as sr
     from os import path

     # 读取音频文件信息
     AUDIO_FILE = '/home/pi/Downloads/english.wav'

     # 设置音频文件作为音源
     r = sr.Recognizer()
     with sr.AudioFile(AUDIO_FILE) as source:
         audio = r.record(source)
```

图 1-24　运行代码读取音频文件

2）在 JupyterLab 中新建一个代码框，运行以下代码，使用 Sphinx 服务识别刚才的语音，运行结果如图 1-25 所示。

```
[2]: # 使用Sphinx识别语音
     try:
         print("Sphinx认为你说的是 " + r.recognize_sphinx(audio))
     except sr.UnknownValueError:
         print("Sphinx听不懂你在说什么")
     except sr.RequestError as e:
         print("Sphinx error; {0}".format(e))

Sphinx认为你说的是  one two three
```

图 1-25　Sphinx 识别结果

3）再新建一个代码框，运行以下代码，使用 Google Speech Recognition 服务识别刚才的语音，运行结果如图 1- 26 所示。

```
[3]: # 使用Google Speech Recognition识别语音
     try:
         print("Google Speech Recognition认为你说的是 " + r.recognize_google(audio))
     except sr.UnknownValueError:
         print("Google Speech Recognition听不懂你在说什么")
     except sr.RequestError as e:
         print("无法访问Google Speech Recognition服务; {0}".format(e))

Google Speech Recognition认为你说的是  123
```

图 1-26　Google Speech Recognition 识别结果

二　使用 YanAPI 实现语音识别

本任务通过调用智能人形机器人 Yanshee 自身的 YanAPI 接口，让机器人识别中文语音"床前明月光"，并在其终端界面中显示出来。

具体实现方法为打开 JupyterLab，运行以下代码，听见 Yanshee 机器人发出嘀的声音后，对着麦克风说出："床前明月光"，运行结果如图 1- 27 所示。

```
[5]: import YanAPI
     ip_addr = "10.10.35.205" # 填写Yanshee的IP信息
     YanAPI.yan_api_init(ip_addr)
     res = YanAPI.sync_do_voice_iat_value()
     print(res)

床前明月光
```

图 1-27　YanAPI 实现麦克风语音识别

任务评价

班级		姓名		学号		日期	
自我评价	1. 能正确安装开源语音识别工具包 SpeechRecognition 及其依赖资料库及软件					□是　□否	
	2. 能使用 SpeechRecognition 工具调用 Sphinx 以及 Google Speech Recognition 识别麦克风语音					□是　□否	
	3. 能使用 SpeechRecognition 工具调用 Sphinx 以及 Google Speech Recognition 识别音频文件语音					□是　□否	

（续）

班级		姓名		学号		日期	
自我评价	4. 能调用 YanAPI 接口服务识别麦克风语音					□是 □否	
	5. 能调试程序并查看其识别结果					□是 □否	
	6. 在完成任务时遇到了哪些问题？是如何解决的？						
	7. 能独立完成工作页的填写					□是 □否	
	8. 能按时上、下课，着装规范					□是 □否	
	9. 学习效果自评等级					□优 □良 □中 □差	
	总结与反思：						
小组评价	1. 在小组讨论中能积极发言					□优 □良 □中 □差	
	2. 能积极配合小组完成工作任务					□优 □良 □中 □差	
	3. 在查找资料信息中的表现					□优 □良 □中 □差	
	4. 能够清晰表达自己的观点					□优 □良 □中 □差	
	5. 安全意识与规范意识					□优 □良 □中 □差	
	6. 遵守课堂纪律					□优 □良 □中 □差	
	7. 积极参与汇报展示					□优 □良 □中 □差	
教师评价	综合评价等级： 评语： 教师签名： 日期：						

任务拓展

编写程序调用 SpeechRecognition 中的 Sphinx 服务、Google Speech Recognition 服务以及 YanAPI 的语音识别接口，对比哪一款服务的识别率更高。

项目小结

语音识别技术就是让机器通过识别和理解过程把语音信号转变为相应的文本或命令的技术。本项目主要介绍语音识别工具（SpeechRecognition 以及 YanAPI）的使用方法。

项目 2
让机器人学会说话

项目导入

语音在人类的交流过程中，起到了巨大的作用，是人类赖以生存发展、从事各项社会活动的最重要的交流方式之一。机器人智能语音交互技术能让机器听懂人类语言，按照人类的命令行动，实现人机交互。这是一门可以将人类语音的词汇内容和计算机可操作的输入（例如文本或指令）有机结合的多维模式识别和智能计算机接口的新兴技术。该技术对于智能服务机器人的应用领域扩展，具有非凡的现实意义。机器人智能语音交互技术主要包括语音识别技术和语音合成技术，这两项技术的发展逐步成熟，其产业化和规模化的应用指日可待。语音合成信息播报的应用场景如图 2-1 所示。

图 2-1 语音合成信息播报的应用场景

项目任务

语音合成是机器人实现人机语音通信的关键技术之一。本项目需要完成以下任务：

1）在机器人命令行界面直接调用 eSpeak 命令，让机器人发声说出："hello yanshee"；并会在 eSpeak 中设置声音的大小、速度、音色。

2）运行 eSpeak，让机器人通过调用 YanAPI，说出红外距离传感器的数值。即机器人能根据给定的字符串的形式："I have detected something '红外距离传感器的值' centimeter ahead"，播报红外距离传感器的数值。需要特别说明的是，这个值是按 3 秒频率来采集的，机器人具体播报什么数值根据采集的情况而定。

学习目标

知识目标

1）了解语音合成的定义、系统组成与应用。
2）理解语音合成技术实现原理。
3）了解文本分析、韵律处理等语音合成相关知识。
4）掌握语音合成软件 eSpeak 的安装、使用方法。

能力目标

1）能在机器人系统中下载安装开源语音合成程序 eSpeak 软件。
2）能在机器人系统的命令行界面使用 eSpeak 命令将字符串的内容说出来。
3）能在机器人系统中使用开源语音合成程序 eSpeak，并调用机器人 SDK 文件的函数，实现机器人发声。

知识链接

一 认识语音合成技术

（一）什么是语音合成技术

语音合成又称文语转换（Text-To-Speech），简称 TTS，是将计算机自己产生的或外部输入的文字信息转变为可以听得懂的、流利的口语输出的技术。

语音合成能将任意文字信息实时转化为标准、流畅的语音朗读出来，相当于给机器装上了跟人一样的嘴，让机器像人一样开口说话。语音合成技术涉及声学、语言学、数字信号处理、计算机科学等多个学科技术，是人工智能信息处理领域的一项前沿技术，解决的主要问题就是如何将文字信息转化为可听的声音信息。相比于语音识别技术，语音合成技术相对更加成熟一些，并已经开始向产业化方向成功迈进，大规模应用指日可待。

（二）语音合成的发展历史

语音合成技术发展历程如图 2-2 所示。

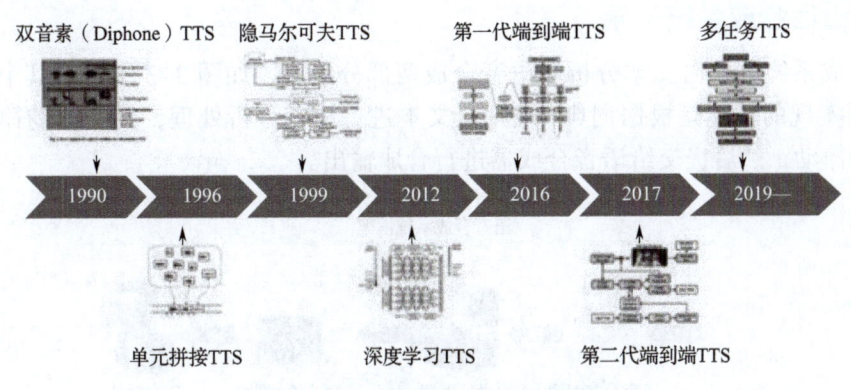

图 2-2 语音合成技术发展历程

1. 起源阶段

语音合成技术的起源可以追溯到 18 世纪，18 世纪人们就开始研究"会说话的机器"，当时是用机械装置来模拟人的发声。那时候科学家们会制作出一些精巧的气囊和风箱去搭建发声的系统，可以合成出一些元音和单音。最早的合成器是1835年由冯·肯佩伦（W. von Kempelen）发明，经韦斯顿（Weston）改进的机械式会讲话的机器。

2. 电子合成器阶段

20世纪初，用电子式语音合成器来模拟人发声的技术出现，最具代表性的就是贝尔实验室的荷马·达德利（Homer Dudley）在1939年推出的名为"VODER"的电子发声器。

3. 共振峰合成器阶段

20世纪80年代，随着集成电路技术的发展，出现了比较复杂的组合型的电子发生器，比较具有代表性的是KLATT在1980年发布的串/并联混合共振峰合成器。

4. 波形拼接合成阶段

20世纪90年代，随着基音同步叠加（PSOLA）方法的提出和计算机能力的发展，单元挑选和波形拼接技术逐渐走向成熟，90年代末刘庆峰博士提出听感量化思想，首次将中文语音合成技术做到了实用化地步。

5. 基于HMM的参数合成阶段

20世纪末期，另外一种基于HMM（隐马尔可夫模型）的参数合成技术出现。

6. 基于深度学习的语音合成

随着AI技术不断发展，基于深度学习的语音合成技术逐渐被人们所知道，DNN/CNN/RNN等各种神经网络构型都可以用来做语音合成系统的训练，深度学习的算法可以更好地模拟人声变化规律。

（三）语音合成系统框架

语音合成系统主要由文本分析和语音合成两部分组成，如图2-3所示。其中，文本分析部分主要实现的功能是根据词典/规则对文本进行语言分析处理，提交给韵律处理器赋予感情上的律动，然后提交给语音合成器进行合成输出。

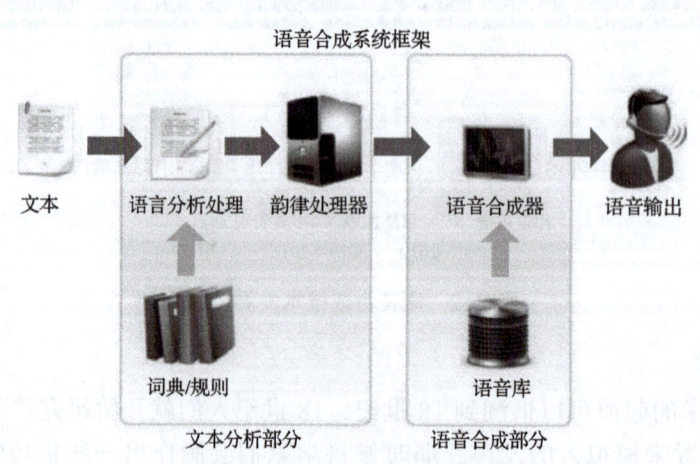

图2-3 语音合成系统框架

（四）语音合成原理

语音合成流程分为文本分析、韵律控制和语音合成三个部分。通过文本分析提取出文本特征，在此基础上预测基频、时长、节奏等多种韵律特征，然后通过声学模型实现从前端参数到语音参数的映射，最后通过声码器合成语音。

其基本流程框图如图 2-4 所示。

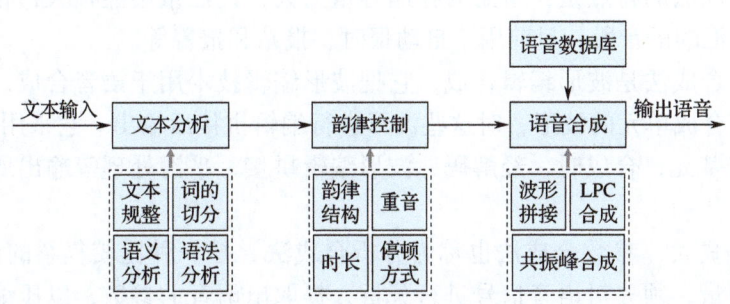

图 2-4　语音合成基本流程框图

1. 文本分析

文本分析主要模拟人对自然语言的理解过程——文本规整、词的切分、语法分析和语义分析。其在语音合成系统中起着重要的作用，使机器对输入的文本能完全理解，以确定句子的底层结构与每个字的因素组成，包括断句、字词切分、多音字、数字、缩略语的处理，并给出后两部分所需要的各种发音提示。

2. 韵律控制

韵律控制为合成语音规划出音段特征，如音高、音长和音强等，使合成语音能正确表达语意，听起来更加自然。

初始的文本经过文本分析处理可以告诉机器发什么音，但是这种发音方式还只是抽象意义上的发声，而要真正发出实际特定的声音还需要给出一定的韵律特征，如语调、语气、停顿方式及时间等。那么这一任务就需要由韵律控制来完成，该模块给出韵律参数（如各类声学参数：基频、时长、音强等）。与文本分析实现方法类似，韵律控制方法也分为基于规则和数据驱动两种方法。

早期的韵律控制大多数采用基于规则的方法，目前，通过神经网络或数据驱动的方法进行韵律控制的应用正在深入研究和探讨。

3. 合成模块

合成模块实现语音合成。其需要通过一系列的数学方法进行建模，从原始的语音库里面提取出对应的最小单元，利用合成技术对最小单元进行重音、语调等方面的修改，根据前两部分处理结果的要求输出语音，最后得到一个音频。通俗来说，语音合成就是将处理好的文本所对应的单字或短语从语音合成库中提取，把语言学描述转化成言语波形。常见的语音合成技术有共振峰合成、LPC（线性预测）参数合成、PSOLA 拼接合成和 LMA 声道模型技术合成等。本项目任务将使用基于规则合成法的共振峰合成技术来合成语音。

语音合成技术是讨论如何让机器说出人的语言，以满足或解决人类某种需要的问题。从合成的方法上来说，主要有波形合成法、参数合成法、规则合成法三种。

（1）波形合成法　波形编码合成法是一种波形合成法，类似于语音编码中的波形编解码方法，该方法直接把要合成的语音的发音波形进行存储或者进行波形编码压缩后存储，合成重放时再解码组合输出。

波形编码合成法的特点是：所需的存储容量太大，词汇量不能很大；相对简单，通常只能合成有限词汇的语音段。目前用于自动报时、报站和报警等。

另一种波形合成法是波形编辑合成，它把波形编辑技术用于语音合成，通过选取音库中采取自然语言合成单元的波形，对这些波形进行编辑拼接后输出。它采用语音编码技术，存储适当的语音基元，合成时，经解码、波形编辑拼接、平滑处理等输出所需的短语、语句或段落。

（2）参数合成法　参数合成法也称为分析合成法，是一种比较复杂的语音合成方法。为了节约存储容量，须先对语音信号进行分析，提取出语音的参数，以压缩存储量。参数合成法一般有发音器官参数合成和声道模型参数合成。发音器官参数合成法直接模拟人的发音过程，定义了与发音器官相关的参数，如唇开口度、舌高度、舌位置、声带张力等。通过这些参数估计声道截面积函数，进而计算声波。由于人的发音机理过程的复杂性和理论计算与物理模拟的差别，该方法合成语音的质量不理想。

声道模型参数合成法则是基于声道截面积函数或声道谐振特性进行语音合成的。最常用的方法是提取PARCOR（偏自相关）系数和LPC（线性预测编码）、LSP（线性谱对数幅度）系数，由人工控制这些参数进行语音合成。不同的参数提取方法会导致合成语音的质量和方法各不相同。

（3）规则合成法　规则合成法通过语音学规则产生语音。合成的词汇表并不需要事先确定，系统中存储的是最小的语音单位（如音素或音节）的声学参数，以及由音素组成音节、由音节组成词、由词组成句子以及控制音调、轻重等韵律的各种规则。一旦给出待合成的字母或文字后，合成系统利用规则自动地将它们转换成连续的语音声波。这种方法可以合成无限词汇的语句。相比于参数合成法，存储器使用更小，但音质也更难保证。

共振峰合成技术采用规则合成法，下面使用共振峰合成技术来简单介绍语音合成技术的工作原理。

语音合成的理论基础是语音生成的数学模型。该模型语音生成过程是在激励信号的激励下，声波经谐振腔（声道），由嘴或鼻辐射声波。共振峰模型是把声道作为一个谐振腔，利用腔体的谐振特性，如共振峰频率及带宽，以此为参数构成一个共振峰滤波器。

决定语音感知的基本因素是共振峰，音色各异的语音有不同的共振峰模式，以每个共振峰及其带宽为参数，可以构成一个共振峰滤波器。将多个这种滤波器组合起来模拟声道的传输特性，对激励声源发生的信号进行调制，经过辐射即可得到合成语音。这便是共振峰语音合成的原理。大多数共振峰合成器的系统模型如图2-5所示。

（五）语音合成技术的应用

语音合成技术的应用场景非常广泛，在语音助理中就用到了语音合成技术，语音合成是语音助理的重要组成部分；智能音响、地图导航、新闻播报、智能客服、呼叫中心等也都用到了语音合成技术。如图 2-6 所示。

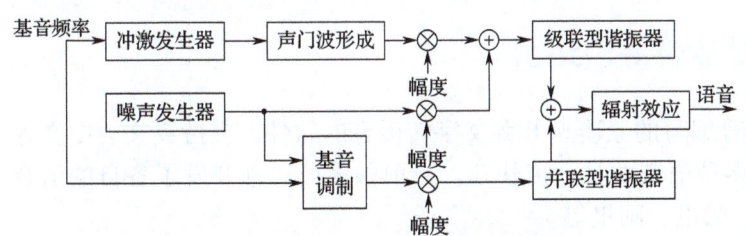

图 2-5　共振峰语音合成器的系统模型　　　　　图 2-6　语音合成技术应用场景

二　语音合成在智能机器人中的应用

从 20 世纪 70 年代起，人们不断探索更加方便的交流方法，如今，终于等到"AI 语音技术"隆重登场，在机器人身上，你可以看到声音的魔力。那么，机器人是如何听人话、懂人话、讲人话的呢？其实这看似简单的操作后面隐藏了一系列的语音技术，比如语音合成技术。图 2-7 所示为画展中服务机器人讲解的场景。下面简单介绍语音合成技术在智能机器人中的应用。

机器人实现语言功能一般有两种方法，一是采用现成的语音芯片，把预先录制好的自然声音（可以是各种语言）录入芯片中，根据程序调用特定的地址，实现机器人的语音功能，采用这种方法的机器人只能发出有限的几句话。使机器人根据使用者的要求发出无限句语言，则需采用另一种方法，该方法是通过在芯片中储存一个一个的语音音素，通过编程按一定的顺序调用这些语音音素，这些语音音素巧妙地合成一个个单词，实现语音功能。该方法能够实现机器人发出各种提示音。

语音合成技术解决了从文本到语音的转换，让服务机器人可以提供"嘴巴"的角色。如图 2-8 所示，2020WAIC（世界人工智能大会）期间，智能导览机器人化身"AI 主播"，充分展示了人与人之间的交互方式，为节目带来了一场特别报道。

图 2-7　画展中服务机器人讲解场景　　　　图 2-8　Cruzr 化身上海新民晚报首个"AI 主播"

在语音转换技术"声音克隆"中,只要事先录入 20 句语料,该智能导览机器人就可以利用深度学习技术,产生出可以以假乱真的声音模型,用本人的声音,与自己"对话"。

三 认识开源语音合成软件 eSpeak

eSpeak 软件是一款用 C 语言编写的紧凑型开源文字转语音的软件,支持英文、中文等很多语言,它代码精简、支持多种语言并且合成快速。目前很多公司都开发了各自的语音合成程序,如科大讯飞、百度、腾讯、阿里等。

eSpeak 使用了上面介绍的共振峰的方法来合成语音,使其可以在很小的尺寸空间里支持多种语言(总共才 2M 左右),所以 eSpeak 合成的声音清晰、快速,但是并不真实平滑,所以发声还不够自然。其可以转换文字为音位编码,可以很好地和其他语音分析引擎配合使用。

其主要特点有:

1)在 Windows 和 Linux 下使用 eSpeak 命令,可以将从终端和文件获取的文字内容转换为语音。

2)eSpeak 提供共享库以供其他程序调用。

3)eSpeak 可扩展使用在诸如 Android、Mac OSX 和 Solaris 等的系统框架中。

如图 2-9 所示,官网上也可以下载其源码进行分析。

图 2-9 认识 eSpeak

⇨ 项目准备

硬件条件

1)一台智能人形教育服务机器人(Yanshee),硬件版本 1.0 以上。
2)一套无线键鼠。
3)一台 HDMI 显示器。
4)一根 HDMI 数据连接线。

软件条件

智能人形教育服务机器人(Yanshee)软件系统,软件版本 V2.3.0 以上。

任务实施

一 使用 eSpeak 命令让机器人说出：hello yanshee

本任务以智能人形教育服务机器人 Yanshee（以下简称：智能人形机器人）为载体，在其系统命令行界面使用 eSpeak 命令，让机器人说："hello yanshee"。

（一）下载安装 eSpeak 软件

在智能人形机器人软件系统下安装 eSpeak 软件的步骤如下。

1. 更新软件源列表

进入智能人形机器人软件系统，在命令行界面输入以下命令：

```
sudo apt-get update
```

执行完的结果如图 2-10 所示。

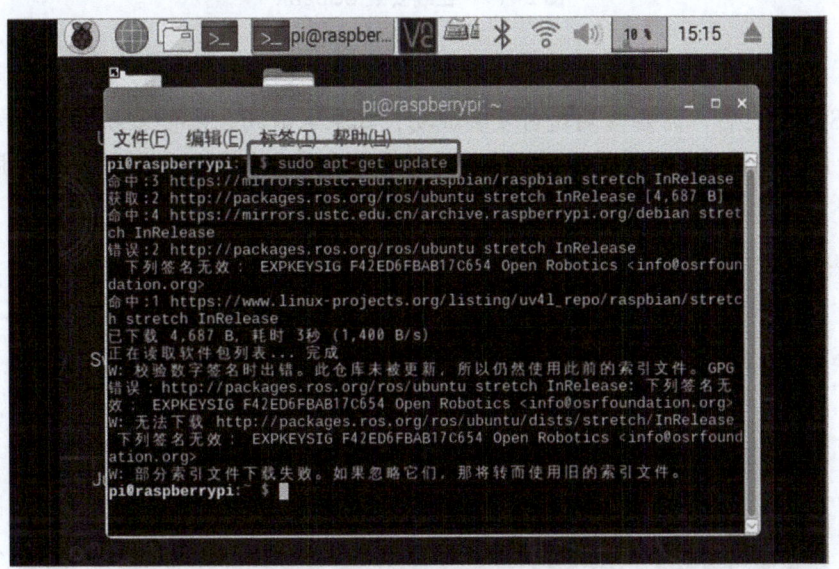

图 2-10　更新软件源列表

说明：更新软件包的最新列表会访问软件源列表里的每个网址，并读取软件列表信息，然后保存在本地主机。在软件包管理器里看到的软件列表，都是通过 update 命令更新的，并不是更新本地的软件包。

2. 使用 apt-get 安装 eSpeak

软件包更新完成后，开始安装 eSpeak，此时需要使用 apt-get 命令来完成安装。在命令行界面输入以下命令：

```
sudo apt-get install espeak
```

执行完的结果如图 2-11 所示。

图 2-11　在线安装 eSpeak

3. 测试 eSpeak 软件是否安装成功

安装 eSpeak 之后，需要检测是否安装成功，如果未成功，需要重新安装。

在命令行界面输入以下命令，查看 eSpeak 的版本号，如可以查看到具体的版本号，则表示 eSpeak 软件安装成功，否则为安装失败。

```
espeak --version
```

执行完的结果如图 2-12 所示。看到对应版本号，表示安装成功，图 2-12 所示的 eSpeak 版本为：1.48.04。

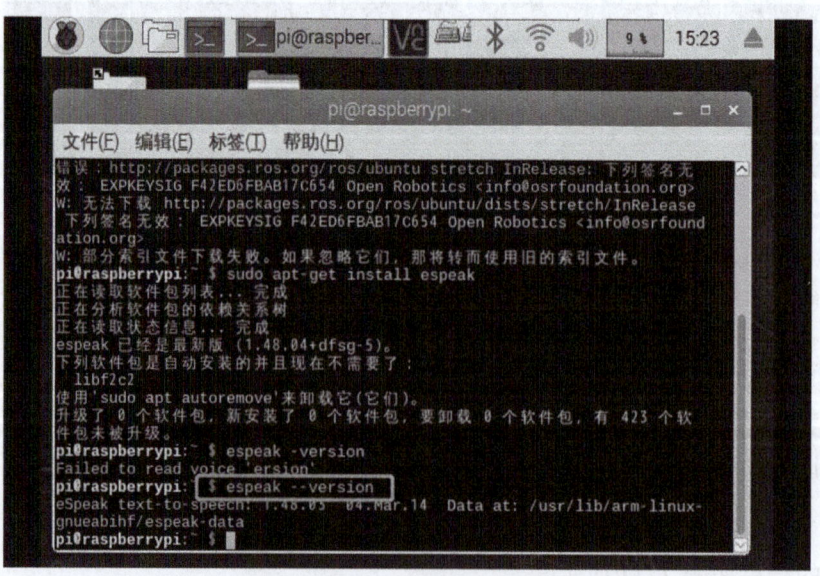

图 2-12　eSpeak 版本号查询

（二）让机器人发声：hello yanshee

使用 eSpeak 软件命令，在命令行界面输入以下命令，让机器人发声"hello yanshee"。命令如下：

```
espeak -ven-us+f3 "hello yanshee" --stdout |aplay
```

执行完的结果如图 2-13 所示，并能听到智能人形机器人 Yanshee 的扬声器播报语音"hello yanshee"。

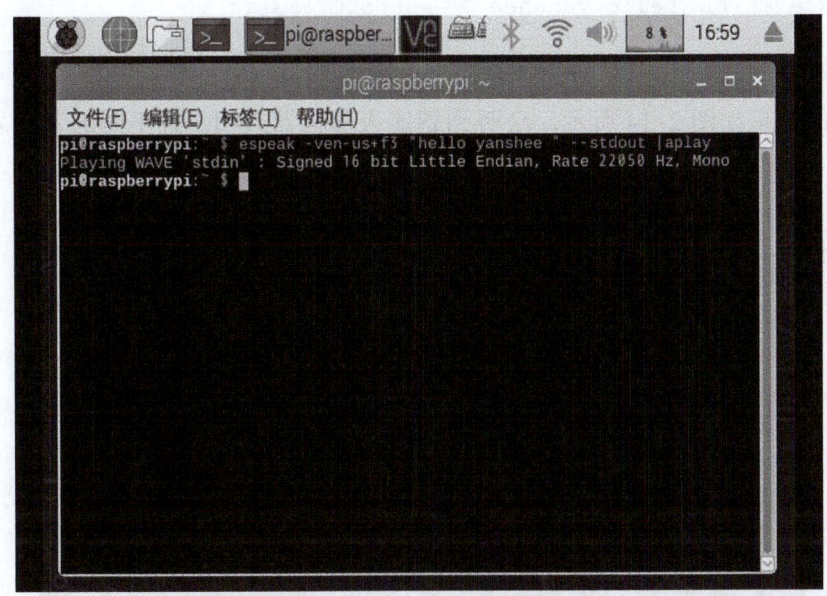

图 2-13　在命令行界面使用 eSpeak 命令让机器人发声"hello yanshee"

上述输入的命令的详细参数说明见表 2-1。

表 2-1　eSpeak 命令让机器人发声命令参数说明

序号	参数	详细说明
1	--stdout	将文本信息转换成语音信息到标准输出，而不是说出来。数据以 WAV 文件头开头，该文件头指示数据的采样率和格式。长度字段设置为零，因为生成头文件时数据的长度未知。 如：espeak – stdout 'words to speak' ︱ aplay　＃在命令行下阅读文本，stdout：为标准输出，并将信息输出到终端。 espeak – stdout –t mydocument.txt ︱ aplay　＃阅读指定文本。 espeak –t mydocument.txt –w myaudio.wav　＃导出音频文件。 参数用两横的说明后面的参数是单词形式，如 cp --help(参数前两横)； 参数用一横的说明后面的参数是字符形式，如 ls –a（参数前一横）, tar -xzvf(参数前有一横)
2	aplay	是一个 ALSA 的声卡命令行工具，用于音频播放。 如：aplay –D plughw: 0,0 xxx.wav　＃播放 .wav 的音频文件，plughw 后面的 0,0 指的是声卡 id 和设备 id(card0,device0)，这个根据自己的设备决定
3	管道符"︱"	将两个命令隔开，管道符左边命令的输出就会作为管道符右边命令的输入。上面代码的管道符"︱"的作用是将 espeak 命令标准输出的音频文件作为 aplay 命令的输入

（三）调试机器人语音合成的音色、音量和速度参数

通过对 eSpeak 参数的调整，来改变机器人发声的音色、音量和速度。

1. 测试声音音色参数 –v 的影响

分别输入以下命令，并按下〈Enter〉键。

```
espeak -ven+f3 "hello yanshee " --stdout |aplay

espeak -ven+f1 "hello yanshee " --stdout |aplay

espeak -ven+m3 "hello yanshee " --stdout |aplay
```

执行完的结果如图 2-14 所示，会听到智能人形机器人用 3 种不同的音色发声 "hello yanshee"。

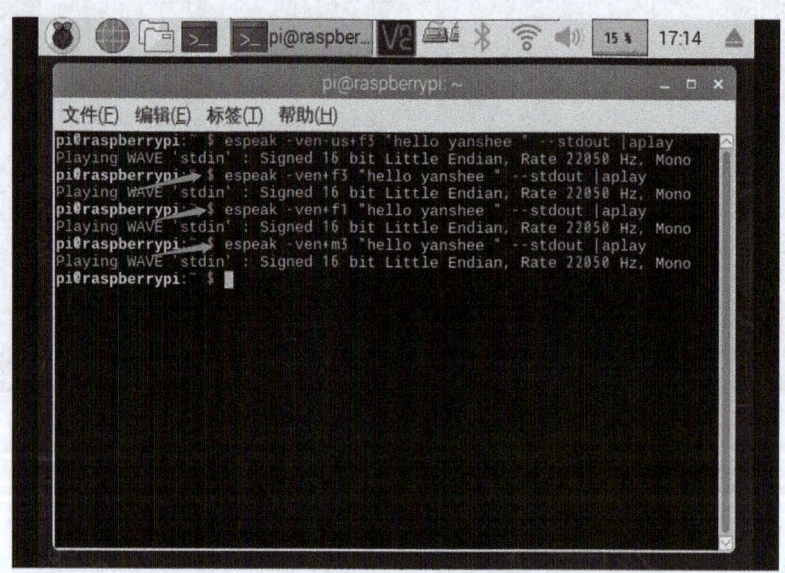

图 2-14　测试声音音色参数 –v

上述输入的命令的详细参数说明见表 2-2。

表 2-2　声音音色命令参数说明

序号	参数	详细说明
1	–v	声音音色 voice
2	–ven	–ven 为英文发音，f3 表示英式女音，f 为 female 的缩写； –ven+f1 表示另一种英式女音； –ven+m3 表示另一种英式男音

2. 测试声音幅度参数 –a 的影响

参数 –a:amplitude，表示声音幅度。

分别输入以下命令，并按下〈Enter〉键。

```
espeak -ven+f3 -a500 "hello yanshee " --stdout |aplay
```

```
espeak -ven+f3 -a100 "hello yanshee " --stdout |aplay
```

执行完的结果如图 2-15 所示，会听到智能人形机器人用 2 种不同的声音幅度发声 "hello yanshee"。–a500 要比 –a100 发声的声音幅度明显慢很多。

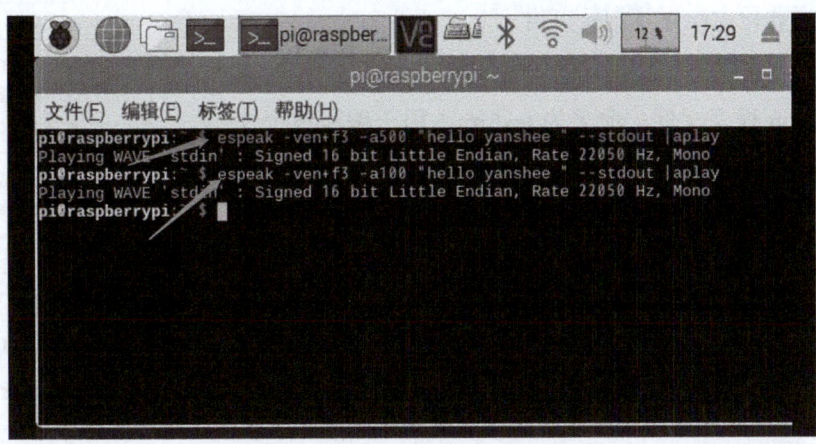

图 2-15　测试声音幅度参数 –a

3. 测试读取句子速度参数 –s 的影响

参数 –s:speed of sentences，表示句子速度，如：–s150，为设置成每秒读 150 个字符。分别输入以下命令，并按下〈Enter〉键。

```
espeak -ven+f3 -s180 "hello yanshee" --stdout |aplay
```

```
espeak -ven+f3 -s100 "hello yanshee" --stdout |aplay
```

执行完的结果如图 2-16 所示，会听到智能人形机器人用 2 种不同语速的发声 "hello yanshee"。可以发现 –s100 要比 –s180 发声的语速明显慢很多。

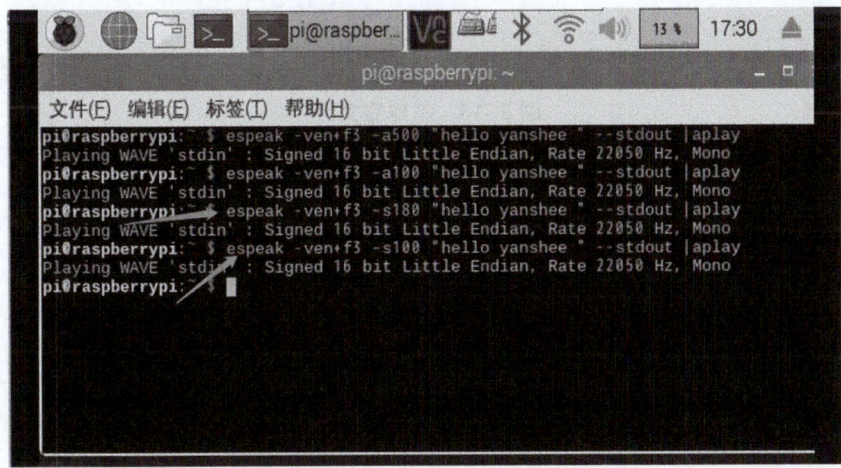

图 2-16　测试读取句子速度参数 –s

二 使用 eSpeak 命令让机器人实时播报红外传感器的数值

本任务通过运行 eSpeak，让机器人每隔 3 秒调用 YanAPI，采集红外传感器的值并进行播报。任务实现流程图如图 2-17 所示。

（一）创建 Python 程序文件

为了实现让机器人实时播报红外传感器数值，首先需要创建一个 Python 程序文件，命名为 test.py，用于编写整个任务实现的代码。具体创建步骤如下：

1. 新建空白文件

如图 2-18 所示，在机器人系统中，新建的文件 test.py 可保存在任意的自定义路径下，本项目任务自定义路径为 /home/pi/test，切换到此路径下，选择空白区，单击鼠标右键，选择"新建"→"空文件"。

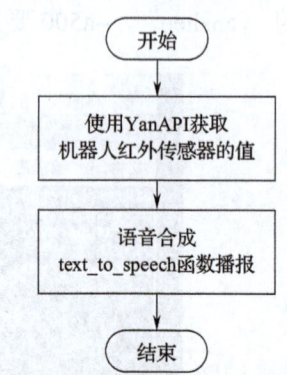

图 2-17 让机器人实时播报红外传感器数值任务实现流程图

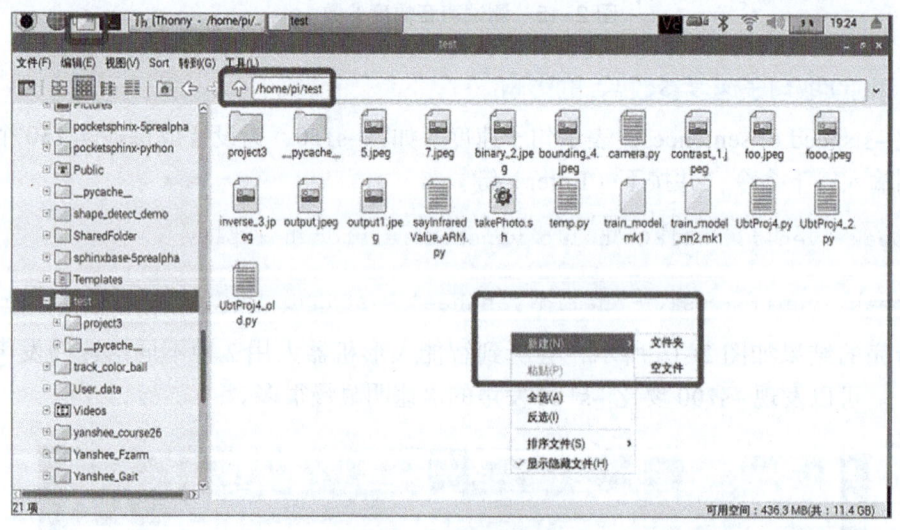

图 2-18 新建空文件

2. 给空白文件命名

继续上述步骤 1 的流程，在如图 2-19 所示的"输入空文件的名称"的输入框中输入"test.py"，并按"确定"按钮。

3. 查看生成的 test.py 文件

继续上述步骤 2 的流程，在 /home/pi/test 的路径下，即可以看到新生成了一个"test.py"的新文件，如图 2-20 所示。

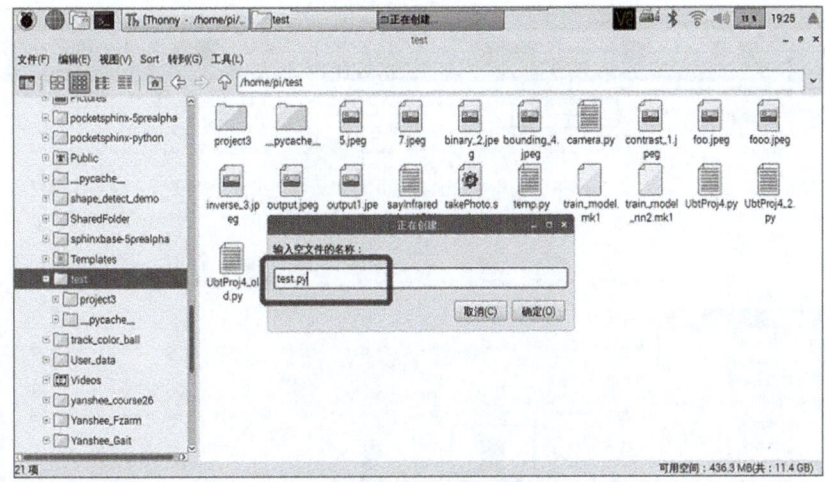

图 2-19 给空文件命名

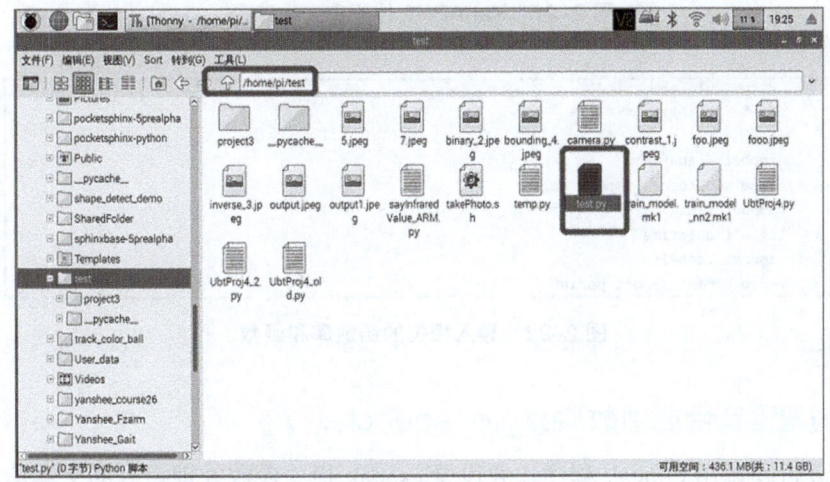

图 2-20 查看生成的 test.py 文件

（二）调用 SDK 接口文件 YanAPI.py

1. 在机器人系统中查找 SDK 文件

查找路径如图 2-21 所示。先选中文件夹图标，再在地址栏输入 /usr/lib/Python3.5，即可找到 YanAPI.py 接口文件。

特别说明：在机器人系统中查找 SDK 文件，是为了查看当前系统中 YanAPI.py 的接口函数的实际说明，以便在主程序中正确调用红外传感器的接口函数。YanAPI.py 已经配置到了系统环境中，后期使用系统自带的 JupyterLab 编译器或者命令端调试执行相关 Python 程序时，不需要再配置其系统环境。

2. 导入相关的函数库

在 Python 代码文件 test.py 的代码头部，编写需要导入的相关函数库和函数，如图 2-22 所示。

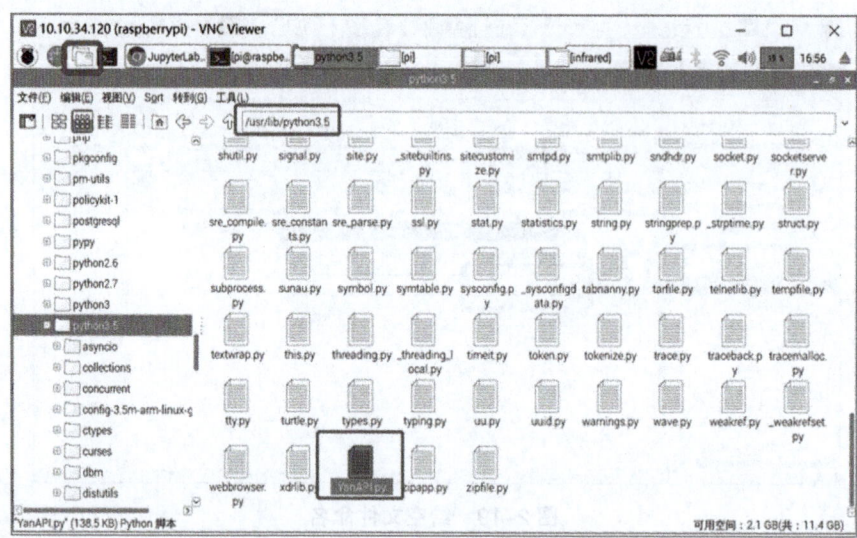

图 2-21　YanAPI 文件所在文件路径

```
1  #!/usr/bin/env python
2  # -*- coding: utf-8 -*-
3
4  import argparse
5  from subprocess import call
6  import time
7  import datetime
8  import YanAPI
9  from pprint import pprint
```

图 2-22　导入相关的函数库和函数

（三）创建语音合成函数 text_to_speech（）

通过 cmd 进程调用 eSpeak 程序，并设置 espeak 相关参数处理接收的文本信息 text，生成音频文件并播报出来。具体代码如图 2-23 所示。

```
14  # Calls the espeak TTS Engine to read aloud a sentence
15  # 调用espeak TTS 语音合成引擎去大声读出一句话
16  def text_to_speech(text):
17      #   -ven+m7:      Male voice
18      #   The variants are +m1 +m2 +m3 +m4 +m5 +m6 +m7 for male voices and +f1 +f2 +f3 +f4
19      #   which simulate female voices by using higher pitches. Other variants include +croak and +whisper.
20      #   -s180:        set reading to 180 Words per minute
21      #   -k20:         Emphasis on Capital letters
22      #  -ven+m7:       男性的声音
23      #   +m1 +m2 +m3 +m4 +m5 +m6 +m7均为男性的声音，数字越大音色越尖。其他音色变量参数：+croak 和 +whisper
24      #   -s180:         设置语音读取的速度：每秒180个单词字符
25      #   -k20:          发音强调大写字母
26      cmd_start = "espeak -ven-us+m7 -a 200 -s180 -k20 --stdout '"
27      cmd_end = "' |aplay"
28
29      # Run the command espeak --voices for a list of voices.
30      #启动命令
31      # call(" amixer set PCM 100 ", shell=True)  # Crank up the volume!
32      call([cmd_start + text + cmd_end], shell=True)
```

图 2-23　test.py 的 test_to_speech（ ）函数

（四）编写主程序 main 函数

1）通过创建一个循环函数来循环执行主线程功能：每隔 3 秒，获取一次红外传感器的值并语音合成播报其值。

2）调用 YanAPI 的读取红外传感器的值的函数，获取实时红外传感器的值。

3）调用语音合成函数 text_to_speech（），对获取到的实时红外传感器的值进行播报。具体代码如图 2-24 所示。

```python
def main():
    while True:
        res = YanAPI.get_sensors_infrared()
        pprint(res["data"]["infrared"][0]["value"])
        text = "I have detected something " + str(res["data"]["infrared"][0]["value"]) + "centimeter ahead"
        text_to_speech(text)
        time.sleep(3)

if __name__ == '__main__':
    main()
```

图 2-24　main 函数代码

说明：

（1）第 37 行："while" 是一个循环函数，判断条件始终为 True，表示是一个无限循环函数，程序会一直循环运行。

（2）第 38 行：表示调用 YanAPI 的接口读取机器人红外传感器的值赋值给 res 变量，赋值后，res 变量就是红外传感器检测到的值。

（五）运行程序让机器人实时播报红外传感器的数值

使用 JupyterLab 调试 test.py，执行完的结果如图 2-25 所示。在此界面上可以看到，每隔 3 秒系统输出红外传感器的数值。红外传感器的数值在程序里表示为 604、570、574 等数值，如图 2-25 方框所示。即，机器人 Yanshee 会每隔 3 秒播报语音："I have detected something '红外距离传感器的值' centimeter ahead"。当传感器的值输出为 604，机器人播报 "I have detected something 604 centimeter ahead"；再隔 3 秒，传感器的值输出为 570，机器人则播报 "I have detected something 570 centimeter ahead"。以此类推。

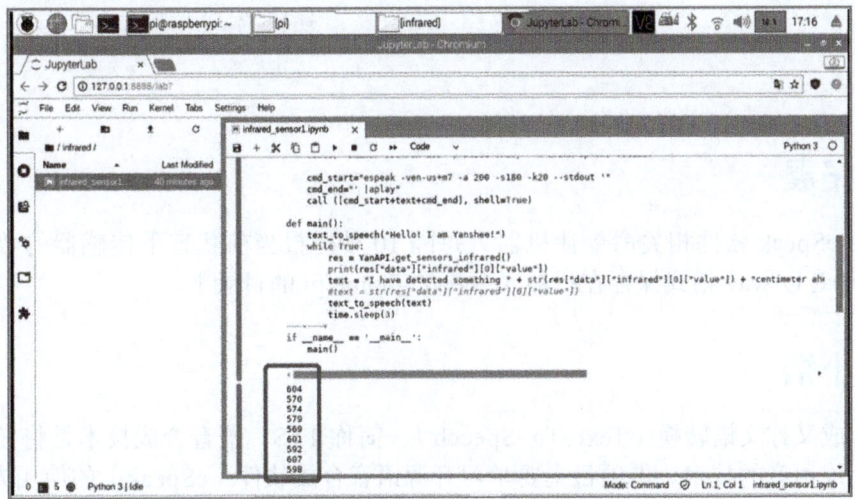

图 2-25　JupyterLab 调试结果

任务评价

班级		姓名		学号		日期		
自我评价	1. 能正确下载安装 eSpeak 软件					□是	□否	
	2. 能在命令行界面使用 eSpeak 命令让机器人发声					□是	□否	
	3. 能使用 eSpeak 不同参数让机器人发声					□是	□否	
	4. 能编写主业务流程图					□是	□否	
	5. 能正确启用 SDK 接口文件 YanAPI					□是	□否	
	6. 能使用 eSpeak 命令实时播报机器人的红外传感器的值					□是	□否	
	7. 能使用 JupyterLab 调试程序并查看验证语音合成的结果					□是	□否	
	8. 在完成任务时遇到了哪些问题？是如何解决的？							
	9. 能独立完成工作页的填写					□是	□否	
	10. 能按时上、下课，着装规范					□是	□否	
	11. 学习效果自评等级				□优	□良	□中	□差
	总结与反思：							
小组评价	1. 在小组讨论中能积极发言				□优	□良	□中	□差
	2. 能积极配合小组完成工作任务				□优	□良	□中	□差
	3. 在查找资料信息中的表现				□优	□良	□中	□差
	4. 能够清晰表达自己的观点				□优	□良	□中	□差
	5. 安全意识与规范意识				□优	□良	□中	□差
	6. 遵守课堂纪律				□优	□良	□中	□差
	7. 积极参与汇报展示				□优	□良	□中	□差
教师评价	综合评价等级： 评语：							
					教师签名：		日期：	

任务拓展

请使用 eSpeak 软件相关命令让机器人每隔 10 秒播报当前状态下传感器的数值，并将此 10 秒的语音以 wav 格式保存在机器人系统的 /home/pi 的目录下。

项目小结

语音合成又称文语转换（Text-To-Speech），简称 TTS。语音合成技术是将任意文字信息实时转化成语音的技术。本项目主要学习开源语音合成软件（eSpeak）的使用方法。

第二部分
机器人视觉技术

项目 3
让机器人辨别颜色

项目导入

生活是五彩斑斓的,我们生活在一个多彩多姿的世界里,那是什么让我们能分辨颜色的呢?

随着人工智能、机器人技术的不断发展,机器人在我们生活中越来越常见。我们会看到形态各异的机器人,那么机器人是如何看世界的呢?它们眼里的世界是黑白的,还是彩色的呢?图 3-1 为服务机器人 Walker 的视觉导航的应用场景。

图 3-1　服务机器人 Walker 的视觉导航的应用场景

项目任务

机器人和外界环境进行交互,首先必须要感知周围环境,而机器视觉是最为常用的一种感知周围环境的方法。本项目需完成以下任务:

运行颜色识别应用程序对绿色小球进行颜色识别,要求将绿色识别出来后,还需将其轮廓用红色线条勾勒出来。识别效果如图 3-2 所示。

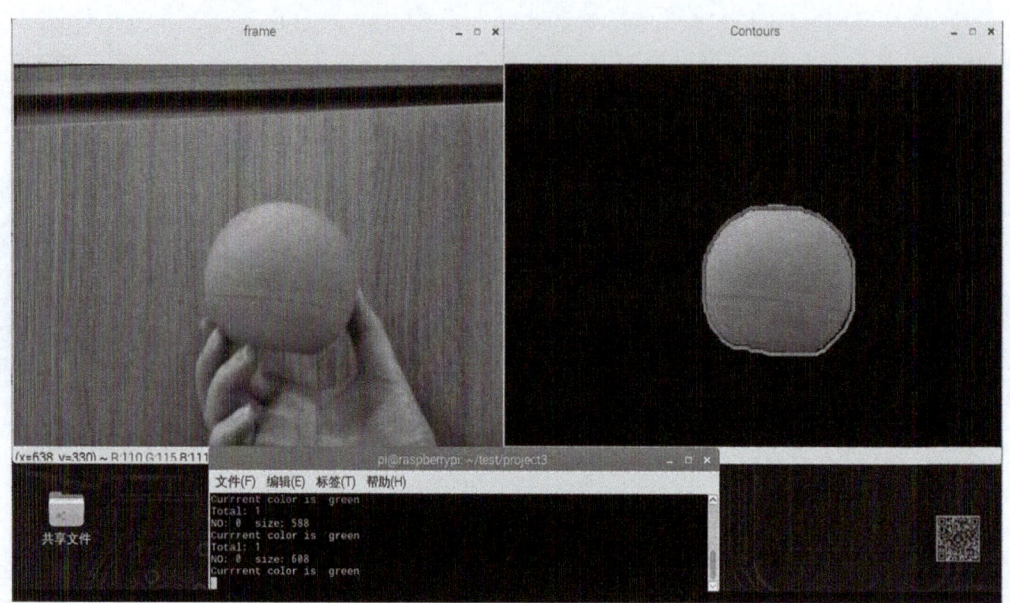

图 3-2　让机器人辨别颜色

学习目标

知识目标

1)理解人眼分辨颜色的原理:可见光谱、三原色学说等基础知识。
2)理解机器识别颜色的原理。
3)了解图像传感器的工作原理。
4)理解摄像头识别颜色的原理。
5)熟悉常见颜色的 HSV 范围。
6)了解 OpenCV 轮廓集的结构。

能力目标

1)能对图像色彩空间进行转换。
2)能对图像进行二值化。
3)能对图像进行数学形态学的操作。
4)能编程检测和绘制图像轮廓。

知识链接

一　人眼分辨颜色的原理

人类对颜色的感知来自可见光谱中的电磁辐射对人眼视锥细胞的刺激。颜色的种类和颜色的物理规格是通过反射光的波长与物体相联系的。

（一）可见光谱

图 3-3 和图 3-4 展示了可见光谱在电磁波谱中的位置，图中对可见光谱部分进行了局部放大。可见光的波长大约介于 380 纳米到 750 纳米之间。正常视力的人眼对波长约为 555 纳米的电磁波最为敏感，这种电磁波处于光学频谱的绿光区域。有趣的是，不少其他生物能看见的电磁波范围跟人类并不一样，例如包括蜜蜂在内的一些昆虫能看见紫外线波段，这对于它们寻找花蜜有很大帮助。

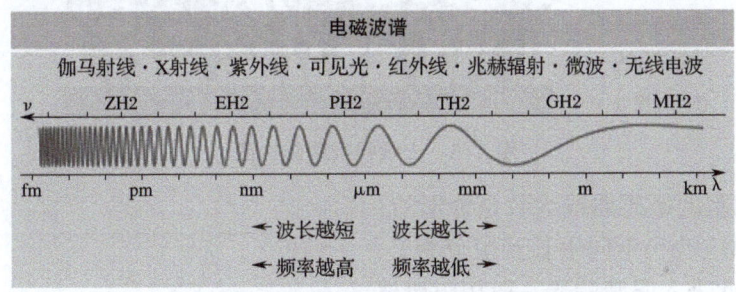

图 3-3　可见光谱在电磁波谱中的位置

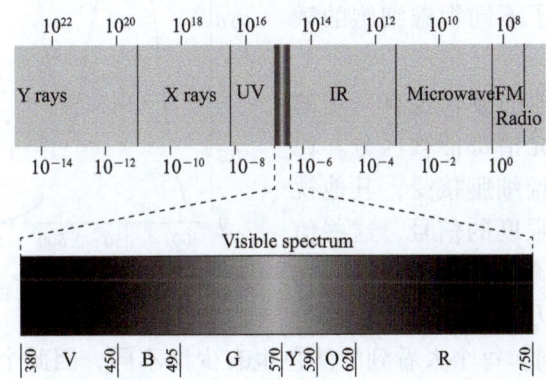

图 3-4　可见光的波长大约介于 380 纳米到 750 纳米之间

（二）三原色

托马斯·杨在 1801 年第一次提出三原色的理论，后来亥姆霍茨将它完善了。20 世纪 60 年代，人们发现了人眼内部感受颜色的色素的机理，从而验证了三原色理论的正确性。人眼视网膜结构图如图 3-5 所示。

视杆细胞：主要在暗光情况下发挥作用，没有色彩识别功能，所以我们在光线昏暗的条件下，分辨不出颜色。

视锥细胞：在明亮条件下发挥作用。正常情况下，人眼视网膜上存在能感应红（R）、绿（G）、蓝（B）的三种视锥细胞，自然界中所有的颜色也都可以由红绿蓝三色组合而成。所以，三种视锥细胞不断组合来感受不同的光，我们就能分辨出不一样的颜色，手机和计算机显示出来的丰富多彩的画面，也正是由这 RGB 组合而来。

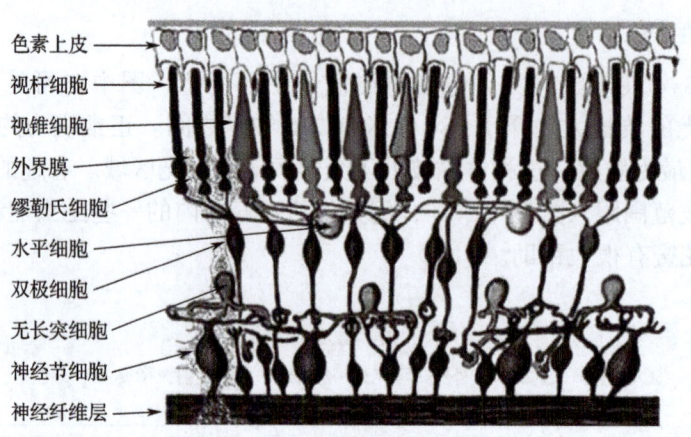

图 3-5　人眼视网膜结构图

每种视锥细胞的敏感曲线大致是钟形的，视锥细胞依照感应波长不同由长到短分为 L、M、S 三种。因此进入眼睛的光一般相应地被这三种视锥细胞和视杆细胞分为 4 个不同强度的信号。图 3-6 展示了不同视锥细胞的敏感曲线。

由于每种细胞对其他的波长也有一定的反应，因此并非所有的光谱都能被区分。比如绿光不仅可以被绿视锥细胞接受，其他视锥细胞也可以产生一定强度的信号，这些信号的组合构成了人眼能够区分的各种颜色。人类一共约能区分一千万种颜色，由于每个

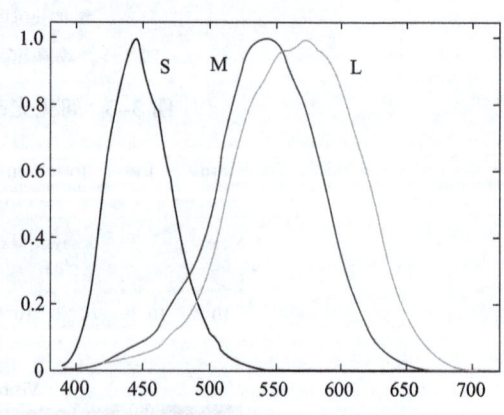

图 3-6　三种视锥细胞的敏感曲线

人眼睛和大脑的构造不同，每个人看到的颜色也有少许不同，因此个体对颜色的区分是相当主观的。人类色觉是不同波长的光线在人类视觉系统中产生的感受，而不是光线本身的性质。青年人和老年人在色觉上往往有细微差异。

二　机器识别颜色的原理

在电子时代之前，基于人类对颜色的认知，RGB 三原色模型已经有了坚实的理论基础。RGB 三原色模型主要用于在电子系统（比如电视和计算机等）中对图像进行检测、表示和

显示,它利用大脑强制视觉生理模糊化,将红绿蓝三原色子像素合成为一色彩像素,产生感知色彩。红绿蓝三原色模型在传统摄影中也有应用。

三种原色光在每一像素中以 0~255 强度组合成从纯黑色到纯白色之间各种不同的颜色光,当前在计算机硬件中采取每一像素用 24 比特表示的方法,所以三种原色光各分到 8 比特,每一种原色的强度依照 8 比特的最高值分为 256 个值。用这种方法可以组合出 16777216(256×256×256)种颜色。现阶段,显卡、显示屏及软件已可支持产生出 1073741824(1024×1024×1024)种颜色。

机器识别颜色的原理是:每个点的像素值(彩色为三通道的 RGB)呈现出来的颜色的判决条件是该点的像素值是否在此颜色的像素值(彩色为三通道的 RGB)范围内。此颜色的判定标准的范围是人眼的经验值,称为阈值。一般采用 HSV 颜色空间的值作为判定条件,是因为 HSV 空间对颜色比较敏感。本项目中也是将颜色传感器原始采样到的 RGB 信息转换为 HSV 像素空间的信息。HSV 的主要颜色阈值范围见表 3-1。

表 3-1 HSV 的主要颜色阈值范围

序号	颜色种类	范围
1	红色	red_min:[0, 43, 46] red_max:[10, 255, 255]
2	红色 2	red2_min:[156, 43, 46] red2_max:[180, 255, 255]
3	绿色	green_min:[35, 43, 46] green_max:[77, 255, 255]
4	蓝色	blue_min:[100, 43, 46] blue_max:[124, 255, 255]
5	黄色	yellow_min:[15, 43, 46] yellow_max:[34, 255, 255]

三 认识色彩空间

颜色通常用三个独立的属性来描述,三个独立变量综合作用,自然就构成一个空间坐标,这就是颜色空间。但被描述的颜色对象本身是客观的,不同颜色空间只是从不同的角度去衡量同一个对象。颜色空间按照基本结构可以分为两大类:基色颜色空间和色、亮分离颜色空间。前者典型的是 RGB,后者包括 YUV 和 HSV 等。

(一)RGB 色彩空间

红(Red)、绿(Green)、蓝(Blue)代表可见光谱中的三种基本颜色,亦称为三原色,每一种颜色按其亮的不同分为 256 个等级。RGB 色彩空间以 R、G、B 三种基本色为基础,进行不同程度的叠加,进而产生丰富而广泛的颜色,所以亦称为三基色模式。在大自然中有无穷多种不同的颜色,而人眼只能分辨有限种不同的颜色,RGB 模式可表示一千六百多万种不同的颜色,在人眼看来它非常接近大自然的颜色,故又称为自然色彩模式或真彩色模式。

计算机色彩显示原理和彩色电视机显示色彩的原理一样，都是采用 R、G、B 相加混色的原理，通过发射出三种不同强度的电子束，使屏幕内侧覆盖的红、绿、蓝磷光材料发光而产生色彩。这种色彩的表示方法称为 RGB 色彩空间表示。RGB 色彩空间模型如图 3-7 所示。

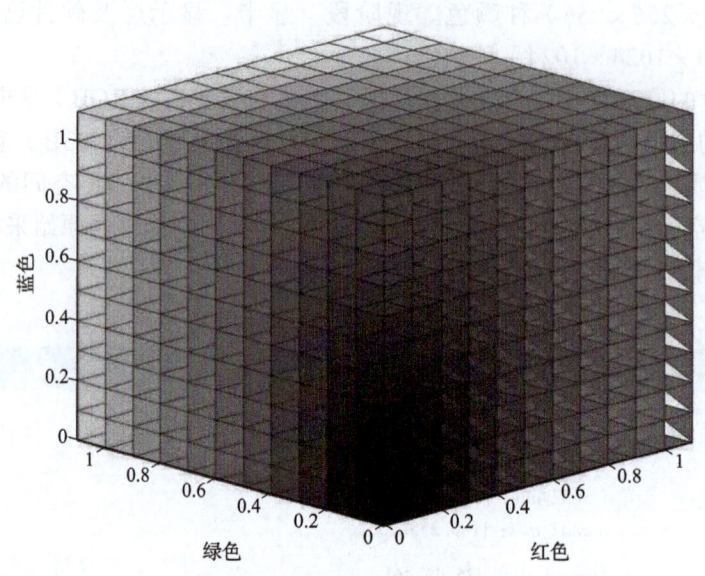

图 3-7　RGB 色彩空间模型

RGB 色彩空间是一种比较常见的色彩空间（颜色模式）类型，此外还有其他一些色彩空间，不同色彩空间均有自己擅长处理问题的领域。

（二）Gray 色彩空间

Gray 图像指的是灰度图像，通常指的是 8 位灰度图，因此它具有 256 级灰度，即像素值的范围是 [0,255]。

当图像由 RGB 色彩空间转换为 Gray 色彩空间时，处理方式如下：

Gray = $0.299 \times R + 0.587 \times G + 0.114 \times B$

这也是 OpenCV 中采用的处理方式。

当图像由 Gray 色彩空间转换为 RGB 色彩空间时，最终三个通道的值都是相同的，其处理方式为：

R = Gray，G = Gray，B = Gray

（三）HSV 色彩空间

HSV 色彩空间，是一种将 RGB 色彩空间中的点在倒圆锥体中表示的方法。它从心理学和视觉的角度出发，指出了人眼的色彩知觉包含色相、饱和度和明度三要素。HSV 即色相（Hue）、饱和度（Sataration）和明度（Value），又称 HSB（B 即 Brightness）。HSV 色彩空间模型如图 3-8 所示。

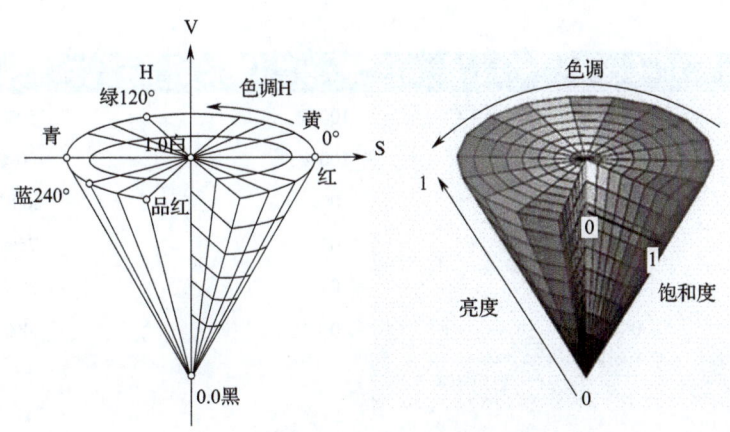

图 3-8 HSV 色彩空间模型

色相（H）：是色彩的基本属性，又称为色调，就是我们平常所说的颜色名称，如红色、黄色等。色调用角度度量，取值范围为 0°～360°，从红色开始按逆时针方向计算，红色为 0°，绿色为 120°，蓝色为 240°。

饱和度（S）：是色彩的纯度，饱和度越高、色彩越纯，饱和度变低则逐渐变淡，取 0~100% 之间的数值。

明度（V）：指人眼感受到的光的明暗程度，通常取值范围为 0%（黑）到 100%（白）。

HSV 模型的三维表示从 RGB 立方体演化而来。设想从 RGB 沿立方体对角线的白色顶点向黑色顶点观察，就可以看到立方体的六边形外形。六边形边界表示色彩，水平轴表示纯度，明度沿垂直轴测量。HSV 颜色空间可以用一个圆锥空间模型来描述。圆锥的顶点处，V 为 0，H 和 S 无定义，代表黑色。圆锥的顶面中心处 V 最大，S 为 0，H 无定义，代表白色。

在 HSV 色彩空间中，每一种颜色和它的补色相差 180°。表 3-2 列出了一些常见颜色的 HSV 值，在 OpenCV 编程时，色相的取值范围是 0~180，饱和度的取值范围是 0~255，明度的取值范围是 0~255。

表 3-2　一些常见颜色的 HSV 值

名称	色相	饱和度	明度
红色	0°	100%	100%
黄色	60°	100%	100%
绿色	120°	100%	100%
青色	180°	100%	100%
蓝色	240°	100%	100%
品红色	300°	100%	100%
栗色	0°	100%	50%
橄榄色	60°	100%	50%
深绿色	120°	100%	50%
蓝绿色	180°	100%	50%

（续）

名称	色相	饱和度	明度
深蓝色	240°	100%	50%
紫色	300°	100%	50%
白色	0°	0%	100%
银色	0°	0%	75%
灰色	0°	0%	50%
黑色	0°	0%	0%

四 认识图像传感器

图像传感器（Image Sensor），是组成数字摄像头的重要组成部分，它是一种能将感受到的光学图像信息转换成可用电信号输出的传感器。根据元件的不同，可分为CCD图像传感器和CMOS图像传感器。

（一）CCD图像传感器

CCD是电荷耦合器件（Charge Coupled Device）的简称，它是一种将光信号变为电荷包，并以电荷包的形式存储和传递信息的半导体表面器件。

CCD图像传感器是在MOS集成电路基础上发展起来的，能进行图像信息光电转换、存储、延时和按顺序传送。CCD图像传感器外形如图3-9所示。

CCD图像传感器可直接将光学信号转换为模拟电流信号，电流信号经过放大和模数转换，实现图像的获取、存储、传输、处理和复现。从功能上可分为线阵CCD和面阵CCD两大类，其中面阵CCD是主要应用在数码相机中。它是由许多单个感光二极管组成的阵列，整体呈正方形，然后像砌砖一样将这些感光二极管砌成阵列来组成可以输出一定解析度图像的CCD传感器。从功能上来说，CCD感光元件在某种程度上相当于传统相机的胶卷。

彩色CCD图像传感器的组成结构如图3-10所示，其主要由一个类似马赛克的网格、聚光镜片以及最底下的电子线路矩阵所组成。

图3-9 CCD图像传感器外形

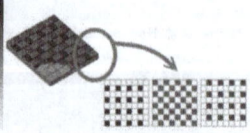

图3-10 彩色CCD图像传感器的组成结构

CCD主要由微型镜头、马赛克分色网格及垫于最底层的电子线路矩阵组成。

目前CCD有两种分色方式：一是RGB原色分色法，另一个则是CMYG补色分色法。

这两种方法各有利弊。过去原色和补色 CCD 的产量比例约在 2∶1 左右，2003 年后由于影像处理引擎的技术和效率进步，目前超过 80% 产量都是原色 CCD。原色 CCD 如图 3-11 所示。

补色 CCD 由于多了一个 Y 黄色滤色器，在色彩的分辨上比较仔细，但却牺牲了部分影像分辨率，而在 ISO 值上，补色 CCD 可以容忍较高的感度，一般都可设定在 800 以上。补色 CCD 如图 3-12 所示。

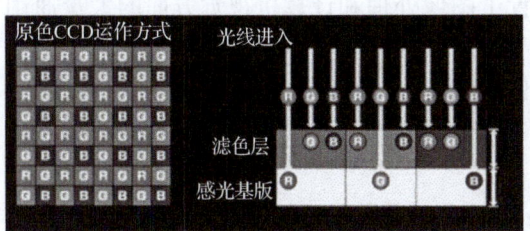

图 3-11 原色 CCD

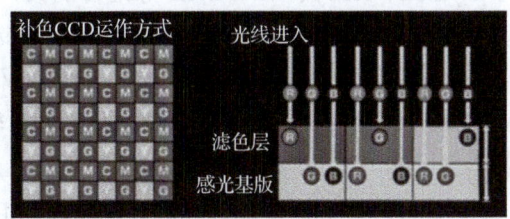

图 3-12 补色 CCD

（二）CMOS 图像传感器

CMOS 英文全名 Complementary Metal-Oxide Semiconductor，即互补性氧化金属半导体。CMOS 图像传感器（CMOS Image Sensor）是一种利用传统的集成电路工艺方法将光敏元件、放大器、A/D 转换器、存储器、数字信号处理器和计算机接口电路等集成在一块硅片上的图像传感器件。

CMOS 图像传感器的外形如图 3-13 所示。

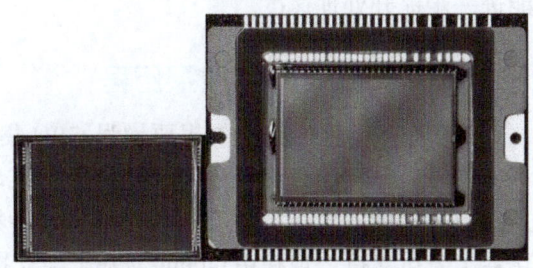

图 3-13 CMOS 图像传感器的外形

CMOS 图像传感器的光电转换原理与 CCD 图像传感器相同，二者的主要差异在于电荷的转移方式上。CCD 图像传感器中的电荷会被逐行转移到水平移位寄存器，经放大器放大后输出。由于电荷是从寄存器中逐位连续输出的，因此放大后输出的信号为模拟信号。在 CMOS 传感器中，每个光敏元的电荷都会立即被与之邻接的一个放大器放大，再以类似内存寻址的方式输出。CCD 与 CMOS 传感器的信号转移方式如图 3-14 所示。

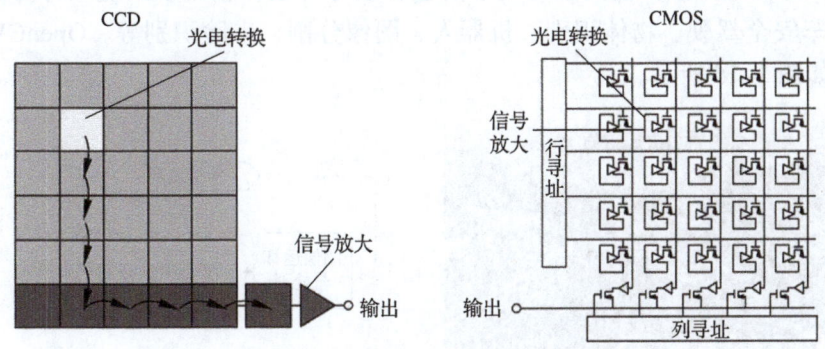

图 3-14 CCD 与 CMOS 传感器的信号转移方式

五 认识 OpenCV 开源视觉库

（一）什么是 OpenCV

OpenCV 是一个基于 BSD 许可（开源）的跨平台计算机视觉和机器学习软件库，其功能强大、计算高效，可以运行在 Linux、Windows、Android 和 Mac OS 操作系统上，提供了 Python、Ruby、MATLAB 等语言的接口，内置了图像处理和计算机视觉方面的大量通用算法，已经成为计算机视觉应用开发的首选软件库。

相较于同领域的图像处理库，OpenCV 具有以下优点：

1）与 Python 一样，由 C 和 C++ 语言编写，能够方便地与基于 Python 的其他软件库集成，如 NumPy、SciPy、Matplotlib 等。

2）在没有形成统一应用程序接口（Application Programming Interface，API）标准的市场背景下，简化了计算机视觉程序和解决方案的开发。

3）具有优秀的性能表现。基于优化的 C 语言编码为其执行速度带来了可观的提升，与 IPP（Intel Integrated Performance Primitives，英特尔高性能多媒体函数库）的组合使用还能进一步提升处理速度。

（二）OpenCV 的发展历程

OpenCV 缘起于英特尔想要增强 CPU 集群性能的研究。该项目的结果是英特尔启动了许多项目，包括实时光线追踪算法以及三维墙体的显示。项目启动于 1999 年，研发成员是几位英特尔俄罗斯研发中心的优化专家，后期由 Willow Garage（一个机器人研究机构和孵化器）公司支持，现在由 OpenCV 基金会支持。OpenCV 更详细的发展历程可以访问其官网。

该项目早期主要目标有以下 3 个：

1）为高级的视觉研究提供开源并且优化过的基础代码，不再需要重复造轮子。

2）以提供开发者可以在此基础上进行开发的通用接口为手段传播视觉相关知识，这样代码有更强的可读性和可移植性。

3）以创造可移植的、优化过的免费开源代码来推动基于高级视觉的商业应用，这些代码可以自由使用，不要求商业应用程序开放或免费。

OpenCV 发展到现在，被大量运用于商业软硬件开发，应用场景遍布计算机视觉各个领域，如汽车安全驾驶、物体识别、机器人、图像分割、人脸识别等。OpenCV 的车辆检测应用场景如图 3-15 所示。

图 3-15 OpenCV 的车辆检测应用场景图

（三）OpenCV 的主要模块

OpenCV 的主要模块见表 3-3，每个模块中都包含了大量的函数。

表 3-3　OpenCV 的主要模块

序号	模块	说明
1	Core functionality (core)	核心模块，包括基础数据结构定义、基础函数实现
2	Image Processing (imgproc)	图像处理模块，包括常用的图像处理、图像变换、颜色空间变换等
3	Video Analysis (video)	视频分析模块，包括运动估计、背景分离、目标追踪等算法
4	Camera Calibration and 3D Reconstruction (calib3d)	摄像机标定与三维重建模块，包括多视角几何算法、摄像机标定算法、目标运动估计、三维重建等
5	2D Features Framework (features2d)	2D 功能框架，包括特征点检测、描述与匹配等算法
6	Object Detection (objdetect)	目标检测模块，包括人脸、眼睛、行人、猫狗等预定义类别
7	High-level GUI (highgui)	图形界面模块，用于图像、视频显示
8	Video I/O (videoio)	视频录入、读取，以及视频编码解码模块
9	Machine Learning（ml）	机器学习模块，包括 KNN、SVM、K-Means 算法
10	Fast Library for Approximate Nearest Neighbors（flann）	高维快速近似近邻搜索算法库，提供快速近似最近邻搜索、聚类等算法
11	nonfree	具有专利的算法模块，包含特征检测和 GPU 相关的内容，是 OpenCV 中非开源部分
12	gpu	GPU 加速库，提供基于 CUDA GPU 的优化速度
13	Contributed/Experimental Stuf（Contrib）	贡献库，主要由社区开发和维护，包含一些新的、还没有被集成进 OpenCV 的函数，通常需要额外下载安装
14	Computational Photography（photo）	计算机图像库，包含图像修复和图像去噪等算法函数
15	images stitching（stitching）	图像拼接模块，包含拼接流水线、特点寻找和匹配图像、估计旋转、自动校准、图片歪斜、接缝估测、曝光补偿

（四）OpenCV 的环境配置

1. 在 PC 端 Windows 系统中下载和安装 OpenCV-Python

本项目任务实施依托于智能人形教育服务机器人（Yanshee）硬件载体，而机器人本体系统软件版本为 32 位，这里的 PC 端 OpenCV-Python 环境搭建以 32 位为例。

第 1 步：下载安装 OpenCV-Python。

在 PC 端，进入 cmd 命令行界面，输入命令"pip install opencv-python"，执行后的结果如图 3-16 所示。

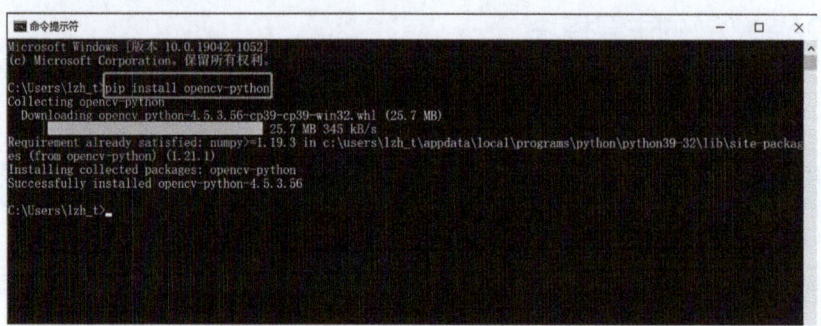

图 3-16　OpenCV-Python 安装成功

第 2 步：查看 OpenCV-Python 版本号。

在 PC 端，进入 cmd 命令行界面，输入命令"pip show opencv-python"，执行后的结果如图 3-17 所示。OpenCV-Python 版本号为 4.5.3.56。

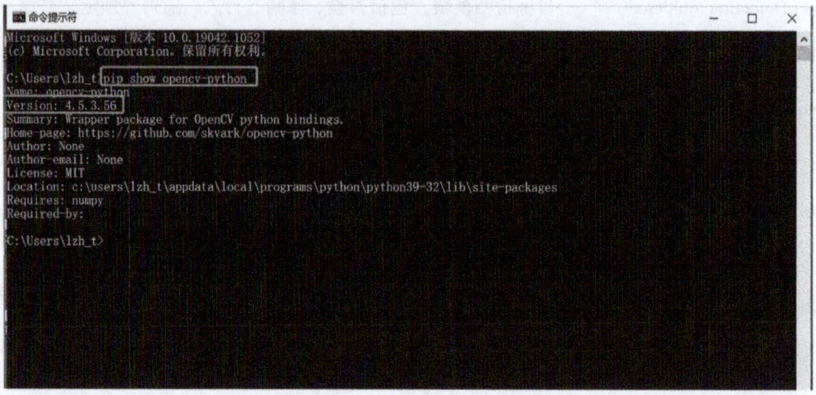

图 3-17　查看 OpenCV-Python 的相关版本信息

2. 在机器人端 Linux 系统中下载和安装 OpenCV-Python

第 1 步：下载安装 OpenCV-Python。

进入机器人端 Linux 系统命令行界面，输入命令"pip install opencv-python"，执行完的结果如图 3-18 所示。

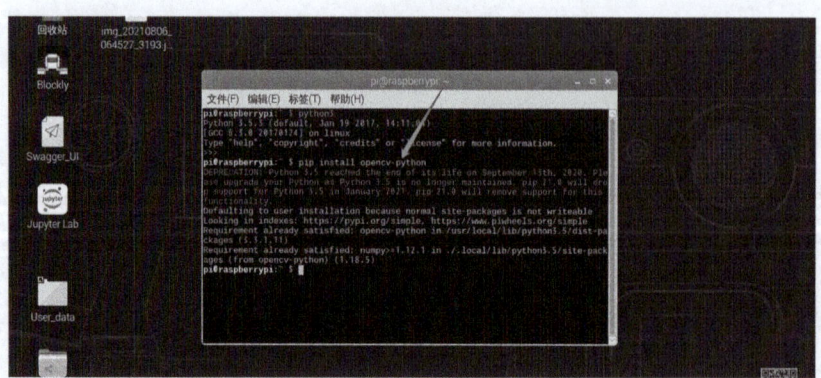

图 3-18　OpenCV-Python 安装成功

第 2 步：查看 OpenCV-Python 版本号。

进入命令行界面，输入命令"pip show opencv-python"。

执行完的结果如图 3-19 所示。OpenCV-Python 版本号为 3.3.1.11。

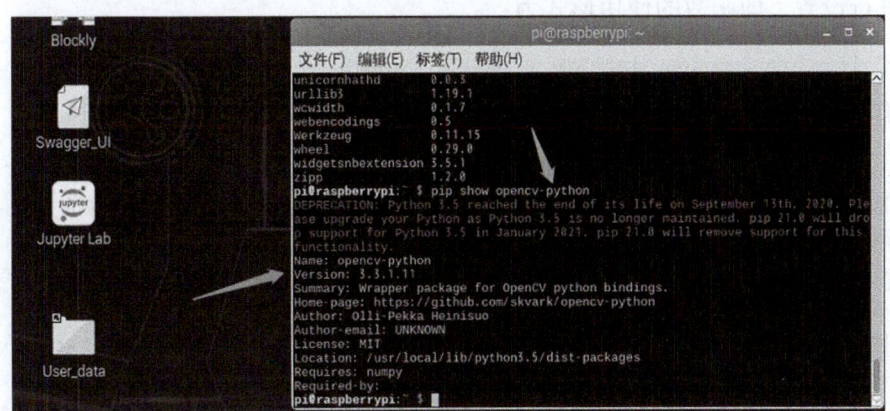

图 3-19　查看 OpenCV-Python 的相关版本信息

> **注意**　机器人的 OpenCV 版本号为 3.3.1.11，PC 端的 OpenCV 版本号为 4.5.3.56，会导致有些函数是不一样的。在将 PC 端调试好的代码移植到机器人中时可能会报错，需要少量调试。

（五）OpenCV 颜色识别

OpenCV 开源计算机视觉库为用户提供了很多用于图形处理的函数，OpenCV 组织为 C++、JAVA、Python 等主流编程语言提供了接口，也方便用户使用 Python 调用 OpenCV 库进行图像处理，甚至结合 TensorFlow 可以做图像识别的预处理。本书主要介绍使用 Python 语言与 OpenCV 库进行图像获取和颜色识别。

1. 色彩空间转换

在图像处理过程中，为了减少数据量，提高计算效率，经常需要将彩色图像转换为灰度图像或者二值图像。而在 OpenCV 中有超过 150 种进行图像色彩空间转换的方法，cvtColor( ) 函数是 OpenCV 提供的专用于不同色彩空间转换的函数。

cvtColor( ) 函数的定义如下：

```
cv2.cvtColor(src, code[, dst[, dstCn]])
```

参数说明如下。

src：色彩空间模型待改变的图像（原图像）。

code：色彩空间转换的代码；其有多种颜色空间模式选项，常见的有 RGB、HSI、HSL、HSV、HSB、YCrCb、CIE XYZ 和 CIE Lab 8 种。

dst：与 src 图像大小和深度相同的输出图像。它是一个可选参数。

dstCn：目标图像中的通道数。如果参数为"0"，则通道数将从 src 和代码自动获得。它是一个可选参数。

返回值：返回一个图像。

通常在使用中直接进行图像类型转换，对函数 cvtColor（）的后面两个参数 dst 和 dstCn 不进行设置，即函数的使用形式为：

```
cvtColor(src, code, dst=None, dstCn=None)
```

以常用的 BGR 和 RGB 的转换为例，其代码如下：

```
image = cv2.imread('file_path');
# 读取路径为 file_path 下的图片，并赋值给 image，图像的类型为原始图像的类型（这里默认为彩色图像 RGB 格式）。
# file_path: 为图像所在的绝对路径。
image_RGB = cv2.cvtColor(image, cv2.COLOR_BGR2RGB);
# 将图像 image 由 BGR 格式转化为 RGB 格式，并将转化后的图像赋值给 image_RGB。
# cv2.COLOR_BGR2RGB 即为转换的格式类型，将颜色模型从 BGR 的形式转化为 RGB。
```

这里直接使用函数 cv2.imread（）进行图像的读取，其函数定义为：

```
imread(filename, flags=None)
# filename: 为全路径（path+imagename+后缀）。
# flags: 一般选择"-1"，即不改变原图的模式。
```

如果读取彩色 RGB 图像，但是实际获取的彩色图像格式为 BGR 格式。

经常用到的色彩空间转换类型有：BGR<-->RGB, RGB/BGR<-->GRAY 和 RGB/BGR<-->HSV。常用的色彩空间转换类型与 code 参数值见表 3-4。

表 3-4 常用色彩空间转换类型与 code 参数值

转换空间	转换码 code
BGR<-->RGB（RGB 与 BGR 互换）	cv2.COLOR_RGB2BGR cv2.COLOR_BGR2RGB
RGB<-->GRAY（RGB 与 GRAY 互换）	cv2.COLOR_RGB2GRAY cv2.COLOR_GRAY2RGB
BGR<-->GRAY（BGR 与 GRAY 互换）	cv2.COLOR_BGR2GRAY cv2.COLOR_GRAY2BGR
RGB<-->HSV（RGB 与 HSV 互换）	cv2.COLOR_RGB2HSV cv2.COLOR_HSV2RGB
BGR<-->HSV（BGR 与 HSV 互换）	cv2.COLOR_BGR2HSV cv2.COLOR_HSV2BGR

2. 目标颜色识别

不同颜色是通过各个颜色通道不同的占比获得的，而对于不同颜色模型，同一种颜色，各个通道的范围也是不一样的，需要根据选择的模型，对照颜色范围表，设定通道范围值，才能够识别具体的颜色。表 3-5 中列明了 HSV 色彩空间中常见颜色阈值区间。

表 3-5　HSV 色彩空间中常见颜色阈值区间

	红	红2	橙	黄	绿	青	蓝	紫	黑	白	灰
hmin	0	156	11	15	35	78	100	125	0	0	0
hmax	10	180	25	34	77	99	124	155	180	180	180
smin	43	43	43	43	43	43	43	43	0	0	0
smax	255	255	255	255	255	255	255	255	255	30	43
vmin	46	46	46	46	46	46	46	46	0	70	46
vmax	255	255	255	255	255	255	255	255	10	255	220

在 Python 语言中，对颜色通道进行范围限制的 OpenCV 库函数是 cv2.inRange( )。其定义如下：

```
cv2.inRange(src, lower, upper [, dst])
```

参数说明如下。

src：原图像。

lower：设置的图像中像素值下限，当低于这个值时，像素值会变为 0。

upper：设置的图像中像素值上限，当高于这个值时，像素值会变为 0。

而在 lower ~ upper 之间的值变成 255。

具体用法举例：

以识别 HSV 色彩空间图像中的红色为例，需要设置上限和下限，由于 HSV 颜色模型为三通道颜色模型，因此需要对三个颜色通道同时进行上下限的设置，使用数组的形式，分别设置三个通道的下限和上限。

```
import numpy as np                              # 导入 Python 的数学函数库。
lower_red = np.array([0,43,46])                 # 设置要识别的红色的下限。
upper_red = np.array([10,255,255])              # 设置要识别的红色的上限。
mask = cv2.inRange(img_hsv,lower_red,upper_red)    #把识别后的图像赋值给了
```
变量 mask，此时识别出来的图像为黑白图像，红色部分为白色，其他部分为黑色，最后使用 imshow 和 waitkey 函数完成识别后的图像显示。

```
cv2.imshow('Display', mask)                  # imshow 函数为 OpenCV 封装好的函数，
```
用于显示图像。

```
cv2.waitKey(0)            # waitkey 函数，用于对显示的窗口停留时间的控制，
```
waitKey(5) 表示在 5ms 内等待用户按键触发，没有的话会持续运行；waitKey(0) 则表示延时无限长，直到有键按下。

（六）图像的基本运算操作

图像经过颜色识别后，显示出来的区域是经过二值化处理的图像，即非黑即白，红色区域的特征在这里表示为白色，当想要表达出原来的红色特征时，还需要将识别出来的图像与原始图像进行相关操作才可以获得只有红色的图像。这就需要使用到图像的基本运算操作。

图像在代码中实质上是以矩阵的形式存在，也可以进行一系列数学运算，通过运算可以达到截取、合并图像等效果。在 OpenCV 图像处理库中，也提供了相应的图像处理运算

方法。下面将介绍 OpenCV 图像处理库中常用的一些图像基本运算方法。

1. 掩膜

掩膜也称掩码，英文为 mask。在程序中通常用二值图像来表示掩模。0 值（纯黑）区域表示被遮盖的部分，255 值（纯白）区域表示暴露的部分。

2. 图像的加法运算

图像中每一个像素都有用整数表示的像素值，两幅图像相加就是让相同位置像素值相加，最后将计算结果按照原位置重新组成一个新图像。在程序设计中，通常使用 OpenCV 提供的 cv2.add( ) 函数对图像进行加法运算。其语法格式为：

```
dst = cv2.add( src1,src2,mask,dtype)
```

参数说明如下：

src1：第一幅图像。

src2：第二幅图像。

mask：掩膜，可选参数，建议使用默认值。

dtype：图像深度，可选参数，建议使用默认值，一般默认为 –1。

dst：返回值，即相加之后的结果图像。如果相加之后值的结果大于 255，则取 255。

图像相加原图和相加后的图像如图 3-20 所示。

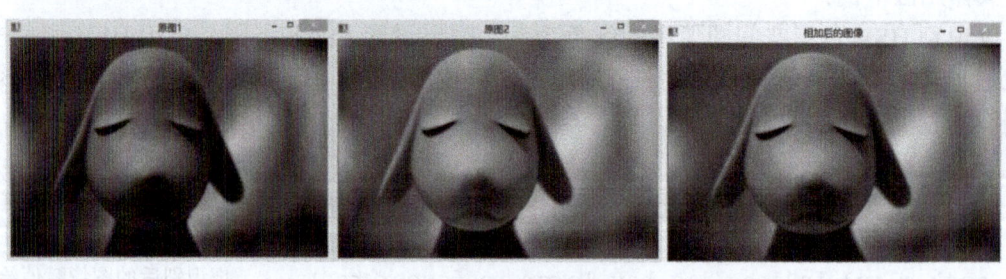

图 3-20　图像相加

3. 图像的位运算

位运算是二进制特有的运算操作。图像由像素组成，每个像素可以用十进制整数表示，十进制整数又可以转化为二进制数，所以图像也可以进行位运算，并且位运算在图像数字化处理技术中是一项重要的运算操作。

OpenCV 提供了几种常用的位运算方法，具体见表 3-6。

表 3-6　OpenCV 提供的位运算方法

方法	含义
cv2.bitwise_and( )	按位与
cv2.bitwise_or( )	按位或
cv2.bitwise_not( )	按位取反
cv2.bitwise_xor( )	按位异或

4. 图像基本运算的代码示例

在获取图像的目标区域过程中，经过二值化检测后经常会用到图像的基本运算来获取最终目标图像。在图像的背景去除、物体的运动检测、检测合成等地方都会使用到图像的基本运算。下面通过实际代码的应用介绍常用的基本操作代码。

```python
import cv2 as cv                                       # 引入OpenCV模块
import numpy as np                                     # 引入numpy模块
import sys                                             # 引入sys模块
def img_add(img1,img2):                                # 定义图像相加函数img_add
    img_result = cv.add(img1,img2)
    return img_result
def img_sub(img1,img2):                                # 定义图像相减函数img_sub
    img_result = cv.subtract(img1,img2)
    return img_result
def img_mul(img1,img2):                                # 定义图像相乘函数img_mul
    img_result = cv.multiply(img1,img2)
    return img_result
def img_div(img1,img2):                                # 定义图像相除函数img_div
    img_result = cv.divide(img1,img2)
    return img_result
def img_logic_and(img1,img2):                          # 定义图像与运算函数img_logic_and
    img_result = cv.bitwise_and(img1,img2)
    return img_result
def img_logic_or(img1,img2):                           # 定义图像或运算函数img_logic_or
    img_result = cv.bitwise_or(img1,img2)
    return img_result
def img_logic_not(img):                                # 定义图像非运算函数img_logic_not
    img_result = cv.bitwise_not(img)
    return img_result
def img_test():
    img1 = cv.imread('filepath1')
    img2 = cv.imread('filepath2')
    if img1 is None or img2 is None:                   # 判断是否读取成功
        print("Could not read the image,may be path error")
        return
    cv.imshow("origin img1",img1)                      # 显示图像原图
    cv.imshow("origin img2",img2)
    img = img_add(img1,img2)                           # 显示图像相加后的图像
    cv.imshow("img_add",img)
    img = img_sub(img1,img2)                           # 显示图像相减后的图像
    cv.imshow("img_sub",img)
    img = img_mul(img1,img2)                           # 显示图像相乘后的图像
    cv.imshow("img_mul",img)
```

```
            img = img_div(img1,img2)                  # 显示图像相除后的图像
            cv.imshow("img_div",img)
            img = img_logic_and(img1,img2)            # 显示与运算后的图像
            cv.imshow("img_logic_and",img)
            img = img_logic_or(img1,img2)             # 显示或运算后的图像
            cv.imshow("img_logic_or",img)
            img = img_logic_not(img1)                 # 显示取反后的图像
            cv.imshow("img_logic_not1",img)
            img = img_logic_not(img2)
            cv.imshow("img_logic_not2",img)
            cv.waitKey(0)                   # 让显示等待键盘输入，维持图像的显示，否则程
序跑完会闪退
            cv.destroyAllWindow()           # 销毁窗口
```

六 机器人识别颜色方案设计

本项目采用的机器人使用的是树莓派 ARM 架构，需要在树莓派系统中使用机器人摄像头对目标颜色进行识别。其实现方式有两种：一是直接在机器人终端树莓派系统调用 OpenCV 库函数来实现；二是在个人 PC 端 Windows 系统下调用 OpenCV 库函数调试好颜色识别程序，再移植到机器人终端树莓派系统中执行该程序来实现。本项目任务以方式二为例介绍机器人识别颜色方案。

▶ 项目准备

硬件条件

1）一台计算机。
2）一台智能人形教育服务机器人（Yanshee），硬件版本 1.0 以上。
3）一套无线键鼠。
4）一台 HDMI 显示器、一根 HDMI 数据连接线。
5）单色物体：绿色小球（直径为 10cm）。

软件条件

1）智能人形教育服务机器人（Yanshee）软件系统，软件版本 V2.3.0 以上，且安装了 Python3.5.3 的 32 位的版本，且安装了 OpenCV-Python 3.3.1 以上的版本。
2）PC 端安装了 Python 3.9.2 的 32 位的版本，且安装了 OpenCV-Python 4.5.3 以上的版本。

▶ 任务实施

OpenCV 颜色识别系统程序设计流程如图 3-21 所示。

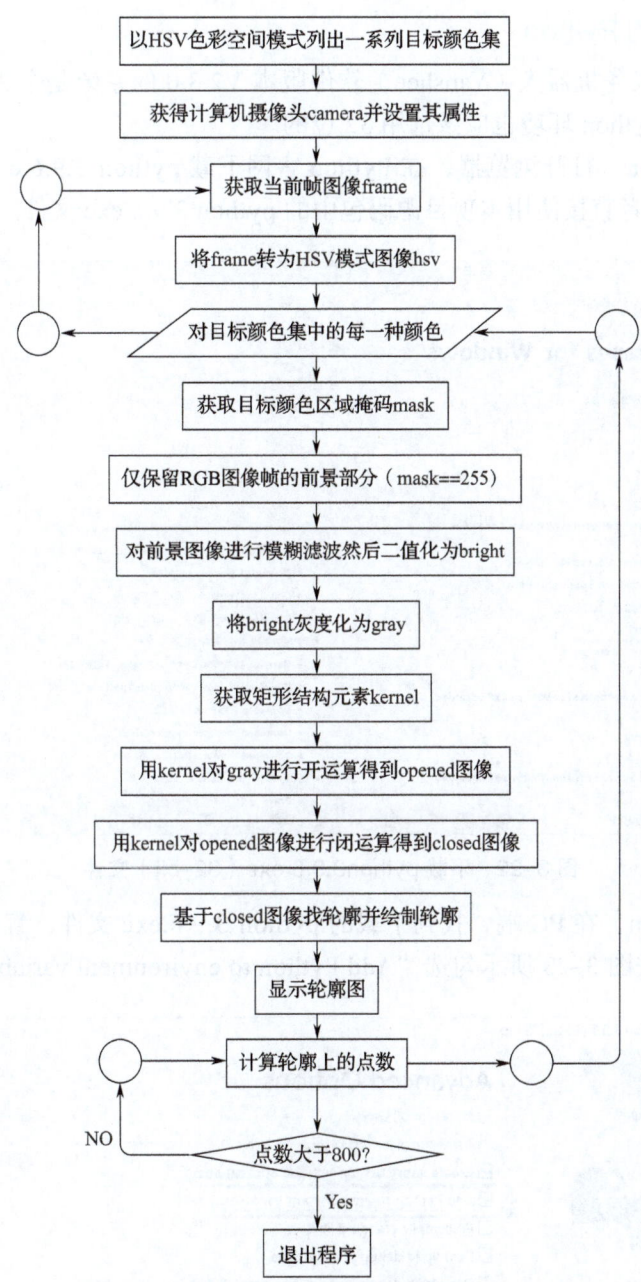

图 3-21 OpenCV 颜色识别系统程序设计流程

一、在 PC 端编写调试图像颜色识别程序

（一）搭建 PC 端调试环境

由于在 PC 端调试完的代码后期需要移植到机器人的 Linux 系统中，所以在 PC 端搭建的软件调试环境原则上尽量保持和智能人形机器人的环境一致。

1. 安装 32 位的 Python

智能人形教育服务机器人（Yanshee）软件版本 V2.3.0 的系统是个 32 位的系统，所以在 PC 端上安装的 Python 环境也应该选用 32 位的。

（1）下载 Python　打开浏览器，在 Python 官网下载 python 3.9.6.exe（32-bit）文件，如图 3-22 所示。或者直接使用本项目源码包中的 python 3.9.6.exe 文件。

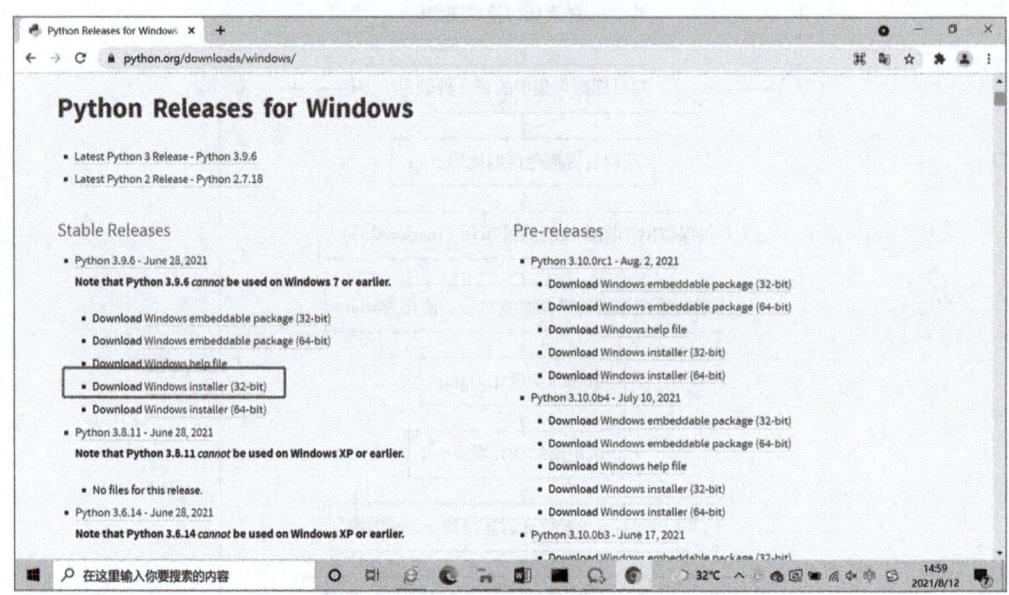

图 3-22　下载 python3.9.6.exe（32-bit）文件

（2）安装 Python　在 PC 端，找到下载的 python 3.9.6.exe 文件，直接双击，进行配置安装，其中，需要按图 3-23 所示勾选 "Add Python to environment variables"。

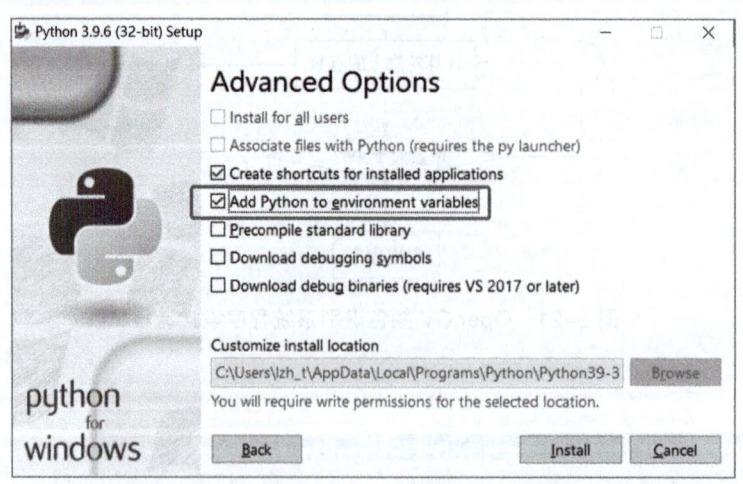

图 3-23　勾选 "Add Python to environment variables"

（3）查看 Python 版本号　在 PC 端，进入 cmd 命令行界面，输入命令 "python"。执行完的结果如图 3-24 所示，Python 版本号为 python 3.9.6，32 位的。

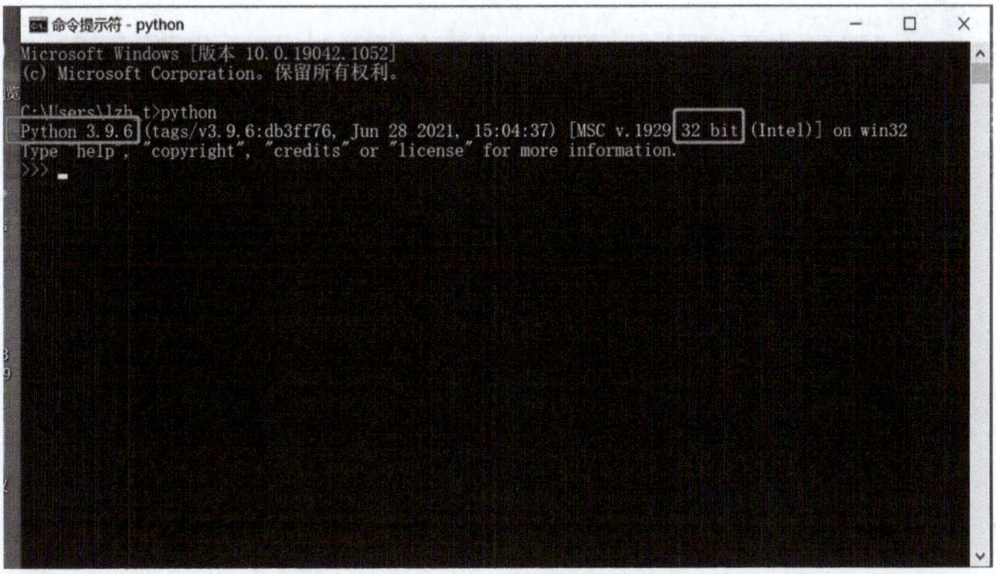

图 3-24 查看 Python 的相关版本信息

2. 下载安装 OpenCV-Python

（1）下载安装 OpenCV-Python　在 PC 端，进入 cmd 命令行界面，输入命令"pip install opencv-python"。

执行完的结果如图 3-25 所示。

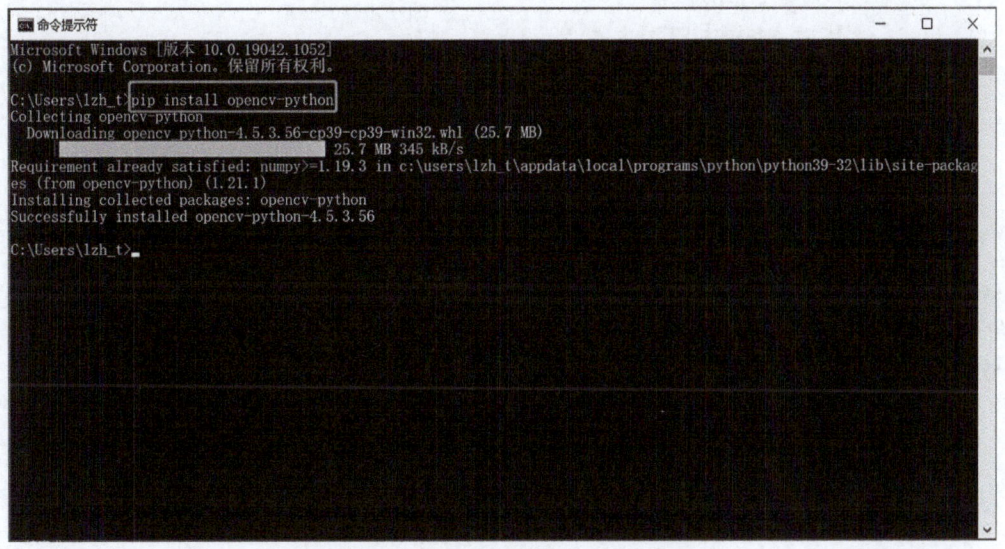

图 3-25 OpenCV-Python 安装成功

（2）查看 OpenCV-Python 版本号　在 PC 端，进入 cmd 命令行界面，输入命令"pip show opencv-python"。

执行完的结果如图 3-26 所示，OpenCV-Python 版本号为 4.5.3.56。

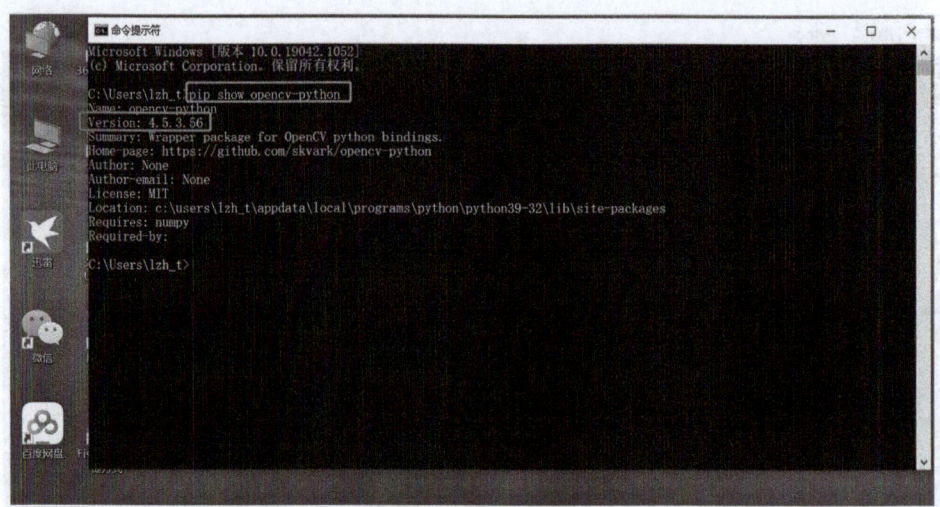

图 3-26　查看 OpenCV-Python 的相关版本信息

（二）编写 PC 端颜色识别程序

在 PC 端编写 identifyColor_windows.py 整个代码程序（具体源代码见配套资源），主要步骤如下。

1. 导入系统头文件（见图 3-27）

```
1  #!/usr/bin/python
2  # -*- coding: UTF-8 -*-
3
4  import sys
5  import numpy as np
6  import cv2
```

图 3-27　系统头文件

说明：

sys：系统特定的参数和功能。该模块提供对解释器使用或维护的一些变量的访问，以及与解释器强烈交互的函数。

sys.exit( ) 会抛出一个异常：SystemExit。如果这个异常没有被捕获，那么 Python 解释器将会退出。如果有捕获该异常的代码，那么这些代码还是会执行。一般在 Python 脚本中都选择使用 sys.exit 函数退出程序，可以有个异常捕获机制来做清理扫尾的工作，程序会更加灵活。

2. 设定目标颜色的阈值范围（见图 3-28）

```
8   # define HSV color value
9   green_min = np.array([35, 43, 46])      #要识别颜色的下限
10  green_max = np.array([77, 255, 255])    #要识别颜色的上限
11
12  COLOR_ARRAY = [[green_min, green_max, 'green']]
```

图 3-28　目标颜色的阈值范围设置

3. 获取源图像

如图 3-29 所示，这一步的图像视频采集设备为普通的 PC 端摄像头，目标为读取视频流中的一张图像，并将其转成 640×480 的尺寸。

```
14    camera = cv2.VideoCapture(0)
15    if not camera.isOpened():
16        raise Exception("Could not open video device.")
17
18    camera.set(cv2.CAP_PROP_FRAME_WIDTH, 640)
19    camera.set(cv2.CAP_PROP_FRAME_HEIGHT, 480)
20    camera.set(cv2.CAP_PROP_FPS, 25)
21
22    while(camera.isOpened()):
23        ret,frame = camera.read()
24        if not ret:
25            break
26        cv2.imshow('frame', frame)
```

图 3-29 获取源图像

说明：

第 14 行：表示创建了一个 VideoCapture 类的对象 camera，用于从编号为 0 的摄像头捕获视频流。

第 15—16 行：表示用于校验 camera 是否打开成功。如果打开不成功，则引发一个异常，异常信息为"Could not open video device."。

第 18—20 行：表示设置 camera 的帧宽度、帧高度和帧率（每秒采集多少帧）。

第 22 行：是一个循环，也会导致 main 主进程一直运行，持续进行图像颜色识别的辨别。如果循环判断 camera 正常打开，就继续做后续的颜色辨别步骤的判断。

第 23 行：表示从 camera 读取一帧到 frame 变量中，ret 变量表示该读取操作是否成功。

第 26 行：表示把 frame 帧图像显示于标题为 frame 的窗口中。

4. 将 RGB 图像转成 HSV 图像

如图 3-30 所示，即为将 RGB 图像转成 HSV 图像。

```
27    # 将RGB图像转成HSV图像
28    hsv = cv2.cvtColor(frame, cv2.COLOR_BGR2HSV)
```

图 3-30 将 RGB 图像转成 HSV 图像

说明：

第 28 行：表示将 frame 从 RGB 色彩空间转换到 HSV 色彩空间，得到 HSV 色彩空间下的 hsv 图像。

5. 图像后处理及阈值判定

识别图像中的目标颜色点需对整幅图像的所有像素点进行绿色范围的全局搜索，如果是在绿色的上下限值的范围内，即认为目标颜色点是绿色，再对该像素点进行 mask 的掩码标识。

将图像中的颜色点进行绿色的范围的判定，即将在绿色范围内的点转成 mask 掩码，再将原图像中的 mask 掩码的区域保留，其他区域填充为黑色。如图 3-31 所示。

```
30      for (color_min, color_max, name) in COLOR_ARRAY:
31          mask = cv2.inRange(hsv, color_min, color_max)
32          res = cv2.bitwise_and(frame, frame,mask=mask)
```

图 3-31　图像后处理及目标颜色阈值判定

说明：

第 30 行：表示一个 for 循环，遍历 COLOR_ARRAY 颜色数组。

第 31 行：表示将 hsv 图像中位于 color_min 和 color_max 之间的像素置为 255（二进制的 11111111），不在该区间范围内的像素置为 0，从而得到掩码图像 mask。即实现了将图像中识别出的在目标颜色范围内的点转成 mask 掩码。

第 32 行：表示将 RGB 图像 frame 与掩码图像 mask 进行按位与操作。任何像素与 255（二进制的 11111111）进行与操作还是该像素本身，任何像素和 0 进行与操作得到 0，因此此行执行完毕后，res 图像中除了绿色区域外其余均为像素 0。即实现了将原图像 mask 掩码的区域保留，其他区域填充为黑色。

如图 3-32 所示，即将 mask 掩码标识处理后的原始图像进行滤波以及形态学操作处理。

```
35      blured = cv2.blur(res, (5, 5))
36      # print(blured.shape)    # 三通道的
37      ret, bright = cv2.threshold(blured, 10, 255, cv2.THRESH_BINARY)
38      # print(bright.shape)
39      gray = cv2.cvtColor(bright, cv2.COLOR_BGR2GRAY)
40      kernel = cv2.getStructuringElement(cv2.MORPH_RECT, (50, 50))
41      opened = cv2.morphologyEx(gray, cv2.MORPH_OPEN, kernel)
42      closed = cv2.morphologyEx(opened, cv2.MORPH_CLOSE, kernel)
```

图 3-32　滤波及形态学操作

说明：

第 35 行：表示使用尺寸为 (5,5) 的规范盒滤波器将 res 图像平滑模糊化，得到 blured 图像。

第 37 行：表示将 blured 图像二值化。因为 blured 图像是三通道（RGB）的，这里会针对每个通道进行二值化，此处二值化的阈值是 10，因此某通道像素值大于 10 时，bright 图像对应位置像素则为 255，否则为 0。

第 39 行：表示将 bright 图像从三通道的 RGB 色彩空间转换为单通道的 Gray 色彩空间，得到 gray 图像。

第 40 行：表示获取高 50、宽 50 的矩形结构核元素 kernel。

第 41 行：表示对单通道的 gray 图像进行数学形态学的开运算，用以去除物体外部的细小干扰，得到 opened 图像。

第 42 行：表示针对 opened 图像继续进行数学形态学的闭运算，用以去除物体内部的细小空洞，得到 closed 图像。

6. 轮廓框选与识别结果显示

如图 3-33 所示，在滤波后的图像上找出所有的绿色区域，并用红色线条勾勒出其轮廓线。

```
43              # 用红色线条绘出绿色区域的轮廓线
44              contours, hierarchy = cv2.findContours(closed, cv2.RETR_LIST,
45                                    cv2.CHAIN_APPROX_NONE)
46              cv2.drawContours(res, contours, -1, (0, 0, 255), 3)
47              cv2.imshow('Contours', res)
48              cv2.waitKey(50)    #在50ms内没有获取到按键响应,则继续执行后续代码
```

图 3-33　寻找图像轮廓并绘制轮廓

说明:

第 44 行：cv2.findContours( ) 函数接受的第一个参数必须是二值图像，这里 closed 图像是二值图，符合要求。第二个参数 cv2.RETR_LIST 意思是检测到的轮廓不建立等级关系。第三个参数 cv2.CHAIN_APPROX_NONE 表明要存储所有的轮廓点，且相邻的两个轮廓点的像素位置差不超过 1。即 max(abs(x1-x2), abs(y1-y2)) == 1。cv2.findContours( ) 返回内容的第二部分是下面要使用的轮廓集 contours。

第 46 行：表示在三通道 res 图像上绘制 contours 中的所有轮廓，该函数调用的第三个参数 -1 表示要绘制所有轮廓，第四个参数 (0,0,255) 表示绘制线条采用红色，最后一个参数 3 表示绘制线宽为 3。

第 48 行：waitKey( ) 函数表示等待用户按键交互，这里等待 50 毫秒。

必须说明的是，调用 imshow() 函数之后必须调用 waitKey() 函数。waitKey() 函数控制着 imshow() 函数的持续时间，如果 imshow() 函数之后不调用 waitKey() 函数，相当于没有给 imshow() 函数提供时间来展示图像，所以只能显示一个空窗口。添加了 waitKey() 函数调用后，哪怕仅仅是 1 毫秒，也能显示一帧的图像。

再对轮廓点的数目进行判断，轮廓点小于等于 400 个点的区域不做处理，大于 400 个点的区域，在终端打印输出："Current color is green"，如图 3-34 所示。

```
50              number = len(contours)
51              print('Total:', number)
52              if number >= 1:
53                  total = 0
54                  for i in range(0, number):
55                      total = total + len(contours[i])
56                  if total > 400:
57                      print('Currrent color is ', name)
```

图 3-34　对轮廓区域进行处理

说明:

第 50 行：表示目标颜色区域的轮廓数。

第 52~57 行：表示当前目标颜色区域识别出的轮廓点进行循环判断，轮廓点小于等于 400 个点的区域不做处理，大于 400 个点的区域，在终端打印出该区域的颜色。

此处的阈值设置为 400，是根据本项目采用的小球的实际大小的轮廓点数目进行的设置，也可以对其进行修改。如果修改的阈值过大，绿色小球将不会被识别到。

(三) 运行图像颜色识别程序

1. 准备检测目标

选用尺寸稍大的绿色单色物体为目标检测物体。本项目选择直径 10cm 的绿色小球，将

PC 端摄像头对准该小球。

2. 运行程序

在 cmd 命令行界面输入命令 "python identifyColor_windows.py"，按下 <Enter> 键。运行图像颜色识别程序命令如图 3-35 所示。

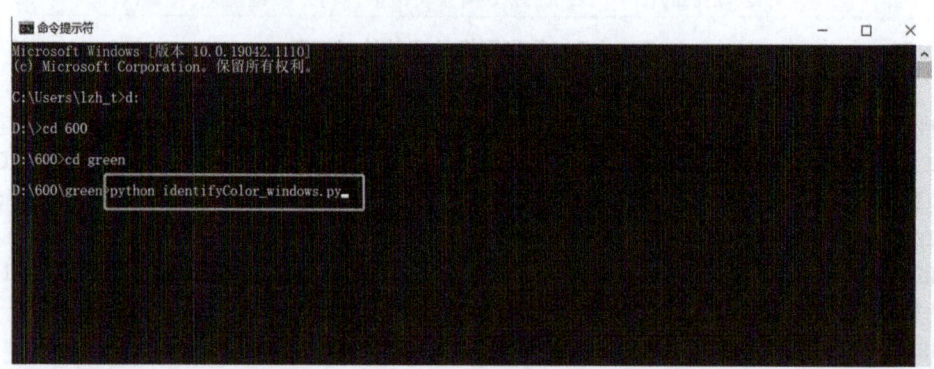

图 3-35　PC 端运行图像颜色识别程序命令

3. 查看结果

程序运行后的结果如图 3-36 所示。

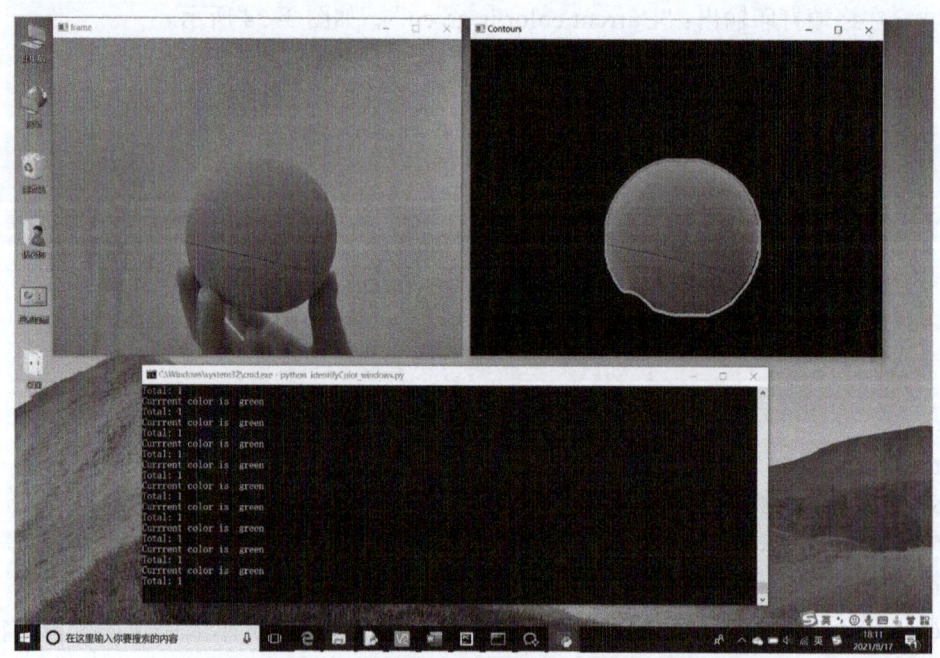

图 3-36　PC 端运行图像颜色识别程序的结果

从图中可以看到如下结果。

1）绿色小球对比：绿色小球视频原始场景图和识别到的绿色小球勾勒轮廓图。左上角的一幅图为视频捕获到的原始场景图；右上角的一幅图为用红色线条勾勒识别到的绿色小球轮廓图。

2）命令终端上显示：图 3-36 中最下面的一张图片为命令行界面的输出，此时输出"Current color is green"，即为识别正确。

二 向机器人端移植调试图像颜色识别程序

（一）在机器人端搭建调试环境

智能人形教育服务机器人（Yanshee）的系统中默认安装了 2 个 Python 版本的软件，一个是 Python2 的版本，一个是 Python3 的版本，本书中使用的是 Python3 版本。具体环境搭建可查阅本项目知识链接"OpenCV 的环境配置"。

（二）将 PC 端程序移植到机器人系统中

机器人 Yanshee 的摄像头如图 3-37 所示。将 PC 端调试好的程序移植到机器人本体树莓派系统中，并进行修改、调试，即通过调用机器人本体摄像头来识别颜色。具体步骤如下。

图 3-37 机器人 Yanshee 的摄像头

1. 导入机器人函数库

如图 3-38 所示，导入机器人系统头文件，其中第 6、7 行是指树莓派环境下使用摄像头需要引入函数库 picamera 中的两个函数，一个是 PiRGBArray（获取相机的 RGB 数值）函数，一个是 PiCamera（使用相机）函数。

```
1  #!/usr/bin/python
2  # -*- coding: UTF-8 -*-
3
4  import sys
5  import time
6  from picamera.array import PiRGBArray
7  from picamera import PiCamera
8  import numpy as np
9  import cv2
```

图 3-38 树莓派环境下使用摄像头需引入的系统头文件

2. 设置机器人目标颜色阈值范围

本任务以机器人识别绿球为例，设置机器人识别目标颜色阈值范围具体代码如图 3-39 所示。

3. 机器人读取一帧图像

如图 3-40 所示，使用树莓派摄像头不断获取新图像帧，并进行图像实时保存。

```python
11  # define HSV color value
12  green_min = np.array([35, 128, 46])
13  green_max = np.array([77, 255, 255])
14
15  COLOR_ARRAY = [[green_min, green_max, 'green']]
```

图 3-39　设置机器人识别目标颜色阈值范围

```python
16  #获取一帧图像
17  camera = PiCamera()
18  camera.resolution = (640, 480) # width,height
19  camera.framerate = 25
20  rawCapture = PiRGBArray(camera, size=(640, 480))
21  time.sleep(0.1)
22
23  for frame in camera.capture_continuous(rawCapture, format='bgr', use_video_port=True):
24      frame = frame.array
25      b = frame[:, :, 0]  # 第一个通道的值
26      # print(b)
27      cv2.imshow('frame', frame)
28      cv2.imwrite("frame.jpg", frame)
```

图 3-40　使用树莓派摄像头不断获取新图像帧

说明：

第 17 行：表示创建 PiCamera 类的对象，从而初始化树莓派摄像头，得到 camera 对象。

第 18 行：表示设置 camera 的分辨率为宽 640、高 480。

第 19 行：表示设置树莓派摄像头的帧率为 25fps。

第 20 行：表示创建 PiRGBArray 类的对象 rawCapture，该对象具有从 camera 对象获取三通道 RGB 图像帧的能力。

第 21 行：表示休眠 0.1 秒，给树莓派摄像头部件预热的时间。

第 23 行：表示 camera 和 rawCapture 合作连续不断地从视频端口捕获 bgr 格式的图像帧 frame。

第 24 行：表示使用 frame 的 array 属性作为随后要处理的 bgr 格式图像帧。

4．将 RGB 图像转换成 HSV 图像

RGB 图像转换成 HSV 图像的代码如图 3-41 所示。

```python
29  # 将RGB图像转成HSV图像
30  hsv = cv2.cvtColor(frame, cv2.COLOR_BGR2HSV)
31  cv2.imwrite("hsv.jpg", hsv)
```

图 3-41　RGB 图像转换成 HSV 图像

5．将图像进行后处理

如图 3-42 所示，将 HSV 图像进行二值化、位操作、形态学操作等后处理。

```python
33      for (color_min, color_max, name) in COLOR_ARRAY:  # 绿
34          mask = cv2.inRange(hsv, color_min, color_max)
35          res = cv2.bitwise_and(frame, frame, mask=mask)
36          # cv2.imshow("res",res)
37          cv2.imwrite("2.jpg", res)
38          img = cv2.imread("2.jpg")
39          h, w = img.shape[:2]
40          # 滤波
41          blured = cv2.blur(img, (5, 5))
42          cv2.imwrite("blured.jpg", blured)
43          ret, bright = cv2.threshold(blured, 10, 255, cv2.THRESH_BINARY)
44          gray = cv2.cvtColor(bright, cv2.COLOR_BGR2GRAY)
45          cv2.imwrite("gray.jpg", gray)
46          kernel = cv2.getStructuringElement(cv2.MORPH_RECT, (50, 50))
47          opened = cv2.morphologyEx(gray, cv2.MORPH_OPEN, kernel)
48          cv2.imwrite("opened.jpg", opened)
49          closed = cv2.morphologyEx(opened, cv2.MORPH_CLOSE, kernel)
50          # cv2.imshow("closed", closed)
51          cv2.imwrite("closed.jpg", closed)
```

图 3-42　图像后处理

6. 轮廓框选与识别结果处理

轮廓框选与识别结果显示代码如图 3-43 所示。

```python
52          # 用红色线条绘出绿色区域的轮廓线
53          image, contours, hierarchy = cv2.findContours(closed, cv2.RETR_LIST,
54                      cv2.CHAIN_APPROX_NONE)
55          cv2.drawContours(img, contours, -1, (0, 0, 255), 3)
56          cv2.imwrite("result.jpg", img)
57          cv2.imshow('Contours', img)
58          cv2.waitKey(10)
59          # print(contours)
60          # output number and color we find in the photo
61          # 对绿色区域轮廓点数目进行阈值判断处理
62          number = len(contours)
63          print('Total:', number)
64          if number >= 1:
65              total = 0
66              for i in range(0, number):
67                  total = total + len(contours[i])
68                  # print('NO:', i, ' size:', len(contours[i]))
69              if total > 800:
70                  print('Currrent color is ', name)
71
72      rawCapture.truncate(0)
```

图 3-43　轮廓框选与识别结果显示

这里需要注意的是，findContours( )函数的返回值需要做调整。由于在 PC 端搭建的 OpenCV-Python 版本号为 4.5.3.56，而在机器人端搭建的 OpenCV-Python 版本号为 3.3.1.11，findContours( ) 函数在 OpenCV4 中有 3 个函数返回值，而在 OpenCV3 中只有 2 个函数返回值。

所以 findContours( ) 函数需要修改为：

```
contours, hierarchy = cv2.findContours(closed, cv2.RETR_LIST, cv2.CHAIN_APPROX_NONE)
```

即返回参数仅有两个，其中第一个是轮廓集 contours。

代码中增加的 rawCapture.truncate(0) 这一行表示清空 rawCapture 对象的缓冲流，为获取下一帧图像做准备。

（三）在机器人端运行图像颜色识别程序

1. 准备检测目标

选用尺寸稍大的绿色单色物体为目标检测物体，本项目选择直径为 10cm 的绿色小球，将机器人摄像头对准该小球。

2. 运行程序

1）将上面已经编写好的程序保存为 identifyColor_ARM.py 文件，存放在 /home/pi 路径下，通过终端运行命令执行程序。

2）如图 3-44 所示，在机器人终端命令行界面输入命令 "python identifyColor_ARM.py"，按下 <Enter> 键。

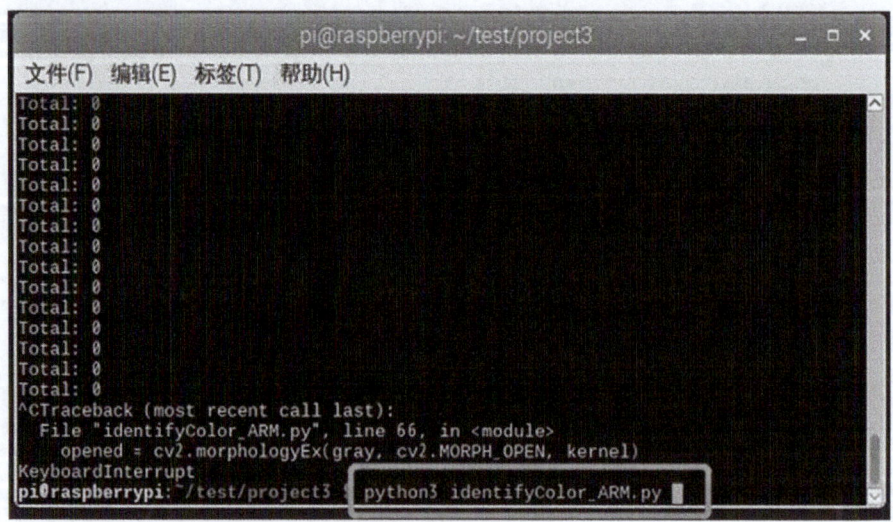

图 3-44　在机器人端运行图像颜色识别程序

3. 查看结果

程序运行后的结果如图 3-45 所示。

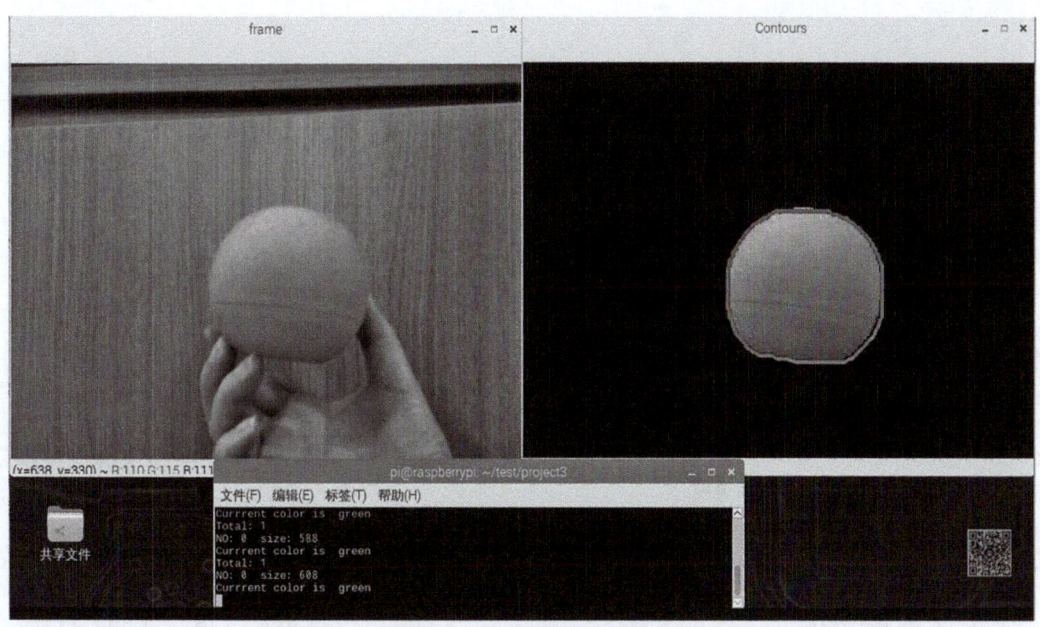

图 3-45 机器人端运行图像颜色识别程序的结果

从图中可以看到以下结果。

1)绿色小球对比图:绿色小球视频原始场景图和识别到的绿色小球勾勒轮廓图。左上角的一幅图为视频捕获到的原始场景图;右上角的一幅图为用红色线条勾勒识别到的绿色小球轮廓图。

2)终端命令行中显示:图中最下面的一张图片为终端的界面输出,此时输出"Current color is green",即为识别正确。

任务评价

班级		姓名		学号		日期	
自我评价	1. 在 PC 端能搭建本项目需要的环境					□是	□否
	2. 能编写图像颜色识别程序					□是	□否
	3. 能在 PC 端运行图像颜色识别程序					□是	□否
	4. 能在机器人端搭建本项目需要的环境					□是	□否
	5. 能移植修改程序					□是	□否
	6. 能在机器人端运行图像颜色识别程序					□是	□否
	7. 在完成任务时遇到了哪些问题?是如何解决的?						
	8. 能独立完成工作页的填写					□是	□否

（续）

班级		姓名		学号		日期		
自我评价	9. 能按时上、下课，着装规范					□是	□否	
	10. 学习效果自评等级					□优	□良	□中	□差
	总结与反思：							
小组评价	1. 在小组讨论中能积极发言					□优	□良	□中	□差
	2. 能积极配合小组完成工作任务					□优	□良	□中	□差
	3. 在查找资料信息中的表现					□优	□良	□中	□差
	4. 能够清晰表达自己的观点					□优	□良	□中	□差
	5. 安全意识与规范意识					□优	□良	□中	□差
	6. 遵守课堂纪律					□优	□良	□中	□差
	7. 积极参与汇报展示					□优	□良	□中	□差
教师评价	综合评价等级： 评语：							
					教师签名：		日期：	

任务拓展

使用机器人对多个颜色物体进行识别，并将识别到的多个区域按面积大小，从小到大进行标注，且使用矩形框框起来。

项目小结

本项目主要学习基于 OpenCV 的图像库进行相关的应用程序开发，以及如何在嵌入式设备上进行移植修改运行。通过机器人辨别颜色任务训练，充分理解计算机图像学的专业理论知识，掌握 OpenCV 图像算法库对图像色彩空间的转换、图像二值化和灰度化转换以及图像数学形态学操作的基础知识。

项目 4
让机器人认识数字

项目导入

OCR（Optical Character Recognition）即光学字符识别技术，是通过扫描仪把印刷体或手写体文稿扫描成图像，然后识别成相应的计算机能够直接处理的字符。OCR 是模式识别的一个分支，按字体分类，主要分为印刷体识别和手写体识别两大类。在整个 OCR 领域中，最为困难的是脱机自由手写体字符的识别。字符识别处理的信息可分为两大类：一类是文字信息（指各国家、各民族的文字书写或印刷的文本信息），一类是数据信息（由阿拉伯数字及少量特殊符号组成的各种编号和统计数据）。而手写数字识别是处理数据信息的核心技术之一。图 4-1 所示是手写文字识别程序的运行结果。

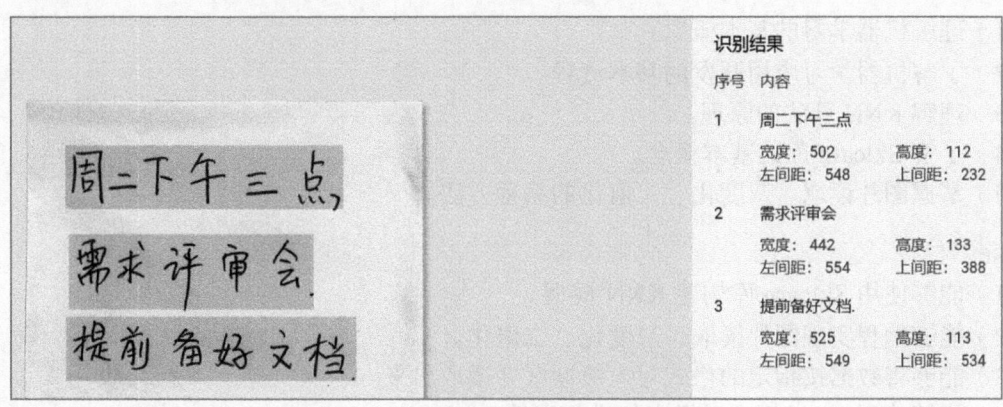

图 4-1　手写文字识别程序的运行结果

项目任务

随着自动化与人工智能技术的不断发展提高，机器人的应用领域也越来越广，近些年甚至出现了能够进行书写工作的机器人。科技进步给社会生产生活带来便利的同时也给一些行业工作带来挑战，例如在公安司法鉴定领域如何鉴定机器人书写笔迹和人类书写笔迹就是一个急需研究解决的问题。本项目需完成以下任务：

在机器人终端系统中，运行数字识别应用程序对手写数字 3 进行识别，要求使用绿色矩形框将识别到的数字轮廓框起来，并将识别到的数字显示在原图片上，且在命令终端输出识别到的数字，效果如图 4-2 所示。

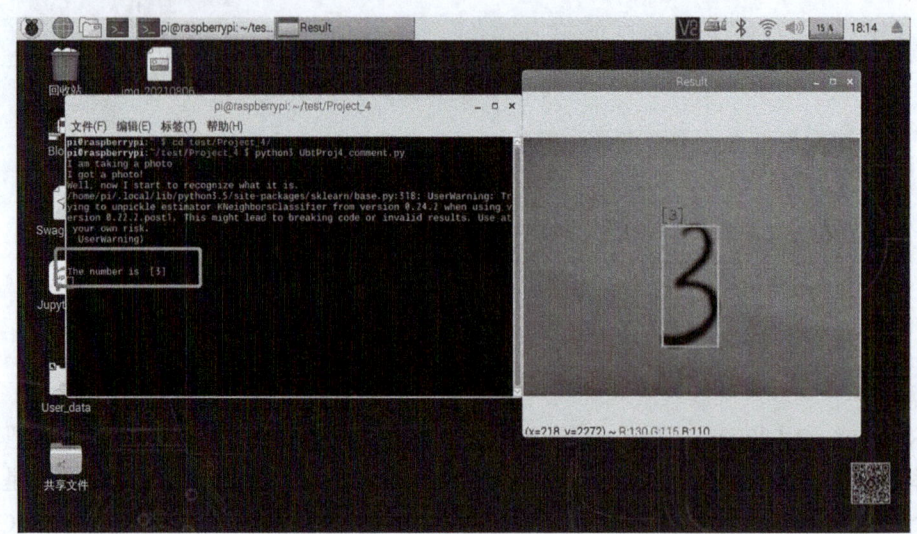

图 4-2 让机器人识别手写数字 3

学习目标

知识目标

1）理解机器学习的基本概念。
2）了解机器学习应用开发的基本流程。
3）理解 KNN 算法的原理。
4）了解 Sklearn 库的基本概念。
5）掌握图片读取、灰度化、二值化的编程方法。

能力目标

1）能够使用 Sklearn 库构建 KNN 模型。
2）能够编程实现图片读取、灰度化、二值化。
3）能够将数据按指定的格式写入缓冲区并读取出来。
4）能够使用 KNN 模型对样本集进行训练。

知识链接

一 机器学习简介

（一）机器学习的概念

机器学习（Machine Learning）是一门涉及统计学、系统辨识、逼近理论、神经网络、优化理论、计算机科学、脑科学等诸多领域的交叉学科，研究计算机怎样模拟或实现人类的学习行为，以获取新的知识或技能，重新组织已有的知识结构使之不断改善自身的性能，是人工智能技术的核心。

基于数据的机器学习是现代智能技术中的重要方法之一，研究从观测数据（样本）出发寻找规律，利用这些规律对未来数据或无法观测的数据进行预测。图4-3所示为机器学习语义。

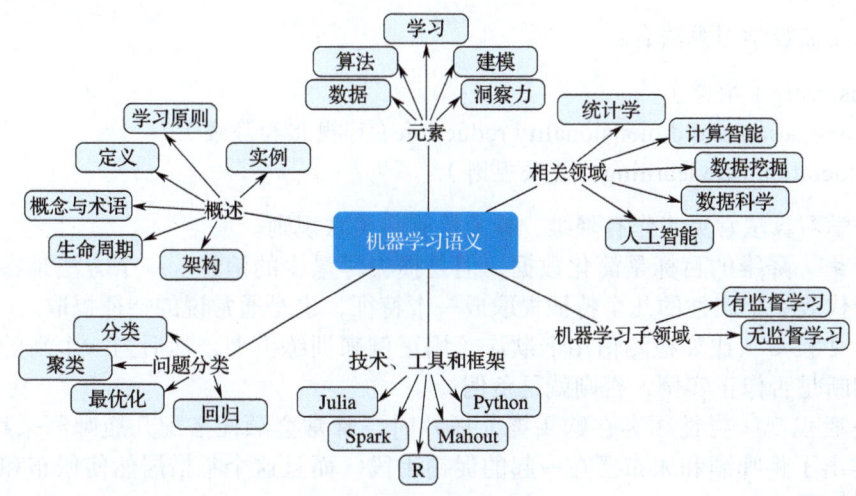

图4-3 机器学习语义

（二）机器学习的分类

机器学习通常分为有监督学习和无监督学习。

1. 有监督学习

有监督学习是从标记的训练数据来推断一个功能的机器学习任务。在有监督学习中，每个实例都是由一个输入对象（通常为矢量）和一个期望的输出值（也称为监督信号）组成。有监督学习算法是分析该训练数据，并产生一个推断的功能，其可以用于映射出新的实例。一个最佳的方案将允许该算法来正确地决定那些看不见的实例的类标签。

有监督学习有两个典型的分类：

（1）分类（预测离散的数据值类别） 比如邮件过滤就是一个二分类问题，分为正例即正常邮件，负例即垃圾邮件。

（2）回归（预测连续的数据值） 回归的任务是预测目标数值，比如房屋的价格，给定一组特性（房屋大小、房间数等），来预测房屋的售价。

常见的有监督学习算法有：

- k-Nearest Neighbors（k-近邻算法）
- Linear Regression（线性回归）
- Logistic Regression（逻辑回归）
- Support Vector Machines（SVMs）（支持向量机）
- Decision Trees and Random Forests（决策树和随机森林）
- Neural networks（神经网络）

2. 无监督学习

现实生活中常常会有这样的问题：缺乏足够的先验知识，因此难以人工标注类别或进行人工类别标注的成本太高。很自然地,我们希望计算机能代我们完成这些工作,或至少提供一些帮助。根据类别未知(没有被标记)的训练样本解决模式识别中的各种问题,称为无监督学习。

常见的无监督学习算法有:

- Clustering(聚类)
- Visualization and dimensionality reduction(可视化和降维)
- Association rule learning(关联规则)

无监督学习算法常见工作有降维、异常检测、关联规则。

(1)降维 降维的目标是简化数据,但是损失尽量少的信息。一个方法是将几个相似的特征或者代表一个属性的几个特征提取成一个特征,也是通常说的特征提取。

(2)异常检测 比如检测信用卡欺诈,用正例来训练模型,然后当一个新的实例到来的时候,判断是否像正实例,否则就是负例。

(3)关联规则 男性顾客在购买婴儿尿片时,常常会顺便搭配几瓶啤酒来犒劳自己,于是尝试推出了将啤酒和尿布摆在一起的促销手段。而且这个举措居然使尿布和啤酒的销量都大幅增加了。

(三)构建机器学习应用步骤

构建机器学习应用是一个迭代的过程,主要包括以下几个步骤:

- 根据观察到的数据和想要模型回答的问题来构建核心的机器学习问题。
- 收集、清洗、准备数据,使其适合机器学习模型的训练;对数据进行可视化和分析、进行完整性检查、验证数据的有效性并理解数据。
- 通常来讲,原始数据(输入变量)和答案(目标)并不是以一种能够训练高预测性模型的形式展现出来的。因此,通常我们需要利用原始输入构造更具预测性的输入表达(特征)。
- 用得到的特征训练模型,利用未参与训练的数据评估模型的性能。
- 使用模型对新的数据进行预测。

综上所述,构建机器学习应用的基本步骤如图 4-4 所示。

图 4-4 构建机器学习应用的基本步骤

二 认识 KNN 算法

KNN(k-Nearest Neighbors)算法,即 k- 近邻算法,是一个理论成熟且原理简单的机器学习算法。该算法的思路是:在特征空间中,如果一个样本附近的 k 个最近(即特征空间中最邻近)样本的大多数属于某一个类别,则该样本也属于这个类别。

如图 4-5 所示,有两类不同的样本数据,分别用小正方形和小三角形表示,而图正中间的那个圆形表示的数据则是待分类的数据。

根据 k- 近邻的思想,如果 k=3,圆点的最邻近的 3 个点是 2 个小三角形和 1 个小正方形，这个待分类的点就属于三角形一类。如果 k=5，圆点的最邻近的 5 个邻居是 2 个三角形和 3 个正方形，那么它就属于正方形一类。

由此可以看到，当无法判定当前待分类点是从属于已知分类中的哪一类时，可以依据统计学的理论看它所处的位置特征，衡量它周围邻居的权重，而把它归为（或分配）到权重更大的那一类。这就是 KNN 算法的核心思想。

在 KNN 算法中，通过计算对象间距离来作为各个对象之间的非相似性指标，避免了对象之间的匹配问题，在这里距离一般使用欧氏距离或曼哈顿距离：

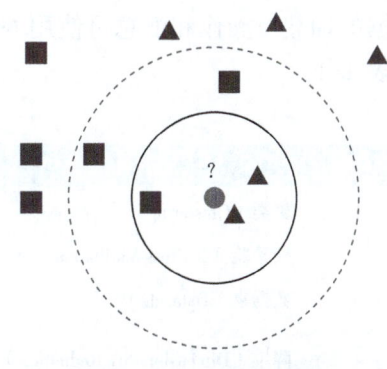

图 4-5　KNN 算法示意图

欧式距离：$d(x,y) = \sqrt{\sum_{k=1}^{n}(x_k - y_k)^2}$，曼哈顿距离：$d(x,y) = \sum_{k=1}^{n}|x_k - y_k|$

同时，KNN 算法通过依据 k 个对象中占优的类别进行决策，而不是单一的对象类别决策。这两点就是 KNN 算法的优势。

KNN 算法的思想可总结为：在训练集中，数据和标签已知的情况下，输入测试数据，将测试数据的特征与训练集中对应的特征进行相互比较，找到训练集中与之最为相似的前 k 个数据，则该测试数据对应的类别就是 k 个数据中出现次数最多的那个分类，其算法步骤可描述为：

1）计算测试数据与各个训练数据之间的距离；
2）按照距离的递增关系进行排序；
3）选取距离最小的 k 个点；
4）确定前 k 个点所在类别的出现频率；
5）返回前 k 个点中出现频率最高的类别作为测试数据的预测分类。

除了常用的分类任务之外，KNN 算法还能应用于回归任务，通过 k 个样本点与对应标签到回归值的映射即可根据 KNN 获取模型预测的回归值。所以，只要是符合标准分类和回归的问题，都可以尝试使用 KNN 算法解决。现实生活中的分类和回归问题有很多，比如垃圾分类、股票预测、语音识别等。本项目将学习如何通过 KNN 算法来实现让机器人识别手写数字。

三　认识 Sklearn 机器学习库

（一）什么是 Sklearn

Sklearn 的全称是 scikit-learn，scikit-learn 最初是由 David Cournapeau 在 2007 年作为谷歌夏季代码项目开发的。Sklearn 通过 Python 语言中一致的接口提供了一系列有监督和无监督的学习算法。Sklearn 库是建立在 Scipy 库（科学计算库）的基础上的，因此在使用 Sklearn 之前必须安装 SciPy 库。Sklearn 库专注于数据建模，而准备和预处理阶段对数据的加载、操作和汇总可使用 NumPy 库和 Pandas 库。Sklearn 库提供的一些常用的模块见表 4-1。

表 4-1 Sklearn 库常用模块

序号	模块名称	功能说明
1	聚类（Clustering）	用于对未标记的数据进行分组，如 K-Means
2	交叉验证（Cross Validation）	用于评估有监督模型对未知数据的性能
3	数据集（Datasets）	用于生成测试数据集或具有特定属性的数据集，以研究模型行为
4	降维（Dimensionality Reduction）	用于减少数据中属性的数量，以更好地进行总结、可视化和特征选择，如主成分分析
5	集成方法（Ensemble Methods）	用于组合多个有监督学习模型的预测
6	特征提取（Feature Extraction）	用于定义图像和文本数据中的属性
7	特征选择（Feature Selection）	用于识别有意义的属性，从中创建有监督学习模型
8	参数调整（Parameter Tuning）	为了最大限度地利用有监督学习模型，需要进行参数调整
9	流形学习（Manifold Learning）	用于总结和描述复杂的多维数据
10	有监督学习模型（Supervised Models）	包括但不限于广义线性模型、判别分析、朴素贝叶斯、惰性方法、神经网络、支持向量机和决策树等在内的大量模型

（二）使用 Sklearn 实现 KNN 分类算法

在 Sklearn 库中，使用 KNeighborsClassifier 类可以达到 KNN 分类学习的目的，其声明如下。

```
class sklearn.neighbors.KNeighborsClassifier(
n_neighbors=5,
weights='uniform',
algorithm='auto',
leaf_size=30,
p=2,
metric='minkowski',
metric_params=None,
n_jobs=None,
**kwargs)
```

下面对该类声明时用到的参数做简要解释，见表 4-2。

表 4-2 KNeighborsClassifier 类声明参数说明

序号	参数	主要功能描述
1	n_neighbors	int，可选（默认值为 5），指定 kneighbors 查询时使用的邻居数，即 KNN 中的 k 值
2	weights	str 或 callable，可选（默认值为 'uniform'），该参数可以是 uniform、distance，也可以是用户自定义的函数。uniform 意思是权重一致，所有的邻居点的权重都是相等的。distance 意思是权重随距离而变，距离近的点比距离远的点的权重大。用户自定义的函数可接收距离的数组，返回一组维数相同的权重值

(续)

序号	参数	主要功能描述
3	algorithm	从 {'auto', 'ball_tree', 'kd_tree', 'brute'} 中四选一，默认参数为 auto，可以理解为算法本身决定合适的搜索算法。除此之外，用户也可以指定搜索算法 ball_tree、kd_tree、brute 进行搜索。brute 是蛮力搜索，采用的是线性扫描方法，当训练集很大时，计算非常耗时；kd_tree，构造 kd 树存储数据以便对其进行快速检索的树形数据结构，kd 树是一种"高维"二叉树。以中值切分构造的树，每个节点是一个超矩形，在维数小于 20 时效率高；ball 树是为了克服 kd 树高维失效而发明的，其构造过程是以质心 C 和半径 r 分割样本空间，每个节点是一个超球体
4	leaf_size	int，可选（默认值为 30），这是构造的 kd 树和 ball 树的树叶大小。一般二叉树的叶子中都只有一个数据点，但实际上树叶中可以有多于一个的数据点，算法在达到叶子时在其中执行蛮力计算即可。这个值的设置会影响树构建的速度和搜索速度，同样也影响着存储树所需的内存大小。需要根据问题的性质选择最优的大小
5	p	整数，可选（默认值为 2），距离度量公式。默认值 2，表示使用欧氏距离公式进行距离度量。除此之外，还有其他的距离度量方法，例如曼哈顿距离。该参数也可以设置为 1，表示使用曼哈顿距离公式进行距离度量
6	metric	用于距离度量，默认度量是 minkowski，这种度量有一个参数 p，当 p=2 时就是常见的欧几里得度量
7	metric_params	dict，可选（默认为 None），距离公式的其他关键参数，一般使用默认的 None
8	n_jobs	int 或 None，可选（默认为 None），并行处理设置。如果为 1，临近点搜索并行工作数。如果为 -1，那么 CPU 的所有 cores 都用于并行工作

四　机器人识别数字方案设计

（一）方案总体业务场景设计

针对项目需求进行梳理分析，可在智能人形教育服务机器人的主控制板上运行应用程序完成手写数字的识别功能。项目总体业务场景设计流程图如图 4-6 所示。

从该项目总体业务场景设计流程图中可以看出，主要需要完成项目主业务程序和分类器程序两部分的程序设计和实现，同时需要考虑其编写的运行环境，具体如下：

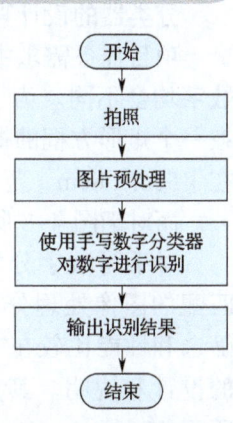

图 4-6　项目总体业务场景设计流程图

1. 确认分类器的编写运行环境

机器人的主控制板是树莓派 3B/16G 的硬件平台，可以支撑项目主业务程序推理识别的执行。但是分类识别需要用分类器模型训练生成，树莓派 ARM 芯片的算力不足，在树莓派 ARM 架构下进行分类器模型训练会异常缓慢，又由于模型训练的结果固化转换保存为模型文件，迁移到嵌入式系统中进行调用推理即可，因此采用的策略是在配置性能比较好的 PC 端的计算机上进行分类器的模型训练，然后把模型训练的结果存为模型文件，再将此模型文件迁移到树莓派 ARM 架构的 Linux 环境下。

2. 确认主业务程序的编写运行环境

由于机器人树莓派硬件性能相比于 PC 机的运行性能会差很多，使用类似 PyCharm 之类 IDE 进行在线调试对硬件资源占用很多，且程序需要对照片进行预处理和模型识别推理处理，占用的硬件资源很多，直接在机器人上单步运行调试会非常卡顿。所以采用在 PC 端先对程序进行编辑、语法和业务功能基本操作调试，最后再移植到机器人端对其进行环境配置和少量功能调试。最终实现在机器人（Yanshee）上识别手写数字。

3. 规范机器人识别手写数字的应用环境要求标准

为进一步提高本项目的识别准确度，对应用环境也做出一定要求规范，具体如下：为避免拍照留下阴影，需设置光照较好的状态，且让机器人的摄像头和手写数字处于平行状态，距离摄像头约 10cm 的距离，再运行此手写数字识别应用程序，程序中使用机器人摄像头拍照命令进行拍照和后续识别。手写数字机器人端的实验项目场景图如图 4-7 所示。

图 4-7 手写数字机器人端的实验项目场景图

（二）分类器设计

1. 分类器方案概要设计

分类器的设计直接决定了本项目成功与否。

项目任务需求中指出是手写数字，手写数字就是 0~9 一共 10 个数字，不同的人书写的数字均会不同。为了更便于项目任务的实现，降低项目实现的难度，将手写数字尽量手写在一个矩形方框的框架里，也满足项目任务的需求指标的要求，长在［5cm，8cm］内，宽在［5cm，8cm］范围内。

而对于图 4-8 所示的手写数字 927，人眼识别区分的最直接的特征是其空间分布特征。

对手写数字分类的算法很多，有机器学习、深度学习，也有简单的基于连通域模板匹配的图像处理分类的方法。但是准确度、速度等综合性能指标也会有所不同。算法的筛选和性能比较在本项目中不做研究，在此采用监督学习中的 KNN 方法对其进行分类器的设计和说明。其分类器设计处理流程如图 4-9 所示。

该 KNN 分类器选用美国国家标准与技术研究院收集整理的大型手写数字数据库进行训练，因

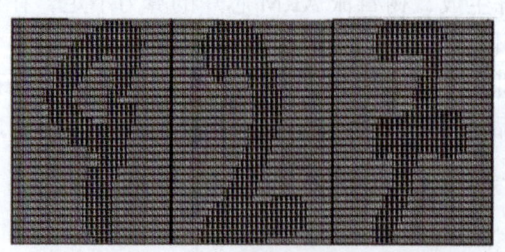

图 4-8 927 的二值化的手写数字图像

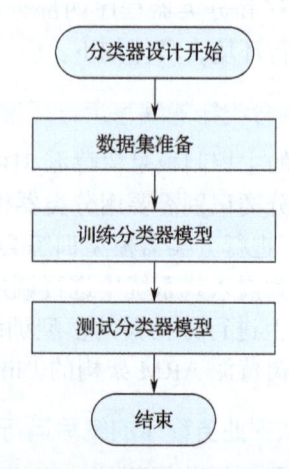

图 4-9 分类器设计处理流程图

此也限制了其实际应用的范围。为了让其移植到机器人中对实际手写数据推理效果更好，在项目主业务程序中也加入了图片预处理，包括将三通道的 RGB 图片转成灰度化、二值化，尺寸规划到 28×28 的图片等处理。

分类器训练之前对图片做了预处理工作，其包含了灰度化和二值化的处理，但是实际采用的上述标准数据库已经做了灰度化的处理，这里只是做了代码模块的复用而已。但是对于实际自己制作的数据集，是需要做这部分的预处理操作的。

2. 准备数据集

识别（判别）手写数据集是机器视觉的重要一课。本项目使用的手写数据集是 MNIST 数据集，MNIST 数据集全称是 Mixed National Institute of Standards and Technology Database。它是美国国家标准与技术研究院收集整理的大型手写数字数据库，包含 60000 个示例的训练集以及 10000 个示例的测试集。

在 MNIST 数据集中，手写数字一共 10 种，即 0、1、2、3、4、5、6、7、8 和 9 共 10 种。在 60000 张训练集图片中，有 5923 张数字 0 图片，6742 张数字 1 图片，5958 张数字 2 图片，6131 张数字 3 图片，5842 张数字 4 图片，5421 张数字 5 图片，5918 张数字 6 图片，6265 张数字 7 图片，5851 张数字 8 图片，5948 张数字 9 图片。每张图片大小一致，均为 28×28 大小。原始图片均为灰度图片，每个像素的取值范围为 [0，255]。图 4-10 展示了某一张数字 0 图片的像素构成。

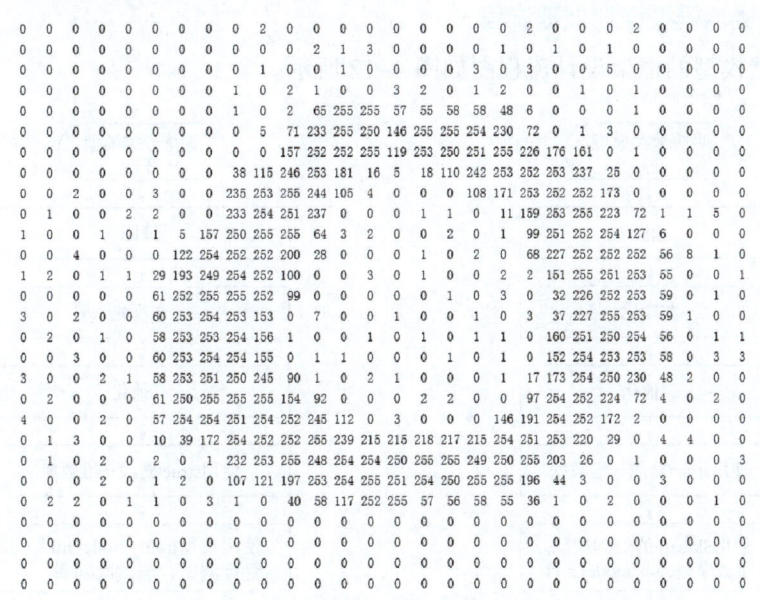

图 4-10 MNIST 数据集中某一张数字 0 图片的像素构成

所有数字 0 图片的标记均为整数 0，或者写成独热标记向量 [1,0,0,0,0,0,0,0,0,0] 亦可。所有数字 1 图片的标记均为整数 1，或者写成独热标记向量 [0,1,0,0,0,0,0,0,0,0] 亦可。所有数字 2 图片的标记均为整数 2，或者写成独热标记向量 [0,0,1,0,0,0,0,0,0,0] 亦可。以此类推。

这些手写数据集图像，已经有相当成熟的预处理，每幅图像背景简单，主体突出，轮廓明显，只需再进行简单的二值化便可进行训练和识别。

登录 PC 端，下载 MNIST 数据集，该数据集包括四个压缩文件：train-images-idx3-ubyte.gz、train-labels-idx1-ubyte.gz、t10k-images-idx3-ubyte.gz、t10k-labels-idx1-ubyte.gz。手动将其解压缩，得到对应的 4 个数据集，即完成数据集的准备。MNIST 数据集准备见表 4-3。

表 4-3 MNIST 数据集准备

序号	分类	压缩文件名	解压后文件	文件详细说明
1	训练图片	train-images-idx3-ubyte.gz	train-images.idx3-ubyte	训练集图片共计 60000 张
2	训练标签	train-labels-idx1-ubyte.gz	train-labels.idx1-ubyte	训练集对应的数字标签
3	测试图片	t10k-images-idx3-ubyte.gz	t10k-images.idx3-ubyte	测试集图片共计 10000 张
4	测试标签	t10k-labels-idx1-ubyte.gz	t10k-labels.idx1-ubyte	测试集对应的数字标签

注意：

在实际的算法模型数据集准备中，一般会有 3 个数据集，第 1 个是训练数据集，第 2 个是验证数据集，第 3 个测试数据集。第 2 个验证数据集是对第 1 个数据集生成的模型进行参数调整使用的，本项目中不再涉及算法参数的调整验证，所以采取了第 1 个和第 3 个数据集进行数据集的准备。

3. 训练分类器模型详细处理流程

训练分类器模型的框架设计流程图如图 4-11 所示。

4. 测试分类器模型详细处理流程

测试分类器模型的框架设计流程图如图 4-12 所示。

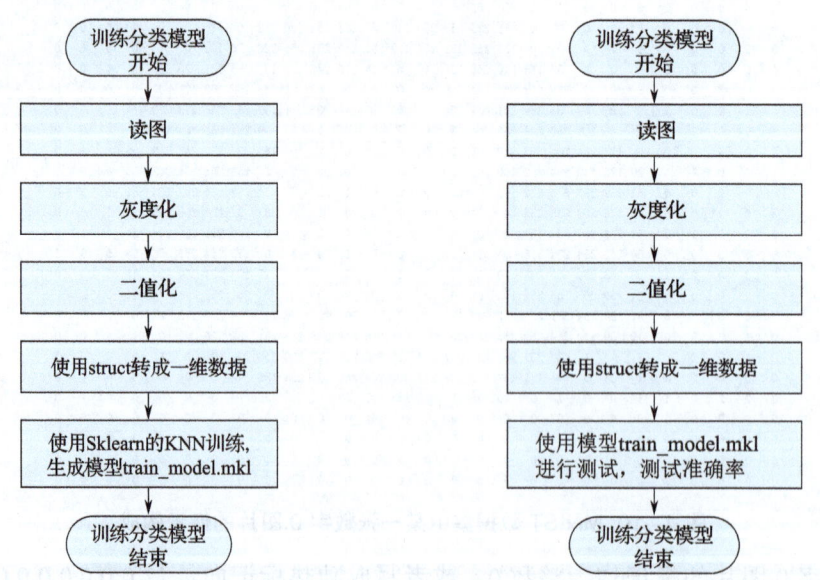

图 4-11 训练分类器模型框架设计流程图　　图 4-12 测试分类器模型框架设计流程图

（三）主业务设计

主业务框架处理流程如图 4-13 所示。

1）调取机器人树莓派的拍照命令对手写数字进行拍照，将图片保存在机器人本地。
2）对拍照获取的图片进行预处理。
3）分类识别：对图片上的手写数字进行数字识别。
4）输出识别结果：即为将拍照获取到的原图展现出来，并使用绿色矩形框将识别到的数字轮廓框起来，将识别到的数字显示在原图片的数字上，且在命令终端输出识别到的数字。图4-14所示为主业务预处理的详细流程。

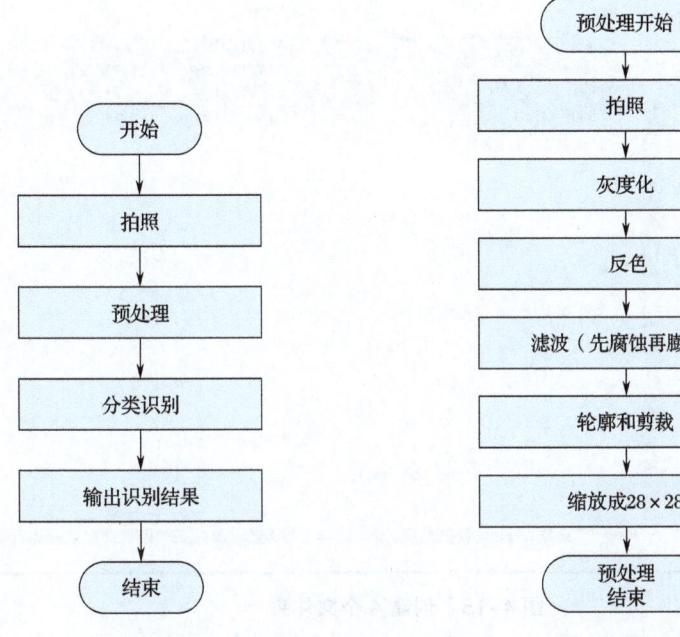

图 4-13　主业务框架处理流程图　　　图 4-14　主业务预处理详细流程图

▶ 项目准备

硬件条件

1）一台计算机、一个无线键盘和一个无线鼠标。
2）一台智能人形教育服务机器人（Yanshee），硬件版本1.0以上。
3）一台 HDMI 显示器、一根 HDMI 数据连接线。
4）一张白纸，上面写有手写数字 3。

软件条件

1）智能人形教育服务机器人（Yanshee）软件系统，软件版本 V2.3.0 以上，且安装了 Python3.5.3 的 32 位的版本，且安装了 opencv-python 3.3.1 以上的版本，同时安装了第三方库 scipy、scikit-learn、numpy；
2）PC 端安装了 Python 3.9.2 的 32 位的版本，且安装了 opencv-python 4.5.3 以上的版本，同时安装了第三方库 scipy、scikit-learn、numpy。

任务实施

如图 4-15 所示，创建 4 个文件夹，用于进行后续的编写调试工程管理开发。本项目在 PC 端的全英文目录下，建立的管理文件夹名为 400，路径为：D：\400。

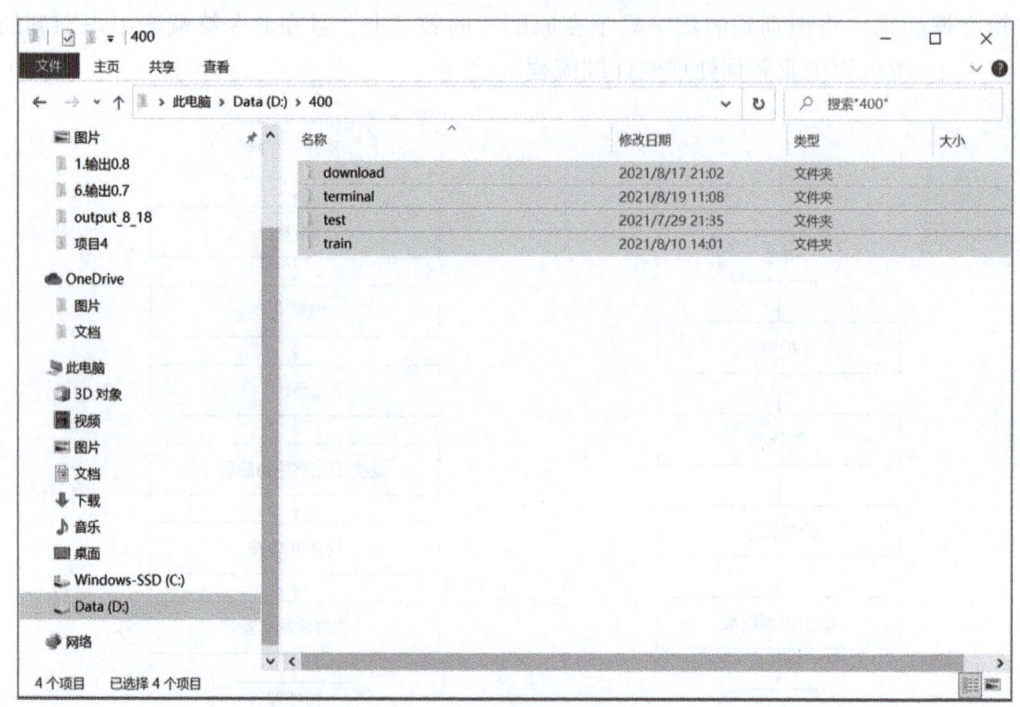

图 4-15　创建 4 个文件夹

其中创建了 4 个文件夹：download 文件夹，用于存放整个数据集和数据集下载程序源代码文件；train 文件夹，用于存放训练的数据集和分类器训练程序源代码文件；test 文件夹，用于存放测试的数据集、训练生成的模型和分类器测试程序源代码文件；terminal 文件夹，用于存放拍照的图片、分类器模型、主业务应用程序源代码文件。

一　在 PC 端编写调试分类器程序

（一）搭建 PC 端调试运行环境

1．确认调试运行环境

右击"我的电脑"，选择"属性"，查看本项目的 PC 端配置。本项目使用的 PC 机参考指标如图 4-16 所示。处理器为 i7-10510U CPU@1.80GHz 2.30GHz，内存 RAM 为 8.00GB，系统类型为 64 位操作系统，基于 x64 的处理器。

在命令行界面输入命令"python"，查看安装的 Python 版本，如图 4-17 所示。本项目基于项目 3 让机器人辨别颜色的 PC 环境基础进行开发，采用的 Python 仍然要求为 32 位的 Python 3.9.5。

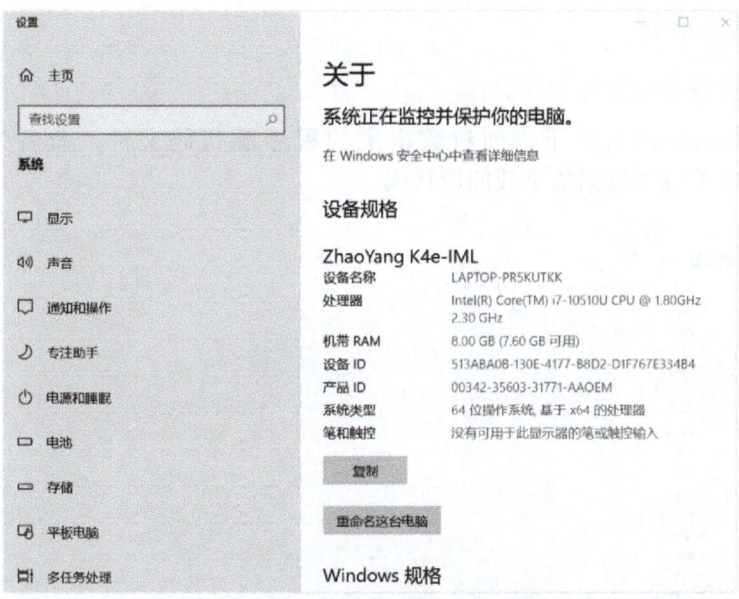

图 4-16　本项目的 PC 机的配置指标

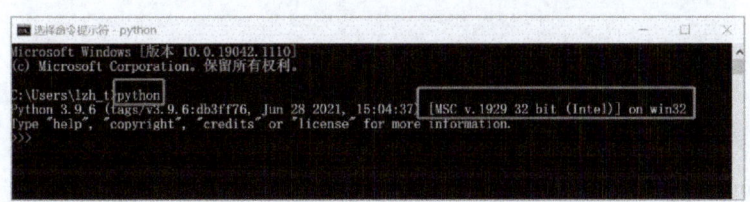

图 4-17　PC 端的 Python 版本

2. 安装程序中要用的其他软件

进入命令行界面，输入以下命令安装第三方库 scipy、scikit-learn、opencv-python、numpy。

```
python -m pip install –user --upgrade pip
pip install scipy
pip intstall -U scikit-learn
pip install opencv-python
pip install numpy
```

注意　本项目基于项目 3 让机器人辨别颜色的 pc 环境基础进行开发，其中 opencv-python 已经安装了，此处的安装指令"pip install opencv-python"只是对最新的 opencv-python 版本进行更新，如果没有寻找到最新版本，会继续启用之前的版本。
如果安装过程中报 Read timed out 网络超时，建议将默认的国外镜像源切换到国内下载安装镜像源。例如将命令改为 pip install -i https：//pypi.tuna.tsinghua.edu.cn/simple numpy # 从清华镜像安装 numpy 库。

（二）数据集准备

1. 创建数据集程序文件 mnist.py

在 D:\400\download 目录下，创建数据集的程序源代码文件，命名为 mnist.py，如图 4-18 所示，用于编写数据集下载的源代码。

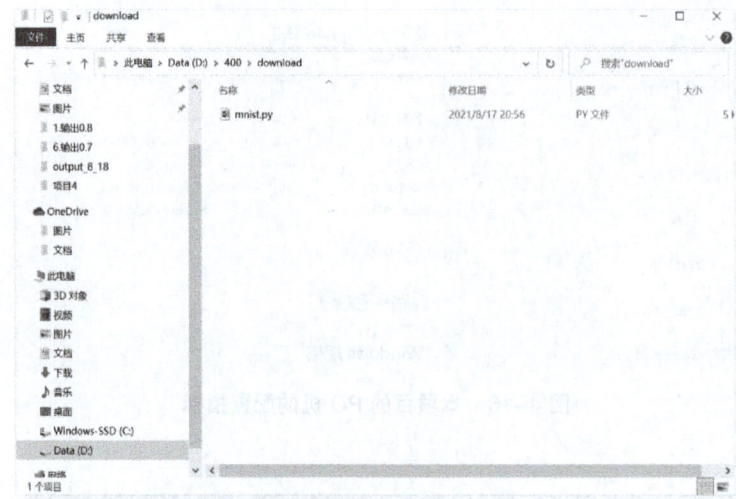

图 4-18　数据集下载程序源代码文件

2. 编写下载数据集的程序源代码 mnist.py

在上述的 mnist.py 文件中编写下载数据集的程序源代码。

（1）编写数据集下载路径和创建数据集词典程序　具体代码如图 4-19 所示，其主要功能有：

①存储数据集 mnist 的下载官网路径；
②创建数据集词典 key_file，存放下载的 4 个压缩数据集；
③获取本程序所在的当前文件路径。

```
10  url_base = 'http://yann.lecun.com/exdb/mnist/'
11  key_file = {
12      'train_img':'train-images-idx3-ubyte.gz',
13      'train_label':'train-labels-idx1-ubyte.gz',
14      'test_img':'t10k-images-idx3-ubyte.gz',
15      'test_label':'t10k-labels-idx1-ubyte.gz'
16  }
17
18  dataset_dir = os.path.dirname(os.path.abspath(__file__)) #返回脚本文件的路径
19  print(__file__,'\n',dataset_dir)
```

图 4-19　编写数据集下载路径和创建数据集词典

说明：

第 10 行：表示获取数据集 mnist 的下载官网路径赋值给 url_base 变量。

第 11~15 行：表示将 4 个数据集存入 key_file 的词典，便于后面的循环遍历。

第 18 行：表示将当前文件 mnist.py 的路径赋值给 dataset_dir 变量，本项目的当前文件路径为：D:\400\download，赋值后，dataset_dir 变量即为 D：\400\download 的字符串的值。

第 19 行：表示打印出 __file__ 的路径，即为：D：\400\download\mnist.py，按 <Enter> 键后，继续打印出脚本文件 mnist.py 的路径，即 D：\400\download。

（2）定义下载 mnist 的函数 download_mnist

①定义下载数据集函数 download_mnist，下载词典 key_file 中的所有数据集。
②定义下载单个数据集函数 _download 函数，从指定官网路径下载到当前文件的路径。具体代码如图 4-20 所示。

```
22  def _download(file_name):
23      # file_path = dataset_dir + "/" + file_name
24      file_path=os.path.join(dataset_dir,file_name)
25
26      if os.path.exists(file_path):
27          return
28
29      print("Downloading " + file_name + " ... ")
30      urllib.request.urlretrieve(url_base + file_name, file_path)
31      print("Done")
32
33  def download_mnist():
34      for v in key_file.values():
35          _download(v)
```

图 4-20　定义下载 mnist 的函数

说明：
第 33 行：表示定义下载 mnist 的 4 个数据集的函数，即为 download_mnist 函数。
第 34 行：表示一个 for 循环，将 4 个数据集循环下载。
第 35 行：表示调用下载一个数据集的函数，即 _download 函数。
第 22~31 行：表示定义下载指定文件名的函数，从 url_base 变量指定的官网上，下载指定文件名的数据集，并存入指定的 file_path 文件路径下，此指定路径为 D：\400\download。

（3）运行 mnist.py 程序　在命令行界面输入以下命令：

```
d:
cd 400
cd download
python mnist.py
```

执行完后命令端的数据更新结果如图 4-21 所示。

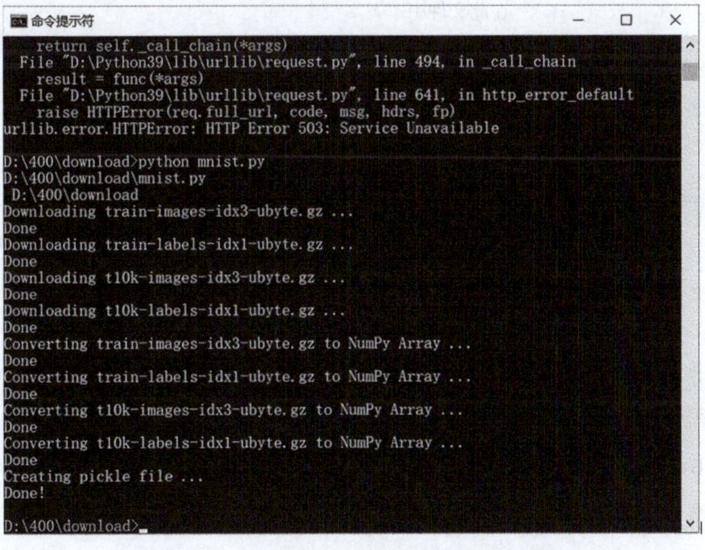

图 4-21　命令端运行 mnist.py 的执行结果

上述程序运行过程时间比较长，一般是 30 分钟以上，请耐心等待，中间不要退出命令端。

执行完后文件夹中的文件更新结果如图 4-22 所示。在上述程序命令端显示"Done！"的字符串输出后，即表示下载数据集完成，则在 mnist.py 程序的同级目录下会看到 .gz 扩展名的压缩文件。

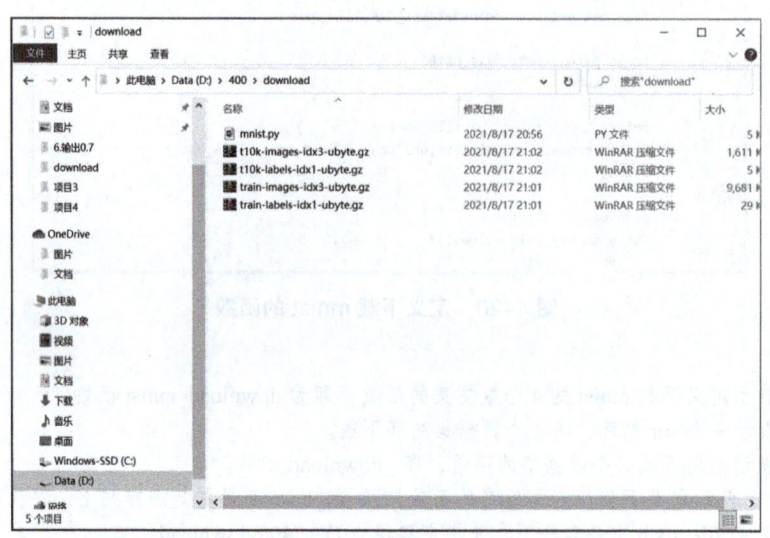

图 4-22　下载的 4 个 .gz 后缀的数据集压缩文件

图 4-26 中的四个压缩数据集，即为表 4-4 的数据集。

表 4-4　手写数字数据集

序号	类别	压缩文件名称	说明
1	训练图片数据集	train-images-idx3-ubyte.gz	此为未做标注的原始训练数据集压缩包，包含图片共 60000 张，但以二进制形式存在该文件里；如一幅图片 0，28×28 尺寸的灰度图，为单通道的，每个点的像素值范围在 [0，255] 内，将每个像素点的像素值转成二进制存在此文件中
2	训练标签数据集	train-labels-idx1-ubyte.gz	此为对上述 train_img 未做标注的原始训练数据集做了标注的训练数据集压缩包，包含图片共 60000 张，但以二进制形式存在该文件里；如对应序号 1 中一幅图片 0，其标注标签就为 0，转为二进制存在此文件中
3	测试图片数据集	t10k-images-idx3-ubyte.gz	此为未做标注的原始测试数据集压缩包，包含图片共 10000 张，但以二进制形式存在该文件里
4	测试标签数据集	t10k-labels-idx1-ubyte.gz	此为对上述 test_img 未做标注的原始测试数据集做了标注的测试数据集压缩包，包含图片共 10000 张，但以二进制形式存在该文件里；如对应序号 1 中一幅图片 0，其标注标签就为 0，转为二进制存在此文件中

（4）解压缩并复制移动 4 个 .gz 的数据集　将 4 个 .gz 的数据集使用 PC 端的解压缩软件正常解压缩，得到的 4 个解压缩文件如图 4-23 所示，将其中的 train-images.idx3-ubyte 训练图片文件和 train-labels.idx1-ubyte 训练标签文件拷贝到训练文件夹 train 中；将 t10k-images.idx3-ubyte 测试图片文件和 t10k-labels.idx1-ubyte 测试标签文件拷贝到测试文件夹 test 中。

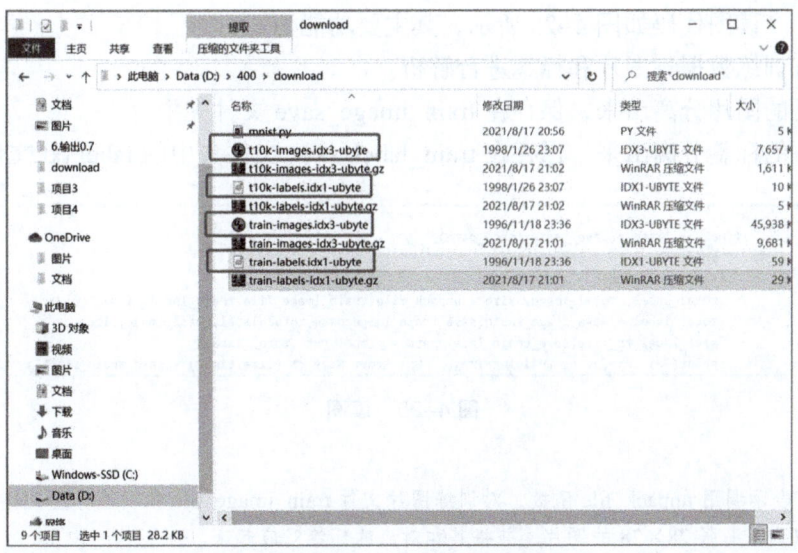

图 4-23　4 个数据集解压缩

（三）训练分类器模型

1. 创建分类器训练程序源代码文件

在 D：\400\train 目录下，创建分类器训练控制管理文件，命名为 trainModel.py；数据集基础操作处理文件，命名为 p1_utils.py 文件，如图 4-24 所示。

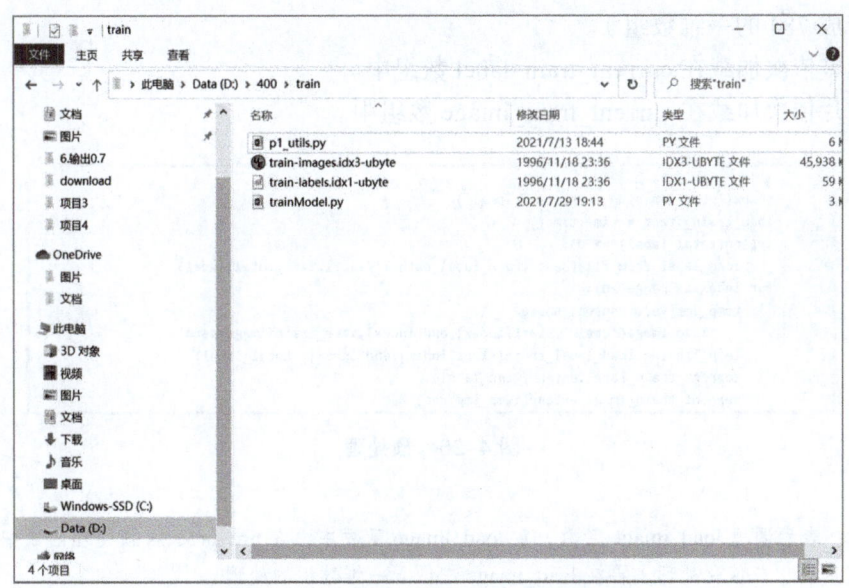

图 4-24　分类器训练文件夹准备的文件

2. 编写分类器训练控制管理文件 trainModel.py

在 trainModel.py 文件中，依据训练分类器模型框架设计流程图，编写分类器训练控制管理源代码。

（1）读图　读图代码如图 4-25 所示，其主要功能为：

①对所有训练数据集图片和标签进行解析。

②将解析的图片分离出来，保存在 train_image_save 文件夹中。

③将解析的标签分离出来，保存在 train_label_save 文件夹中的 label.txt 文件中。

```
41    #读图
42    if(not os.listdir(save_train_image_path)):
43        print('Save training images')
44        save_train_start = time.time()
45        total_label, total_image, size = unpack_file(train_image_file,train_label_file)
46        total_label = save_image_train(save_train_image_path,total_label,total_image,size)
47        save_label_to_file(save_train_label_path +'/label.txt',total_label)
48        print('Finish saving training images. Use time: %.2f' % (time.time() - save_train_start))
```

图 4-25　读图

说明：

第 45 行：表示调用 unpack_file 函数，对训练图片文件 train_image_file 和训练标签文件 train_label_file 进行解析，读取到每一张 28×28 的图片，并将其和对应的标签对应起来。

第 46 行：表示将 45 行解析出来的每张图片，保存在当前 train 文件夹中的 train_image_save 文件夹中，每张图片的保存格式为 jpg 格式。

第 47 行：表示将 45 行解析出来的每张图片的标签，保存在当前 train 文件夹中的 train_label_save 文件夹的文件中，且是存入命名为 label.txt 的文件中。

（2）预处理（灰度化、二值化、一维处理）　预处理代码如图 4-26 所示。其主要功能为：

①调用 load_image 函数，实现对图片预处理（灰度化、二值化处理，并将二值化后的二维数组转成 784 的一维数组）。

②将标签依次加载在 current_train_label 数组中。

③将图片依次加载在 current_train_image 数组中。

```
50    #加载预处理的训练图片和标签
51    print('Load training images and label')
52    load_train_start = time.time()
53    if(len(total_label) == 0):
54        load_label_from_file(save_train_label_path +'/label.txt',total_label)
55    for index in range(10):
56        temp_img_vec, unuse1, unuse2 = \
57            load_image('train',start[index],end[index],save_train_image_path)
58        temp_label = load_label_train(start[index],end[index], total_label)
59        current_train_label.extend(temp_label)
60        current_train_image.extend(temp_img_vec)
```

图 4-26　预处理

说明：

第 57 行：表示调用 load_image 函数，在 load_image 函数中，在 pre_process 预处理函数中集中对每张图片进行了灰度化、二值化处理，再在 load_image 中做了一维数组的处理。

第 59 行：表示将标签依次加载在 current_train_label 数组的尾部。

第 60 行：表示将所有做了灰度化、二值化处理的图片依次加载在 current_train_image 数组的尾部。

第 55 行：表示对 0~9 的 10 组图片分组循环处理。方便单独对 1 组图片的重点训练和重点测试。

特别注意：

打开第 1 步读图存取的图片和标签，可以看到 60000 张图片。在图片保存目录 train_

image_save 文件夹中，这 60000 张图片是排序之后再分离存放的，每张图片对应一个 jpg 文件。图片保存目录数字 0 局部截图如图 4-27 所示。

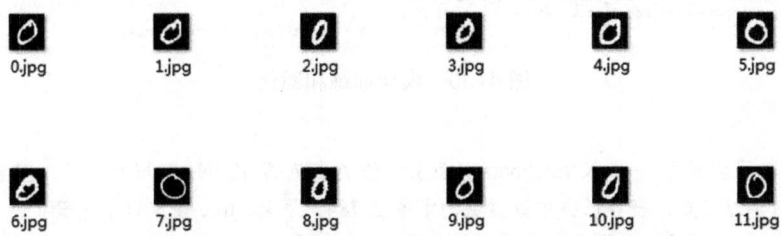

图 4-27　图片保存目录数字 0 局部截图

数字 0 图片一共有 5923 张，0.jpg、1.jpg、……、5922.jpg 这些图片全是数字 0 的图片，从 5923.jpg 开始直到 12664.jpg 是数字 1 的图片，以此类推。图片保存目录数字 0 和数字 1 分界处截图如图 4-28 所示。

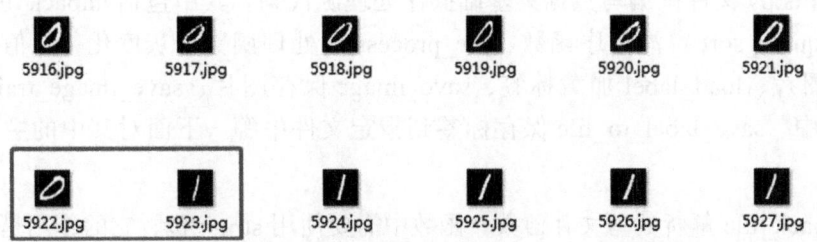

图 4-28　图片保存目录数字 0 和数字 1 分界处截图

所以在第 55 行设置的循环为 10 组，且每组对应的起始和结束的数值如图 4-29 所示。

```
23  ############################################################
24  # start: 0,5923,12665,18623,24754,30596,36017,41935,48200,54051
25  # end: 5922,12664,18622,24753,30595,36016,41934,48199,54050,59999
26  ############################################################
27  start = [0,5923,12665,18623,24754,30596,36017,41935,48200,54051]
28  # The first training image index (0 ~ 9)
29
30  end = [5922,12664,18622,24753,30595,36016,41934,48199,54050,59999]
31  # The last trainging image index (0 ~ 9)
```

图 4-29　0~9 的 10 组数值的起始值和结束值

第 0 组的数字为 0，其起始值是 0，结束值是 5922；第 1 组的数字为 1，其起始值是 5923，结束值是 12664，其他以此类推。

（3）使用 sklearn 的 KNN 训练生成模型 train_model_mk1　使用 sklearn 的 KNN 机器学习算法训练生成模型，主要代码如图 4-30 所示，其主要功能为：

①调用 sklearn 的 KNeighborsClassifier 分类器函数，对 current_train_label 标签数组和 current_train_image 图片数组进行训练；

②使用 joblib 包中的 dump 函数将分类器固化成模型文件 train_model.mk1，且将其保存在当前文件夹 train 中。Joblib 是一款用于在 Python 中提供轻量流水线的工具，此处暂不详述。

```
62  #模型训练和固化
63  print('Finish loading training images and label. Use time: %.2f' % (time.time() - load_train_start))
64  print('Train and save model')
65  train_start = time.time()
66  knn = neighbors.KNeighborsClassifier(algorithm = 'kd_tree', n_neighbors = 3)
67  knn.fit(current_train_image,current_train_label)
68  joblib.dump(knn,model_save_path + '/train_model.mk1')
69  print('Finish training and saving. Use time: %.2f' % (time.time() - train_start))
```

图 4-30　模型训练和固化

说明：

第 66 行：表示创建了一个 KNeighborsClassifier 分类器对象 KNN，k 取值为 3，搜索算法采用 kd_tree。经过前面的学习可知，当前任务中数据点的维度是 784，用 kd_tree 搜索效率一般。

第 67 行：表示采用训练图像集和对应的标签集对 KNN 进行训练，训练之后的 KNN 对象中包含了分类模型。

第 68 行：表示采用 joblib 包中的 dump 函数对 KNN 对象进行持久固化，此处是将训练好的模型存储到 train_model.mkl 文件中。

3. 编写数据集基础操作处理文件 p1_utils.py

在 p1_utils.py 文件中编写数据集基础操作处理源代码。其中包括 unpack_file 解析数据文件函数、quick_sort 冒泡排序函数、pre_process 预处理函数（灰度化、二值化）、load_image 加载图片、load_label 加载标签、save_image 保存图片、save_image_train 保存图片到指定路径中、save_label_to_file 保存标签到指定文件中等。下面对其中的主要函数进行说明。

（1）unpack_file 解析数据文件函数　函数中需要使用 struct 包，它的作用是完成 Python 数据和 C 语言结构体的 Python 字符串形式间的转换，这可以用于处理存储在文件中或网络连接中的二进制数据。

下面举一个简单的例子说明它的基本用法，如图 4-31 所示。该程序首先创建了一个 12 字节长的缓冲区 buffer，然后使用 struct 包中的 pack_into 函数向 buffer 中写入数据，控制格式为 '>B H I 5s'，程序中的控制格式串的首字符代表字节顺序（表 4-5 是常用字节顺序

```python
from ctypes import create_string_buffer
import struct
import binascii

# 创建一个12字节长的缓冲区
buffer = create_string_buffer(12)

# 从buffer的偏移量为0的位置开始打包
# 打包格式为>B H I 5s，包括四部分，相应地被打包的数据也包括四部分
struct.pack_into('>B H I 5s', buffer, 0, 10,18,288, b"hello")
print(binascii.hexlify(buffer))  # 转成16进制进行展示

# 开始解包
p1 = struct.unpack_from('>B H I 2s', buffer, 0)
print(p1)
```

图 4-31　struct 包使用示例

表）。'>B H I 5s' 在此处使用的字节顺序为 '>'，即为 big-endian。如果控制格式串中没有设置字节顺序字符，那么默认使用 @。

'>B H I 5s' 这个格式串包括四部分格式符（可参考表 4-6 可理解各不同格式符的含义），相应地被打包的数据也包括四部分（10，18，288，b"hello"）。

表 4-5 常用字节顺序表

序号	字符	字节顺序
1	@	本地
2	=	本地
3	<	little-endian
4	>	big-endian
5	!	Network（=big-endian）

表 4-6 struct 包格式符的含义

格式符	C 语言类型	Python 类型	标准长度
b	signed char	integer	1
B	unsigned char	integer	1
?	_Bool	bool	1
h	short	integer	2
H	unsigned short	integer	2
i	int	integer	4
I	unsigned int	integer	4
l	long	integer	4
L	unsigned long	integer	4
q	long long	integer	8
Q	unsigned long long	integer	8
N	size_t	integer	
f	float	float	4
d	double	double	8
s	char[]	bytes	

使用 struct 的 pack_into 函数打包之后，使用 binascii 包中的 hexlify 方法将 buffer 中的数据转换成 16 进制格式进行展示。最后，使用 struct 包中的 unpack_from 函数将真实数据从 buffer 中解包出来，解包时按提供的控制格式串和偏移量进行解包。图 4-32 是该程序的运行结果。

```
b'0a00120000012068656c6c6f'
(10, 18, 288, b'he')
```

图 4-32 struct 包使用示例的运行结果

了解完 struct 包再去看 unpack_file 函数如图 4-33 所示，它的主要功能为：
①解析标签数据。
②将一维图片数据解析成分离的二维图片数据。

```python
11  def unpack_file(image_file_dir,label_file_dir):
12      label = []
13      image = []
14      counter = 0
15      # unpack labels
16      file = open(label_file_dir,'rb')
17      buf = file.read()
18      index = 0
19      magic,size = struct.unpack_from('>II', buf, index)
20      index += struct.calcsize('>II')
21      temp_label = struct.unpack_from('>' + str(size) + 'B', buf, index)
22      # unpack images
23      file = open(image_file_dir,'rb')
24      buf = file.read()
25      file.close()
26      index = 0
27      magic,size,rows,cols = struct.unpack_from('>IIII',buf,index)
28      index += struct.calcsize('>IIII')
29      for i in range(size):
30          temp = struct.unpack_from('>784B',buf,index)
31          img_array = numpy.array(temp)
32          img = img_array.reshape(28,28)
33          image.append(img)
34          label.append(temp_label[i])
35          index += struct.calcsize('>784B')
36      return label,image,size
```

图 4-33 unpack_file 函数定义

说明：

第 17 行：表示将标签文件内容赋值给 buf 变量。

第 19 行：表示从 buf 变量中读取两个整数（每个整数长度为 4 字节），其中第二个整数赋给 size，size 即标签的个数，此处应为 60000 个。

第 20 行：struct.calcsize('>II') 表示计算格式串 '>II' 所代表的长度，此处应为 8。20 行执行完毕之后 index 变量赋值为 8。

第 21 行：格式串变成了 '>60000B'，表示要从 buf 变量中索引为 8 的位置读取 60000 个整数（每个整数长度为 1 字节），读取的结果存放在 temp_label 变量中。

第 24 行：表示将图像数据文件内容赋值给 buf 变量。

第 27 行：表示从 buf 变量中读取四个整数（每个整数长度为 4 字节），其中第二个整数赋给 size，第三个整数赋给 rows，第四个整数赋给 cols。size 即图片的张数，此处应为 60000 张。rows 为 28（图片的高度），cols 为 28（图片的宽度），所以一张图片的像素总量是 28×28=784。

第 29-35 行：表示一个循环，每次执行循环体，读取 784 个字节的一张图像数据到 temp 中，这时一张图像表现为一维数据，通过第 36 行将图像从一维形式转化为二维形式（高 28，宽 28），所有图像的二维形式均追加（append）到 image 列表中，图像的对应标签均追加到 label 列表中。

（2）pre_process 预处理函数　预处理函数程序代码如图 4-34 所示。其主要功能为：
①将图片灰度化。
②将灰度化的图片二值化。

```
136 def pre_process(load_path):
137     img = cv2.imread(load_path)
138     temp_gray_img = img
139     gray_img = cv2.cvtColor(img,cv2.COLOR_BGR2GRAY)
140     for x in range(28):
141         for y in range(28):
142             if gray_img[x,y] >= 127:
143                 gray_img[x,y] = 1
144             else:
145                 gray_img[x,y] = 0
146     return gray_img,temp_gray_img
```

图 4-34　图片预处理代码

说明：

第 137 行：表示读取图片文件的三通道图 img。

第 139 行：表示将三通道图转成灰度图。

第 140—145 行：表示图像的二值化，这里使用的阈值是 127，像素值超过 127，将像素值变为 1，否则像素值变为 0。

4. 执行训练模型程序

在 cmd 命令行界面输入以下命令：

```
python trainModel.py
```

（1）执行完后命令端的数据更新结果　命令端运行完的结果如图 4-35 所示。

```
命令提示符
Microsoft Windows [版本 10.0.19042.1052]
(c) Microsoft Corporation。保留所有权利。

C:\Users\lzh_t>cdm
'cdm' 不是内部或外部命令，也不是可运行的程序
或批处理文件。

C:\Users\lzh_t>d:

D:\>cd 400

D:\400>cd train

D:\400\train>python trainModel.py
D:\400\train
Save training images
Finish saving training images. Use time: 87.77
Load training images and label
Finish loading training images and label. Use time: 84.48
Train and save model
Finish training and saving. Use time: 37.84

D:\400\train>_
```

图 4-35　命令端运行 trainModel.py 的执行结果

（2）执行完后文件夹中的文件更新结果　在上述程序命令端显示“Finish training and saving.Use time：…”的字符串输出后，即表示训练模型运行完成，则在 trainModel.py 程序的同级目录下会看到新增 2 个文件夹和 1 个模型文件，如图 4-36 所示。

从图 4-36 可以看出，新增的 2 个文件夹为 train_image_save 训练图片的文件夹（其中包含 60000 张分离的 jpg 格式的图片）和 train_label_save 训练标签的文件夹（其中包含 1

个 label.txt 文件；_pycache_ 文件夹中为 python 编译中对调用的 p1_utils.py 文件生成的二进制文件）。新增的 1 个模型文件为 train_model.mk1，即机器学习 KNN 的模型固化文件。

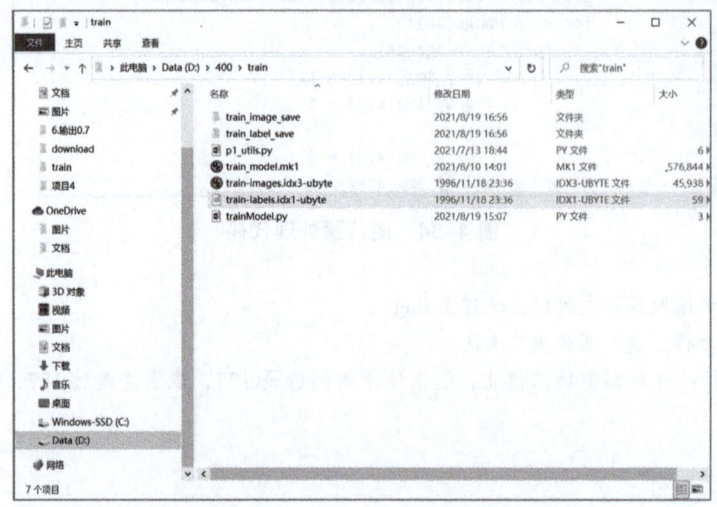

图 4-36　执行完后文件夹中的文件更新结果

5. 将训练模型复制移动到测试文件夹 test 中

将运行完 trainModel.py 程序之后生成的 train_model.mk1 模型固化文件复制到测试文件夹 test 中，以便后续对其进行测试验证。

（四）测试分类器模型

1. 创建分类器测试程序源代码文件

在 D：\400\test 目录下，创建分类器测试控制管理文件，命名为 mnistTest.py。数据集基础操作处理文件仍然使用训练分类器模型中创建的 p1_utils.py 文件，如图 4-37 所示。

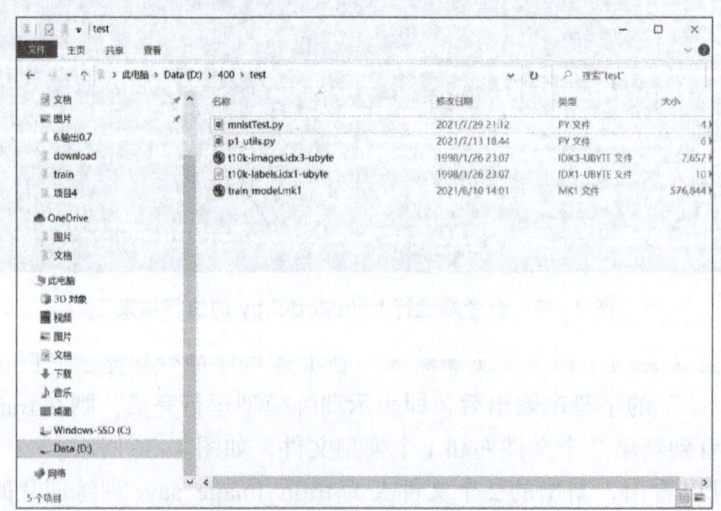

图 4-37　分类器测试文件夹准备的文件

2. 编写分类器测试控制管理文件 mnistTest.py

根据图 4-12 所示的测试分类器模型框架设计流程图，在 mnistTest.py 文件中编写分类器测试控制管理源代码。其部分代码与训练分类器模型框架设计一致，图 4-38 给出的参考代码是使用模型 train_model.mk1 进行测试，并计算准确率。其主要功能为：

① 使用 joblib 的 load 函数将训练模型文件 "train_model.mk1" 进行加载恢复。
② 使用 KNN 对象的 predict 函数对测试图像进行预测。
③ 将 28×28 的原测试图像扩大到 240×180，并将预测结果写在该图片上。

```python
54  load_model_start = time.time()
55  knn = joblib.load(model_save_path + '/train_model.mk1')
56  print('Finish loading. Use time: %.2f' % (time.time() - load_model_start))
57
58  print('Predict')
59  predict_start = time.time()
60  result = knn.predict(image_vec)
61  print('Finish predicting. Use time: %.2f' % (time.time() -predict_start))
62
63  print(result[0])
64
65  true_num = 0
66  for i in range(len(result)):
67      res = cv2.resize(img[i],(240,180),interpolation = cv2.INTER_CUBIC)
68      cv2.putText(res,'Predict:' +
69                  str(result[i]),(10,20),cv2.FONT_HERSHEY_SIMPLEX,0.7,(255,0,0),1)
70      cv2.imshow('Digits-Recognition',res)
71      cv2.waitKey(0)
72      if result[i] == labels[i]:
73          true_num += 1
```

图 4-38　测试模型后半段代码截图

说明：

第 55 行：表示使用 joblib 的 load 函数将训练模型从文件 "train_model.mk1" 恢复到 KNN 对象中。

第 60 行：表示使用 KNN 对象的 predict 方法对测试图像进行预测，预测结果存储在 result 列表中。

第 67 行：为了保证展现出来的图片比较清晰，将原来 28×28 大小的图像扩大为 240×180 大小的新图像 res，然后在 res 图像上坐标为 (10,20) 的位置处将预测结果 result[i] 以蓝色字体绘制标识在原手写数字上。

3. 执行测试模型程序

在 cmd 命令行界面输入以下命令：

```
python mnistTest.py
```

（1）执行完后命令端的数据更新结果　命令端执行完的结果如图 4-39 所示。从图中可以得到，倒数第 2 行的字符串为："Finish predicting. Use time：1.45"，表示对一张测试图片完成推理耗时 1.45ms；倒数第 1 行的字符串为："1"，表示对当前 20 张测试图片的第 1 张图片的测试结果为 1。

同时在命名端界面旁边弹出的小界面为当前预测的测试图片，此图中的手写数字为 1，左上角有用蓝色写的字符串 "Predict：1"，即为识别推理出的结果为 1。通过单击小界面右上角的 "×"，对该测试图片进行关闭，又会弹出第 2 张测试图片和测试推理结果，以此类推进行关闭，直到第 20 张测试图片被关闭。

最后命令端的数据输出整个 20 张图片的准确率，如图 4-40 所示，本项目显示的准确率为 100%。

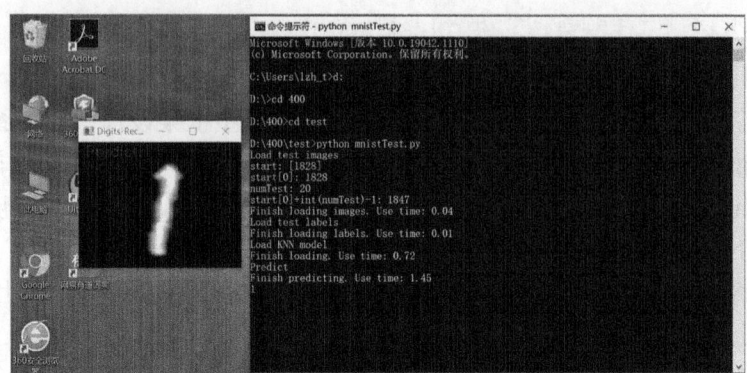

图 4-39 命令端运行 mnistTest.py 的执行结果

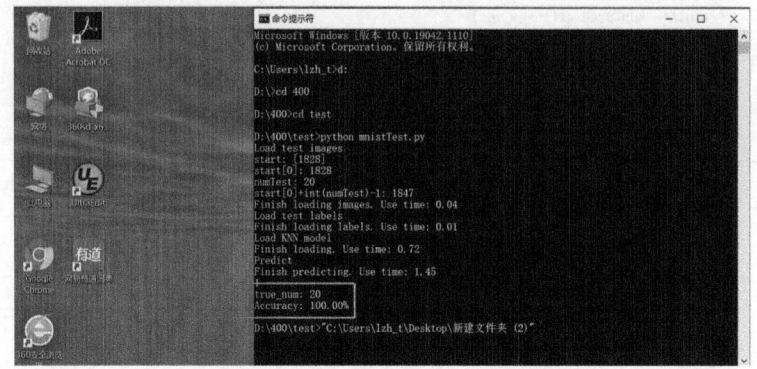

图 4-40 20 张测试图片的准确率输出

（2）执行完后文件夹中的文件更新结果 在上述程序命令端输出准确率后，即表示测试模型运行完成，切换到 test 文件夹中，会看到新增 1 个文件夹 test_image_save，其中为测试图片的分离图片 10000 张；_pycache_ 文件夹为 python 编译中对调用的 p1_utils.py 文件生成的二进制文件。文件更新结果如图 4-41 所示。

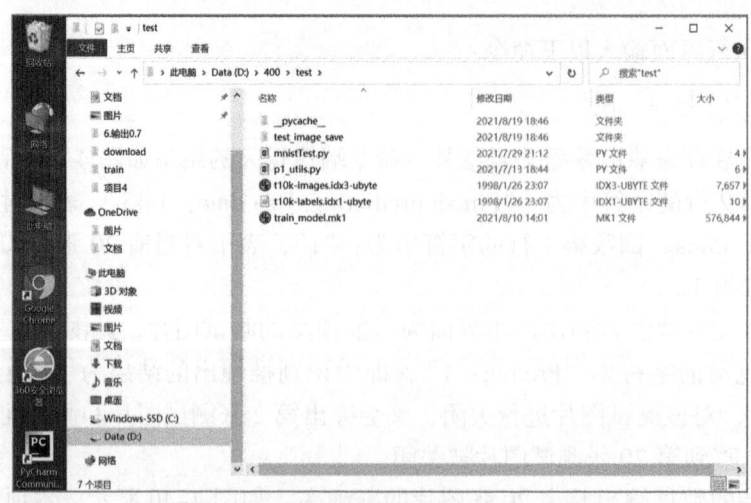

图 4-41 执行完后文件夹中的文件更新结果

4. 将训练模型复制移动到主业务文件夹 terminal 中

测试完成，准确率达到要求后，将 train_model.mk1 模型固化文件复制到主业务文件夹 terminal 中，以便后续对其进行主业务推理。

二　在 PC 端编写调试主业务程序

在 PC 端编写调试主业务程序使用的环境同调试分类器的程序一致，所以此处不再做介绍。只对编写主业务程序和运行主业务程序的结果进行任务实施。

（一）在 PC 端编写主业务程序

1. 创建 PC 端主业务程序源代码文件

在 D：\400\terminal 目录下，创建主业务程序控制管理文件，命名为 terminal.py，如图 4-42 所示。

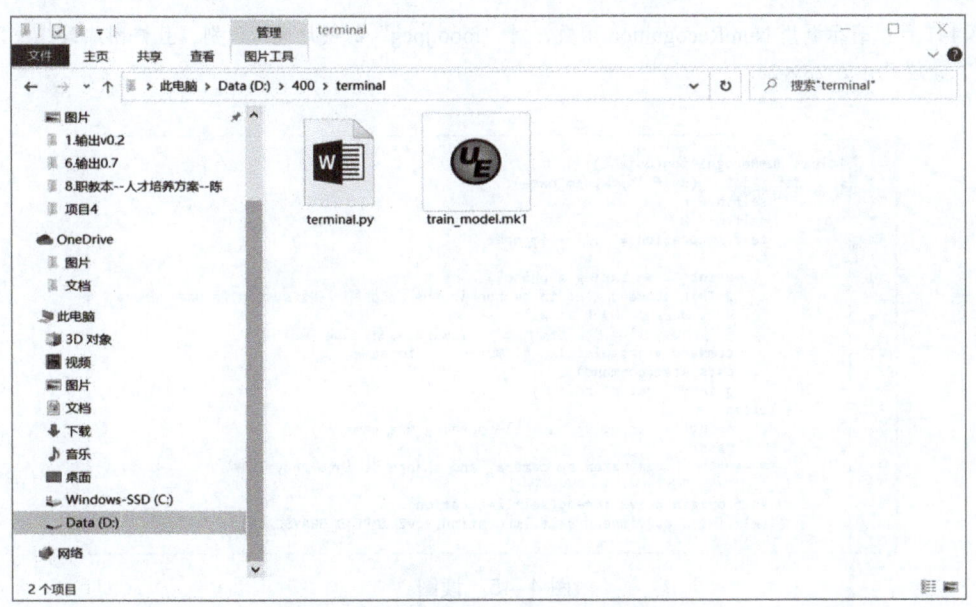

图 4-42　主业务文件夹中准备的文件

2. 编写主业务程序 terminal.py

根据图 4-13 所示的主业务框架处理流程图，在 terminal.py 文件中编写主业务程序源代码。

（1）拍照　由于机器人拍照的命令很简单，在 PC 端不再进行 Windows 的拍照程序编写，直接读取一张机器人拍照的图片，进行后续的处理。此时主业务文件夹中的文件如图 4-43 所示。

此处编写的代码主要功能为读图，如图 4-44 所示，其主要功能为：调用 Num-

Recognition 函数，对"fooo.jpeg"图片进行识别。NumRecognition 类的构造函数定义如图 4-45 所示，其主要功能是对当前文件夹中的 fooo.jpeg 图片进行读取。

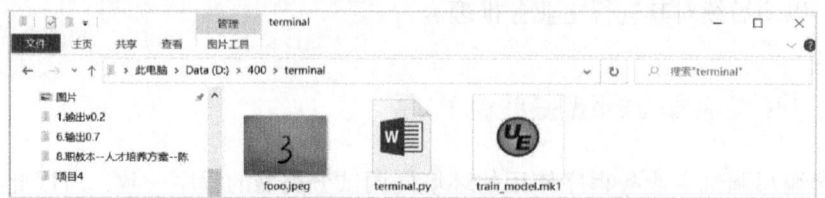

图 4-43 主业务文件夹中移入数字 3 的图片

```
136
137  if __name__ == '__main__':
138      start_time = time.time()
139      # Initialize a object
140      # 实例化对象
141      nr = NumRecognition(28, 28, 'fooo.jpeg')
```

图 4-44 识别图像 fooo.jpeg

说明：

第 141 行：表示调用 NumRecognition 函数，对"fooo.jpeg"的图片进行识别，且该图片最终放入推理模型中，缩放尺寸为 28×28。

```
11
12  class NumRecognition(object):
13      def __init__(self, h, w, im_name):
14          self.h = h
15          self.w = w
16          self.imLocation = './' + im_name
17          try:
18              print("I am taking a photo")
19              # This command need to be run in the raspberry Pi system to use camera.
20              # It doesn't work in windows.
21              # 这个命令只能在树莓派上运行，在windows系统上使用不了
22              command = 'raspistill -t 200 -o ' + im_name
23              os.system(command)
24              print("I got a photo!")
25          except:
26              print('error occurred while opening the camera')
27              pass
28          # Get the image taken by camera, and change it into grayscale
29          # 把拍照获得的图片转成灰度图像
30          self.origin = cv2.imread(self.imLocation)
31          self.img = cv2.imread(self.imLocation, cv2.IMREAD_GRAYSCALE)
32
```

图 4-45 读图

说明：

第 16 行：表示将当前文件夹中的 fooo.jpeg 图片路径复制给 self.imLacation 成员变量。

第 31 行：表示对 self.imLocation 成员变量获取到的图片路径进行图片读取，即对 fooo.jpeg 进行读取，且是按灰度格式进行读取，此时按灰度格式直接读取，是应用机器人设置成灰度格式对数字进行拍照，这样上述获得的 fooo.jpeg 本身就是灰度单通道的格式。

（2）预处理　预处理程序代码如图 4-46 所示。其主要功能为：

①对图片进行二值化。

②对二值化的图片进行先腐蚀后膨胀的滤波。

③对腐蚀膨胀后的图片再进行中值滤波。

④对中值滤波后的图片进行边缘轮廓提取。

```
41      def preprocess(self):
42          # if pixel is inside [0, 120], cv2.inRange will change it into white, otherwise, change it into black.
43          # 如果图像的某个像素值在（0，50）之间，cv2.inRange函数会把他置255（白），否则置0（黑）
44          self.img = cv2.inRange(self.img, 0, 50)
45          # cv2.imshow("test",self.img)
46          cv2.imwrite("./inRange_1.jpeg", self.img)
47          # The following 4 lines of code is about to erode and dilate the image by filter. (Morphological operation)
48          # 后面4行代码是用滤波器（卷积核）对图像进行腐蚀和膨胀 （形态学运算）
49          kernel_e = np.ones((3, 3), np.uint8)  # 3x3 convolution kernel 3x3# 卷积核
50          kernel_d = np.ones((7, 7), np.uint8)  # 7x7 convolution kernel
51          # erode() can erode the image, replace the pixel by the minimal value in the neighbor area.
52          # erode()函数可以用来腐蚀图像，把某一像素变成附近像素的最小值
53          self.img = cv2.erode(self.img, kernel_e, iterations=1)
54          # dilate() can erode the image, replace the pixel by the max value in the neighbor area.
55          # dilate()函数可以用来膨胀图像，把某一像素变成附近像素的最小值
56          self.img = cv2.dilate(self.img, kernel_d, iterations=1)
57          # further smooth the edges of the image by median filter.
58          # 进一步用中值滤波来平滑图像的边缘轮廓
59          self.img = cv2.medianBlur(self.img, 9)
60          # print("Output the denoising image")
61          cv2.imwrite("./denoising_2.jpeg", self.img)
62
```

```
63          #  Find the number contours area (biggest one)
64          # !!! 2 output values for OpenCV 4.3
65          # 注意！ OpenCV3 和OpenCV4的findContours函数语法上有区别，版本4只有两个输出，3版本有3个输出
66          contours, hierarchy = cv2.findContours(self.img, cv2.RETR_EXTERNAL, cv2.CHAIN_APPROX_SIMPLE)
67          # !!! 3 output values for OpenCV3
68          #_, contours,hierarchy = cv2.findContours(self.img, cv2.RETR_EXTERNAL, cv2.CHAIN_APPROX_SIMPLE)
69
70          # find the contour of biggest area（it should be the number）
71          # 选出最大的区域的轮廓(数字的轮廓）
72          area = 0
73          max_idx = 0
74          for i in range(len(contours)):
75              contourarea = cv2.contourArea(contours[i])
76              if contourarea > area:
77                  area = contourarea
78                  max_idx = i
79
80          # Form a new image that only contain the number.
81          # 用轮廓建立一个只包含抠出数字的新图像，数字区域是白色，其他区域为黑色。
82          rows, cols = self.img.shape
83          roi = np.zeros([rows, cols])
84          cv2.fillPoly(roi, [contours[max_idx]], 255)
85          self.img = roi
86
```

```
87          # get the height and width of the region of interest(number)
88          # and choose the larger one as the size of windows(ws) to crop out the number.
89          # 获得数字轮廓的尺寸大小，再用一个正方形窗口对该区域进行裁剪
90          self.x, self.y, self.wi, self.hi = cv2.boundingRect(contours[max_idx])
91          ws = int(max(self.wi, self.hi, 28) / 2) + 3
92          # Form a new image that only contain the region of interest(number).
93          self.img = self.img[(self.y + int(self.hi / 2) - ws) : (self.y + int(self.hi / 2) + ws),
94                              (self.x + int(self.wi / 2) - ws) : (self.x + int(self.wi / 2) + ws)]
95          # print("Output the bounding image")
96          # 保存框选数字了的图像
97          cv2.imwrite("./bounding_3.jpeg", self.img)
98          # resize the image to 28*28 that the same as the size of the image in the mnist.
99          # 修改图像尺寸成28*28来兼容mnist数据集所训练出的模型
100         self.scaling()
101         # print("Output the final output image")
102         # 保存最终图像
103         cv2.imwrite("./output.jpeg", self.img)
```

图 4–46　预处理

说明：

第 44 行：表示对图片进行二值化处理，阈值设置为 50，该值此处只是实验得到的经验值。

第 49~56 行：表示对图片进行先腐蚀后膨胀的滤波处理。

第 59 行：表示对图片进行中值滤波处理。

第 66 行：表示对图片进行边缘提取。

第 71~78 行：表示选出最大的区域的轮廓。

第 82~85 行：表示对数字图像进行反色，数字感兴趣区域为白色，其他区域为黑色，也实现了滤波功能。

第 90 行：表示获取数字轮廓的尺寸，并用一个正方形窗口对该区域进行裁剪。

第 100 行：表示对剪裁的区域进行缩放，缩放成 28×28 的图片，以便后续使用分类器模型对其进行推理预测。

（3）分类识别　分类识别程序代码如图 4–47 所示，其主要功能为：

①使用 joblib 的 load 函数对训练生成模型 train_model.mk1 进行加载解析。

②使用 predict 函数对图片进行预测推理。

```
108    def predict(self):
109        # unfold the image matrix to a vector
110        # 把二维图像展开为一维向量作为输入
111        vec = np.reshape(self.img, (1, self.h * self.w))
112        # predict
113        # 加载提前训练好的机器学习模型进行识别（预测）
114        # self.Model = joblib.load('./train_model_nn2.mk1')
115        self.Model = joblib.load('./train_model.mk1')
116        self.res = self.Model.predict(vec)
```

图 4-47　分类识别

说明：

第 111 行：表示把二维图片展开为一维向量赋值给 vec 变量。

第 115 行：表示加载提前训练好的机器学习模型。

第 116 行：表示对 vec 变量获取到的一维图片进行推理预测并赋值给成员变量 res。

（4）输出识别结果　使用 opencv 的 imshow 将原图呈现出来，并将推理预测的结果使用红色字体写在识别到的手写数字上，且用绿色矩形框将手写数字框起来。具体代码如图 4-48 所示。

```
118    def outputResult(self):
119        try:
120            print("\n")
121            print("The number is ", nr.res)
122            font = cv2.FONT_HERSHEY_PLAIN
123            # 给识别对象写上标号,加调整10是调整字符位置
124            cv2.putText(self.origin, str(nr.res), (self.x - 10, self.y - 50), font, 10, (0, 0, 255), 5)
125            # 在图像上画上矩形（图片、左上角坐标、右下角坐标、颜色、线条宽度）
126            cv2.rectangle(self.origin, (self.x, self.y), (self.x + self.wi, self.y + self.hi), (0, 255,), 15)
127            cv2.namedWindow("Result", 0);
128            cv2.resizeWindow("Result", 480, 480);
129            cv2.imshow("Result", self.origin)
130            cv2.waitKey(0)
131        except AttributeError:
132            print("I don't know what it is, Sorry")
133
```

图 4-48　输出识别结果的代码

说明：

第 122~124 行：表示将推理预测的结果使用红色字体写在识别到的手写数字上。

第 126 行：表示用绿色矩形框将手写数字框起来。

第 127~129 行：表示将图片展示窗口缩放到 480×480 像素点的尺寸大小。

（二）在 PC 端运行调试主业务程序

在 cmd 命令行界面输入以下命令：

```
python terminal.py
```

执行完后的运行结果如图 4-49 左所示。

在命令端终端界面打印出字符串："The number is [3]"；且弹出最后的推理预测结果图片，如图 4-49 右侧的图片，在此手写数字 3 的原图上，用绿色矩形框将手写数字 3 框起来，并将推理预测的结果使用红色字体写在识别到的手写数字 3 上。即为识别成功。

三　在机器人端移植调试主业务程序

（一）在机器人端搭建调试环境

机器人端的 Python 版本同项目 3 让机器人辨别颜色的版本号，仍然为 32 位的 Python3，版本号为 3.5.3。

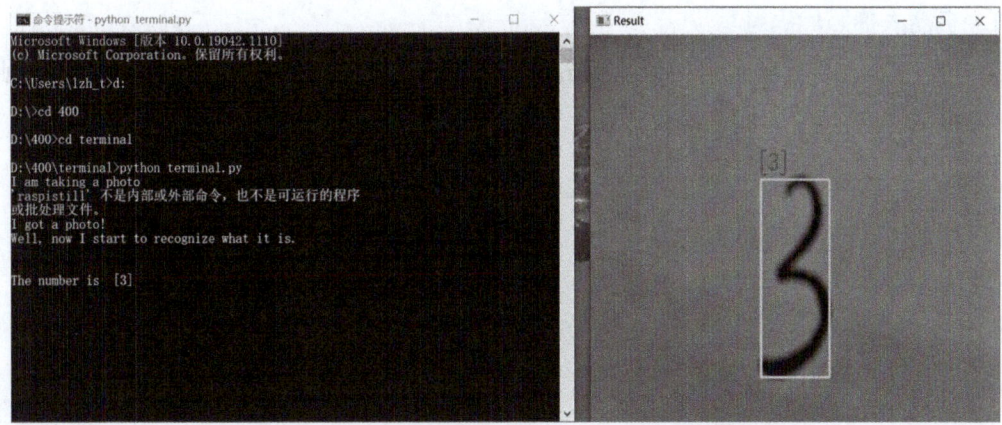

图 4-49　在 PC 端运行 terminal.py 的执行结果

安装程序中要用的第三方库，启动命令端界面软件，输入以下命令安装第三方库：scipy、scikit-learn、opencv-python、numpy。

```
python3 -m pip install --user --upgrade pip
pip install scipy
pip intstall -U scikit-learn
pip install opencv-python
pip install numpy
```

执行完的结果如图 4-50 所示。

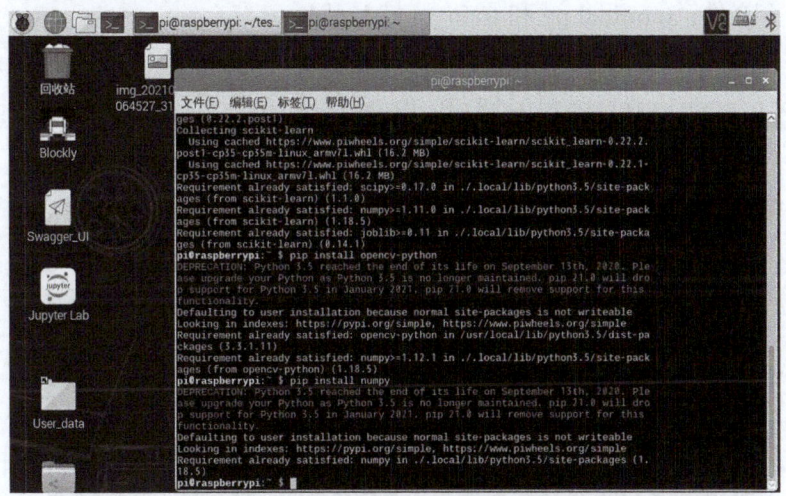

图 4-50　在机器人端搭建调试环境

若后续操作中出现报错，要先回到这一步检查第三方库是否安装到位。当设备中同时存在 Python 2 与 Python 3 两个版本的内容，需使用 pip3 指令进行安装。

（二）修改移植程序

在 PC 端编写的 terminal.py 基础上，对其进行 1 个模块的代码移植修改即可。

1. 机器人拍照代码编写

由于在机器人端直接启用拍照命令 raspistill 对图片进行拍照，所以在代码中加入此代码。具体代码如图 4-51 所示。

```python
class NumRecognition(object):
    def __init__(self, h, w, im_name):
        self.h = h
        self.w = w
        self.imLocation = './' + im_name
        try:
            print("I am taking a photo")
            # This command need to be run in the raspberry Pi system to use camera.
            # It doesn't work in windows.
            # 这个命令只能在树莓派上运行。在windows系统上使用不了
            command = 'raspistill -t 200 -o ' + im_name
            os.system(command)
            print("I got a photo!")
        except:
            print('error occurred while opening the camera')
            pass
        # Get the image taken by camera, and change it into grayscale.
        # 把拍照获得的图片转成灰度图像
        self.origin = cv2.imread(self.imLocation)
        self.img = cv2.imread(self.imLocation, cv2.IMREAD_GRAYSCALE)
```

图 4-51　机器人拍照

说明：

第 22~23 行：表示调用 raspistill 命令，进行延时 200ms 的时间，调用命令界面实施命令指令的执行，完成机器人拍照，并将拍照的图片命名为 fooo.jpeg，保存在当前文件夹 terminal 中。

2. 使用 scp 命令将文件远程无线传输到机器人端

在 PC 端启动 cmd 命令端，输入命令，将安装包复制到机器人端，复制命令示例如下（机器人端 ip 和目的路径需要根据使用的机器人调整），需要复制的文件是 PC 端 terminal 文件夹中的 2 个文件：terminal.py 和 train_model.mk1。

```
scp terminal.py pi@10.10.36.227:/home/pi/
scp train_model.mk1 pi@10.10.36.227:/home/pi
```

输入命令后，会提示输入密码，密码为 raspberry，输入后即开始复制。
执行完的结果如图 4-52 所示。

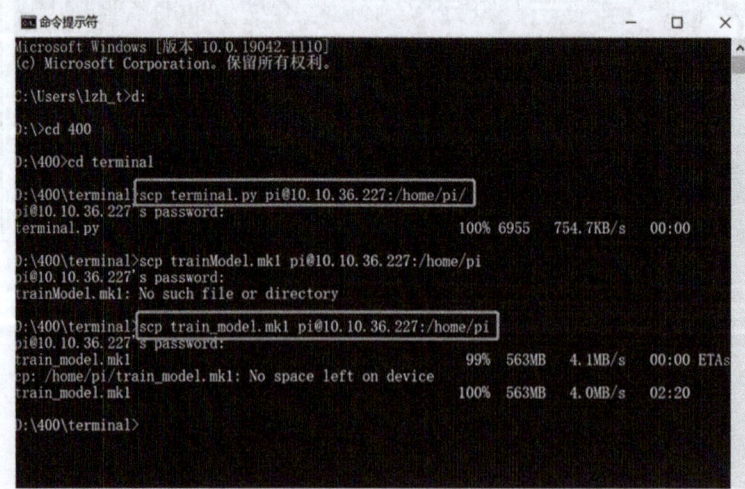

图 4-52　使用 scp 命令将文件远程无线传输到机器人端

（三）在机器人端运行调试手写数字识别程序

在机器人端 Linux 系统命令行界面输入以下命令：

```
python terminal.py
```

执行完后的运行结果如图 4-53 所示。在命令端终端界面打印出字符串："The number is [3]"；且弹出最后的推理预测结果图片，如图 4-53 右侧的图片所示，在此手写数字 3 的原图上，用绿色矩形框将手写数字 3 框了起来，并将推理预测的结果使用红色字体写在识别到的手写数字 3 上，即为识别成功。

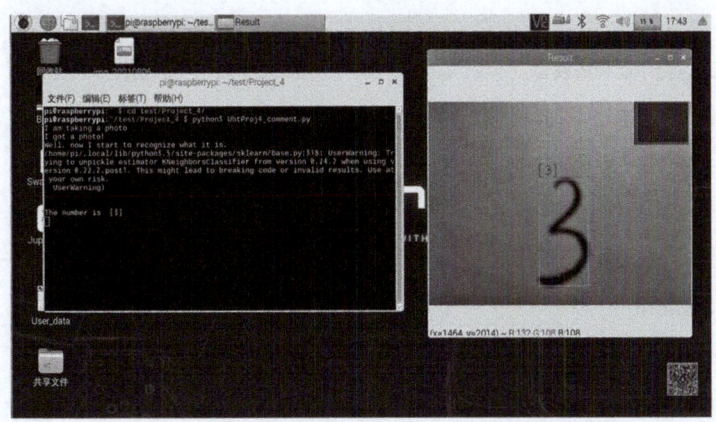

图 4-53　在机器人端运行 terminal.py 的执行结果

任务评价

班级		姓名		学号		日期		
自我评价	1. 能在 PC 端搭建本项目需要的环境					□是	□否	
	2. 能准备好数据集					□是	□否	
	3. 能在 PC 端训练分类器模型					□是	□否	
	4. 能在 PC 端测试分类器模型					□是	□否	
	5. 能在 PC 端编写主业务程序					□是	□否	
	6. 能在 PC 端运行调试主业务程序					□是	□否	
	7. 能在机器人端搭建本项目的调试环境					□是	□否	
	8. 能修改移植程序					□是	□否	
	9. 能在机器人端运行调试手写数字识别程序					□是	□否	
	10. 在完成任务时遇到了哪些问题？是如何解决的？							
	11. 能独立完成工作页的填写					□是	□否	

（续）

班级		姓名		学号		日期		
自我评价	12. 能按时上、下课，着装规范					□是	□否	
	13. 学习效果自评等级				□优	□良	□中	□差
	总结与反思：							
小组评价	1. 在小组讨论中能积极发言				□优	□良	□中	□差
	2. 能积极配合小组完成工作任务				□优	□良	□中	□差
	3. 在查找资料信息中的表现				□优	□良	□中	□差
	4. 能够清晰表达自己的观点				□优	□良	□中	□差
	5. 安全意识与规范意识				□优	□良	□中	□差
	6. 遵守课堂纪律				□优	□良	□中	□差
	7. 积极参与汇报展示				□优	□良	□中	□差
教师评价	综合评价等级： 评语：							
					教师签名：		日期：	

任务拓展

在白纸上写出一个手机号码，通过摄像头读取并识别，完成程序编写并运行，观察其准确率。

项目小结

本项目主要学习调用 Sklearn 库进行分类器设计，进行相关实际项目的应用程序开发，实现在嵌入式设备上实现推理预测的工程开发过程。

通过分类器的设计和程序编写，主业务程序的设计和编写，移植到嵌入式端的程序改写，最后完成识别手写数字的实际项目。

第三部分
机器人运动控制技术

项目 5
让机器人学会跳舞

项目导入

随着计算机科学的不断发展，AI 技术的应用领域也在不断扩大。机器人模拟人类进行跳舞表演不再是天方夜谭的事情，不断有机器人进行舞蹈表演的报道发布，如图 5-1 所示。

图 5-1 服务机器人集体表演舞蹈

机器人舞蹈表演要求从机器人的身高、体型、表情都力争逼真、亲切可爱、美丽大方、栩栩如生，给人真切之感，体现其仿人化。当大家看到这些机器人能够像人一样做出各种动作，甚至还能做出各种炫酷的舞技时，会不会感到新奇不已呢？那么，机器人是如何学会舞蹈的呢？人们又需要掌握哪些知识和技能才能操控机器人，使他们像人一样翩翩起舞呢？

项目任务

本项目基于机器人 PC 端软件为机器人上肢进行舞蹈动作编辑,具体任务包含:
1)安装机器人 PC 端软件。
2)认识机器人 PC 端软件的界面和常规操作。
3)使用机器人 PC 端软件给机器人编舞并测试。

学习目标

知识目标

1)掌握机器人舵机组成与工作原理。
2)了解机器人舵机的分类和特点。
3)了解自由度的概念。
4)了解机器人的关节限位。

能力目标

1)能安装机器人 PC 端软件。
2)能对机器人 PC 端软件的界面进行常规操作。
3)能使用机器人 PC 端软件编辑机器人舞蹈。

知识链接

机器人的运动取决于其运动系统。通常,运动系统由驱动系统、移动机构和手臂运动机构组成,它们在控制系统的控制下完成各种运动。因此,了解机器人自由度及运动空间、驱动系统、机器人 PC 软件使用的相关知识是必不可少的。

一 认识机器人的舵机

舵机(Servo)是一种位置(角度)伺服的驱动器,如图 5-2 所示,适用于那些需要角度不断变化并可以保持的控制系统。舵机在高档遥控玩具,如飞机、潜艇模型、遥控机器人中已经得到了普遍应用。

舵机比较多地用于对角度有要求的场合,比如摄像头、智能小车前置探测器、需要在某个范围内进行监测的移动平台。在很多人形机器人身上,舵机就可以作为机器人的关节部分。

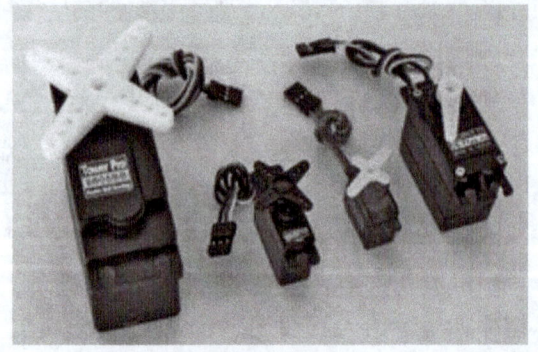

图 5-2 舵机

(一)舵机内部结构

如图 5-3 所示,除了外壳,舵机的核心部件主要由减速齿轮组、角度传感器、微型直流电动机、电路板等组成。舵机电气连接线一般是 3 根,红色的是电源线;黑色的是地线;棕色线为舵机控制信号线。

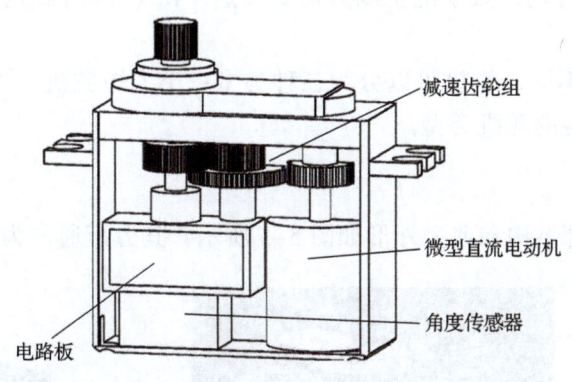

图 5-3 舵机内部结构

舵机的主要功能是通过控制信号,实现输出轴按指定角度旋转。大多数舵机最大可以实现旋转 180°,也有一些能转更大角度,甚至 360°。

舵机的工作流程如图 5-4 所示,具体如下:

1)控制电路接收外部角度控制信号,判断直流电动机的转动方向。
2)驱动直流电动机转动,通过减速齿轮组将动力传至舵机摆臂。
3)角度传感器检测当前角度信息并反馈给控制电路。
4)判断是否已经到达指定角度,如果到达即停止转动,否则继续转动。

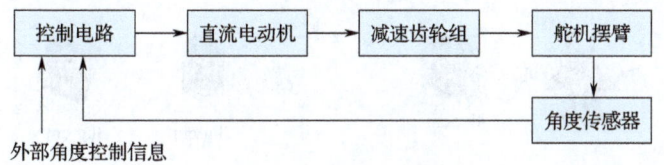

图 5-4 舵机工作流程

舵机与普通直流电动机的区别如下:

1)转动范围不同:舵机在一定角度范围内转动;直流电动机则可以持续旋转。
2)反馈有无不同:普通直流电动机无法反馈转动的角度信息,需要加装检测模块;舵机由于集成了角度传感器,能够反馈角度信息。
3)应用场合不同:普通直流电动机一般是做动力用,主要是对转动的速度进行控制;舵机用于精确的角度控制,到达指定角度后会停止。

(二)舵机分类

按照舵机的转动角度,舵机可分为 180° 舵机和 360° 舵机。180° 舵机只能在 0° 到 180° 之间转动,超过这个范围,舵机就会出现超量程的故障,轻则齿轮打坏,重则烧坏舵机电路或者舵机里面的电动机。360°舵机转动的方式和普通的电动机类似，可以连续地转动，不过它转动的方向和速度可以控制。

根据舵机控制电路的不同，舵机可以分为模拟舵机和数字舵机。它们的区别在于有无单片机控制器。模拟舵机需要给它不停地发送 PWM 信号，才能让它保持在规定的位置或者让它按照某个速度转动，数字舵机则只需要发送一次 PWM 信号就能让它保持在规定的某个位置。

根据舵机的力矩不同，舵机可以分为三种类型：小力矩舵机、中力矩舵机和大力矩舵机。下面介绍不同力矩的舵机类型。

1. 小力矩舵机

小力矩舵机的内部结构和典型外形如图 5-5 所示，其力矩通常为 20kg·cm 以下。

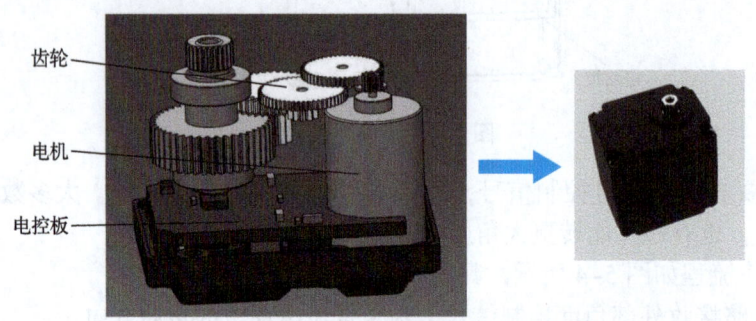

图 5-5　小力矩舵机的内部结构和典型外形

小力矩舵机因个体小巧，结构简单，常用于桌面级小型机器人的四肢、头部等部位。小力矩舵机适用的机器人案例如图 5-6 所示。

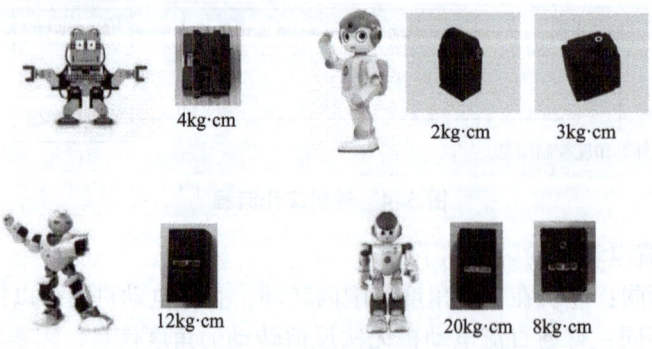

图 5-6　小力矩舵机适用的机器人案例

2. 中力矩舵机

中力矩舵机的内部结构和典型外形如图 5-7 所示。它一般包含输出端、二级行星减速齿轮、一级行星减速齿轮、力矩电机和电控板等核心组件。

中力矩舵机常用于中大型服务机器人的上半身关节，通常包括手臂、肩部、头部。图 5-8 所示为机器人 Cruzr 及其使用的中力矩舵机。

图 5-7 中力矩舵机的内部结构和典型外形

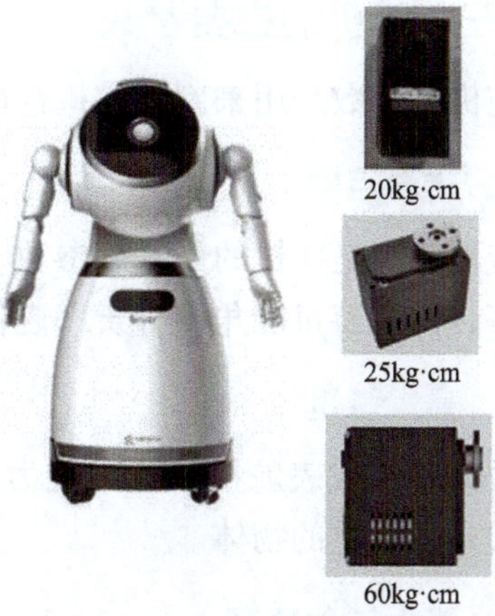

图 5-8 机器人 Cruzr 及其使用的中力矩舵机

3. 大力矩舵机

大力矩舵机的内部结构和典型外形如图 5-9 所示。它一般包含谐波齿轮、定子、转子、编码器和电控板等核心组件。

大力矩舵机常用于大型且对自由度和运动精度要求高的人形机器人,可分布在机器人的各个位置,如颈部、肩部、腿部、手臂甚至手指。图 5-10 所示为机器人 Walker 及其使用的高精度大力矩舵机。

图 5-9 大力矩舵机的内部结构和典型外形

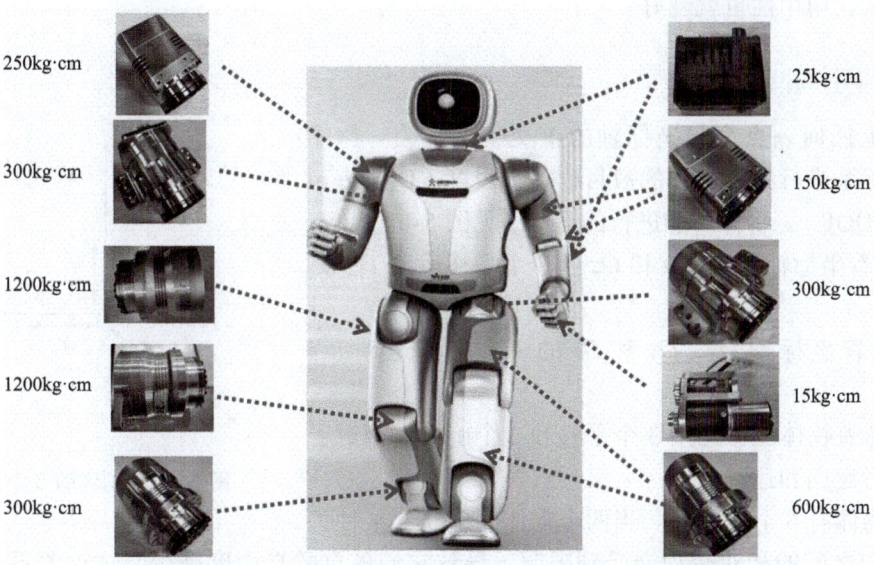

图 5-10 机器人 Walker 及其使用的高精度大力矩舵机

（三）舵机的主要参数

舵机的参数是用来判断舵机性能高低的标准。舵机具有以下主要参数。

1. 转动范围

转动范围是舵机的最基础参数。舵机的转动范围一般在 360° 以内，范围越大，适用场合越多，但是有可能角度分辨率越低。

2. 最大转矩

最大转矩代表舵机的负载能力。转矩的单位是 kg·cm，表示舵机在摆臂长度 1cm 处，能吊起几千克重的物体。

3. 最大转动速度

最大转动速度代表运动性能的高低。转动速度的常见单位是 sec/60°，表示舵机转动 60° 所需要的时间。

4. 角度分辨率

角度分辨率表示舵机的角度转动精度，受到转动范围和量化值范围的共同影响。如果量化值固定，那么转动范围越大，角度分辨率则越低。

此外，舵机输出轴、减速齿轮采用的材质（常见为塑料和金属），也是判断舵机品质的一个重要标准。

二 认识机器人自由度

机器人自由度是衡量机器人技术水平的一个重要参数，自由度越多，机器人可实现的动作越复杂，通用性也就越好。

（一）刚体的自由度

物体上任何一点都与坐标轴的正交集合有关。物体能够对坐标系进行独立运动的数目称为自由度（Degree of Freedom，DOF）。物体所能进行的运动（见图 5-11）有：

1）沿着坐标轴 Ox，Oy 和 Oz 的 3 个平移运动 T_1、T_2 和 T_3；

2）绕着坐标轴 Ox，Oy 和 Oz 的 3 个旋转运动 R_1、R_2 和 R_3。

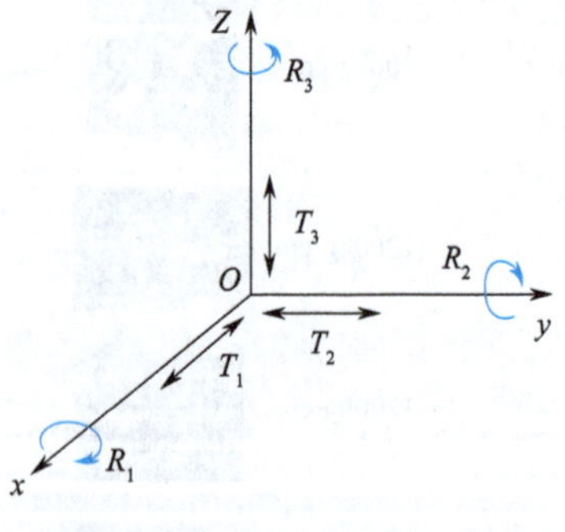

这意味着物体能够运用 3 个平移和 3 个旋转，相对于坐标系进行定向和运动。

一个物体有 6 个自由度。当两个物体间确立起某种关系时，它们之间的相对运动会受到限制，导致它们各自的自由度减少。这种关系也可以用两物体由于建立连接关系而不能进行的移动或转动来表示。

图 5-11 刚体的 6 个自由度

（二）机器人的自由度

机器人的自由度是指确定机器人关节在空间的位置和姿态所需要的独立运动参数的数目。机器人在空间的运动是由其操作机构中通过关节连接起来的各种杆件的运动复合而成的。两杆件之间的关节往往是一个运动低副（移动副或转动副），只有一个独立运动的自由度，因此，也可以说，机器人的自由度的数目就是机器人操作机构中关节的数目。

在三维空间中描述一个物体的位置和姿态需要六个自由度，位置操作需要 3 个自由度（腰、肩、肘），姿态操作需要 3 个自由度（俯仰、偏航、侧滚）。一个人形机器人如果要模拟人类的行为，则需要完成 6 个自由度的控制。

机器人的自由度数目越多，动作就越灵活，通用性就越强。但自由度数目越多，机器人的结构就越复杂，控制就越困难，所以目前机器人常用的自由度数目一般不超过 6 个。需要注意的是，机器人手部的夹持动作不计入机器人的自由度数目，因为这个动作并没有改变机器人手部在空间的位置和姿态。

机器人的每一个自由度（活动关节）都需要相应的配置一个原动件（如各种电动机，油缸等驱动装置），这样才能使机器人关节在空间具有确定的运动。

三　机器人关节限位

机器人的关节限位代表着其工作空间，理论上是指机器人末端执行器运动描述参考点所能达到的空间点的集合。对于服务机器人，通俗地讲，就是机器人手臂能够达到的最大工作范围。实际应用中，机器人的工作范围是包含于最大范围之内的，并且机器人通常需要被限制在尽可能小的范围内工作。

机器人的动作范围限位器一般有三种：软限位、限位开关、机械限位。限位器分类及其范围如图 5-12 所示。

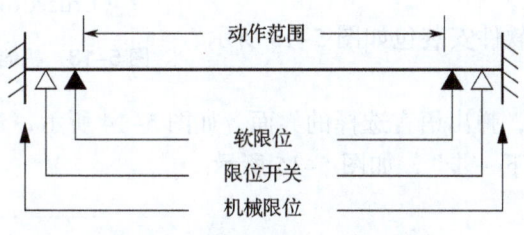

图 5-12　限位器分类及其范围

（一）软限位

软限位是软件中设定的各轴运动范围限值。机器人关节之所以能在空间里准确到达一个位置，依靠的是各个轴分别从零点旋转特定的角度，从而合成出最终的位置。零点就是每个关节开始运动的参考点，即 0 度。

既然机器人可以计算出每个轴从零点开始旋转的角度，那么自然就能有软限位（相对应于硬限位）来限制其活动范围。机器人轴的活动范围可以设定为正方向 P 度到负方向 N 度，那么一旦检测到机器人运动过程中超出这个范围，控制器就应当让机器人停下来，然后弹出相应错误信息提示超出限位。所以软限位应该小于机械限位的范围，因为当软限位失效后，硬限位还可以继续起作用，防止机器人造成安全问题。

所以每个轴都应当有软限位，而软限位的作用就是：当机器人运动到该限值时发出警告，然后机器手臂下电（即掉电），警告可以被取消。

（二）限位开关

限位开关即硬限位，是电气硬件上对各轴的位置限制，通常类似执行开关。机器人运动到该位置触发开关后，系统发出警报并使手臂下电，且该警报不能使用取消键取消。如果要取消，则需要手动在执行开关中将硬限位功能关闭。与软限位不同的是，机器人并不是每个轴都有限位开关。

（三）机械限位

机械限位是机械上的位置限制，通常使用橡胶块防止硬冲击。比如限制某一轴旋转角度超出限定位置，该轴的机械挡块必然会阻挡其运动。使用机械限位的好处是可以在物理空间中准确定位，缺点是如果要达到很精确的定位，机构设计会非常复杂。另外，机械限位位也无法自由调整设定，并且通常不是每个轴都有机械限位。

四 认识机器人编舞工具

正如人类跳舞可以拆分为许多分解动作一样，机器人跳舞也可以拆分成分解动作，每一个分解动作可以理解为一个关键帧。机器人编舞借助编舞软件来实现，本书以教育服务机器人 Cruzr 为例，介绍机器人 PC 端软件编舞功能的使用。

（一）安装机器人 PC 端软件

机器人 Cruzr PC 端软件安装包如图 5-13 所示，可在官网下载。

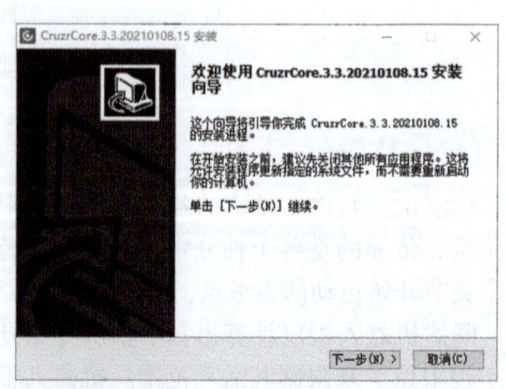

图 5-13 机器人 Cruzr PC 端软件安装包

1）双击应用程序后，弹出语言选择的界面，如图 5-14 所示，建议选择中文并确认。

2）确认后，单击"下一步"，如图 5-15 所示。

图 5-14 Cruzr 软件安装界面（1）　　图 5-15 Cruzr 软件安装界面（2）

3）勾选接受许可证协议，单击"下一步"，如图 5-16 所示。

4）最后选择安装路径，单击"安装"，如图 5-17 所示。

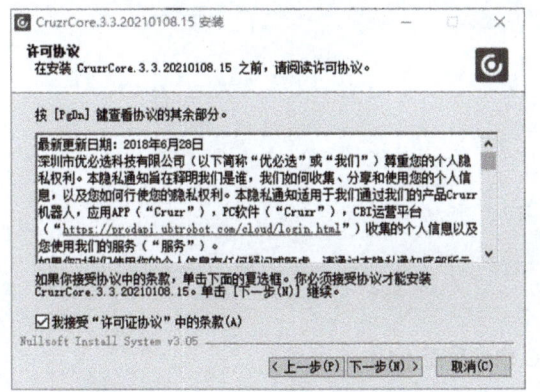

图 5-16　Cruzr 软件安装界面（3）

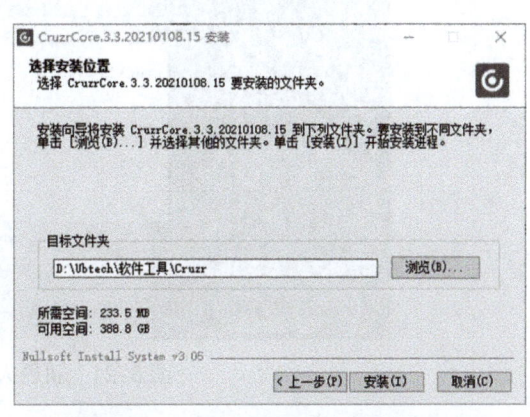

图 5-17　Cruzr 软件安装界面（4）

5）等待安装完成，如图 5-18 所示。

6）安装完成，如图 5-19 所示。

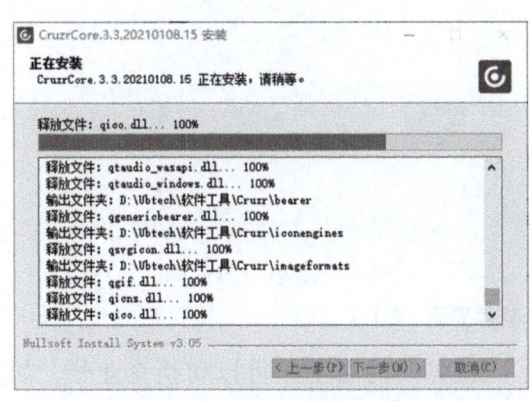

图 5-18　Cruzr 软件安装界面（5）

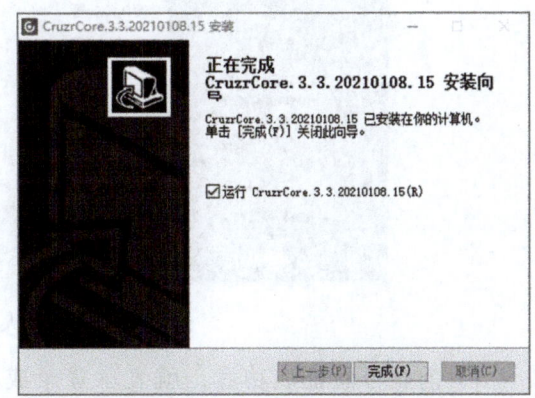

图 5-19　Cruzr 软件安装完成

（二）认识机器人 PC 软件界面

1. 绑定连接机器人

1）首先配置计算机与机器人 Cruzr 在同一局域网下。

进入机器人头部安卓端，从屏幕上方边缘，三指下滑进入管理员模式，在联网状态中，配置 Android 端网络。

2）启动 PC 端软件【Cruzr】，如图 5-20 所示。

3）打开后，软件界面中间出现企业号输入栏【输入企业号】。如图 5-21 所示。

图 5-20　机器人 PC 软件图标

可在机器人头部安卓端的管理员模式下，选择"设置"——"机器人信息"查看企业号。

4）在 PC 端软件中输入查看的企业号，单击"确认"。这里以"UBTECH"企业号为例进行说明，如图 5-22 所示。

图 5-21　机器人 PC 软件界面（1）

图 5-22　机器人 PC 软件界面（2）

5）企业号验证成功后，就表示登录成功了。在界面的右上角可以切换企业号，如图 5-23 所示。

图 5-23　机器人 PC 软件界面（3）

6)界面左边提示还没有添加机器人,那么单击下方的"绑定机器人"。

7)单击后,界面中央会弹出一个绑定机器人对话框,需要输入机器人的序列号和密码,如图 5-24 所示。

图 5-24 Cruzr 验证结果

8)输入序列号和密码后,单击"确认",等待绑定机器人,如图 5-25 所示。

可在机器人头部安卓端的管理员模式下,选择"设置"——"机器人信息"查看机器人序列号。

9)绑定成功后,界面显示如图 5-26 所示。

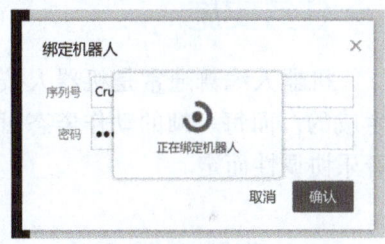

图 5-25 绑定机器人中

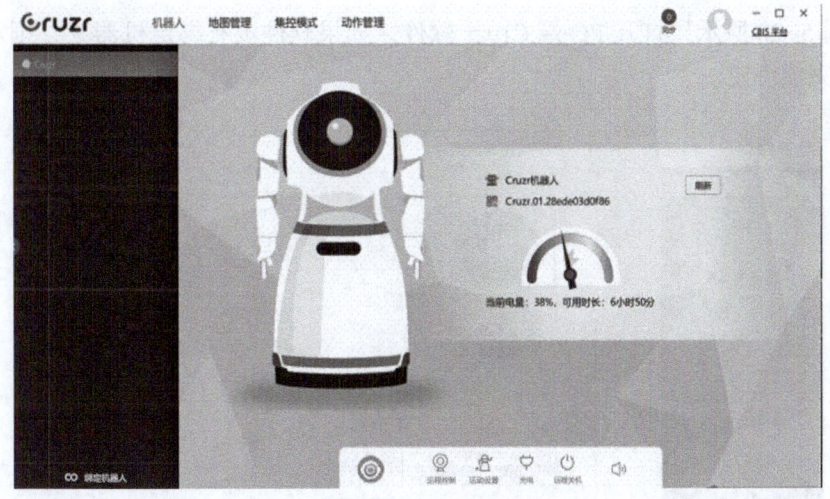

图 5-26 机器人绑定状态

2. 认识机器人 PC 端软件界面

如图 5-27 所示,机器人 Cruzr PC 端软件界面的上方主要有四个功能模块,分别是【机器人】、【地图管理】、【集控模式】、【动作管理】。其功能介绍如下:

图 5-27　机器人 PC 端软件功能模块

【机器人】：即主页面，用于连接机器人，可获取机器人的基本信息。

【地图管理】：用于管理机器人扫描成功的地图，可对地图进行编辑、导入、导出。

【集控模式】：用于批量控制机器人，可设置机器人的底盘运动、手臂动作、脸部表情和语音播报。

【动作管理】：用于编辑机器人的手臂动作，可进行关节舵机的位置设置和动作录制。

项目准备

1）一台计算机（装有 Cruzr PC 端软件）。

2）局域网环境。

3）一台服务机器人 Cruzr 教育版。

任务实施

机器人编舞通常是机器人按照定义好关键帧的动作姿态及时长自动将关键帧连贯起来生成的。而每一帧的动作姿态可通过设置各个舵机的角度而定；动作时长则视舞蹈动作与音乐协调性而定。

一　启动机器人 Cruzr PC 端软件

1）如图 5-28 所示，打开 PC 端 Cruzr 软件。如果软件没有绑定机器人，则需要按知识链接的说明完成绑定。

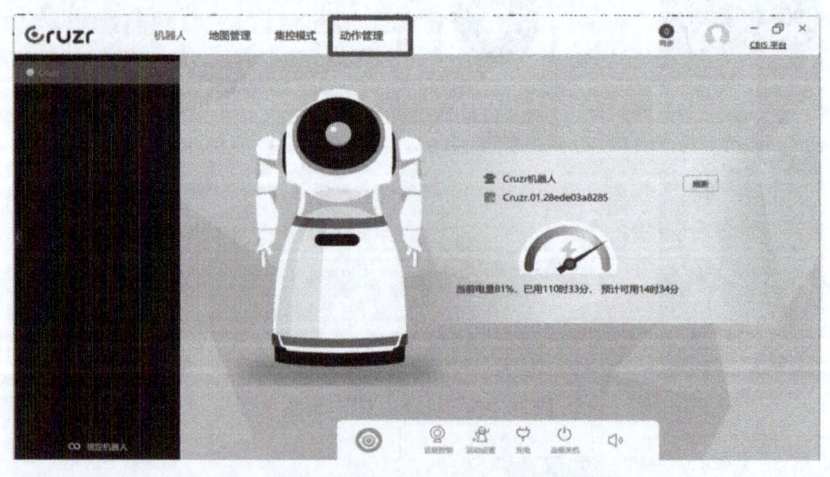

图 5-28　机器人 Cruzr PC 端软件界面

2）选择【动作管理】即可进入舞蹈动作编辑界面，如图 5-29 所示。

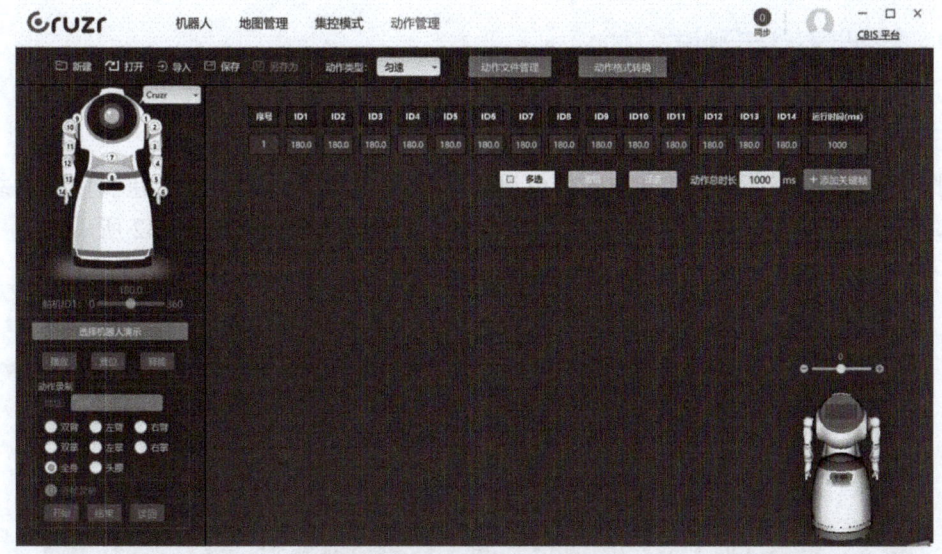

图 5-29 舞蹈动作编辑界面

二 选择机器人型号

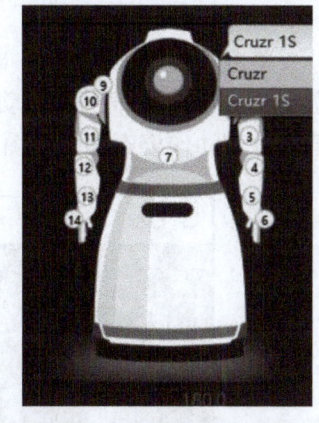

如图 5-30 所示,在图 5-29 所示界面左上角的机器人模型中,选择对应教育版 Cruzr 机器人的型号 Cruzr 1S。

机器人模型中显示了舵机的分布和编号。机器人共有 13 个舵机,分布在机器人的头部(7 号)、肩部(1 号、9 号)和手臂(2~6 号,10~14 号)。将鼠标放在舵机编号上,能够看到舵机的名称、关节旋转的自由度方向。

机器人左手臂的 1~3 号舵机如图 5-31 所示,它们的命名分别为 LShouderPitch、LShouderRoll、LShouderYaw,即表示机器人肩部和手臂连接处的三个关节和它们的转动方向。Pitch、Roll、Yaw 代表着欧拉角,表示 x、y、z 三个维度的旋转。

图 5-30 选择机器人型号界面

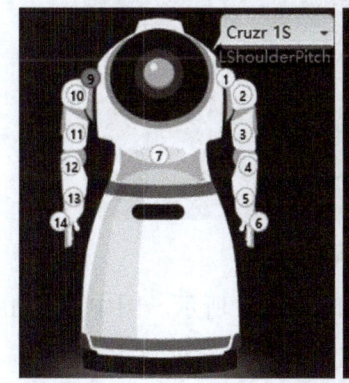 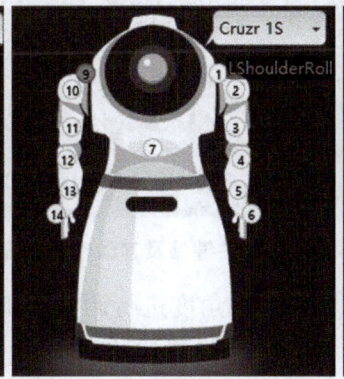 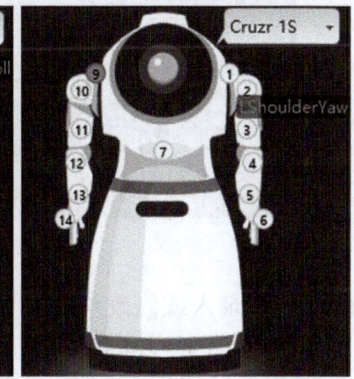

图 5-31 左手臂 1~3 号舵机

三 舞蹈编辑与测试

（一）选择动作类型

选择"动作类型"下拉菜单的选项可设置机器人做动作时的速度，建议使用平缓或者匀速，防止机器人剧烈运动产生碰撞而损坏舵机。动作类型选择如图5-32所示。

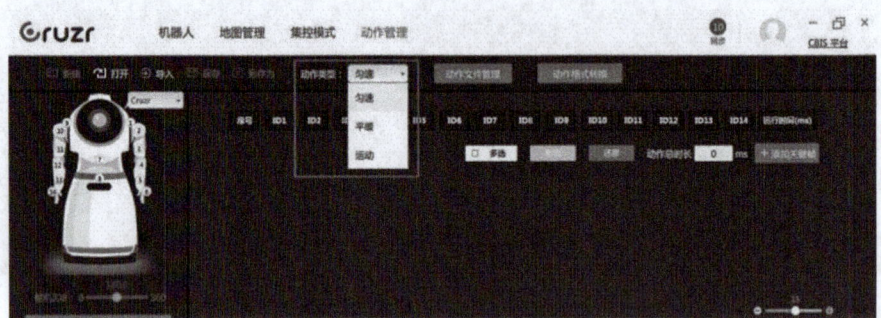

图5-32　动作类型选择

（二）编辑关键帧

单击"添加关键帧"，默认原始关键帧数值为复位状态的舵机角度。选择左侧机器人示意图相应的舵机编号，拖动机器人示意图下方的角度条可对舵机的角度进行调整。添加关键帧及其动作姿态编辑如图5-33所示。

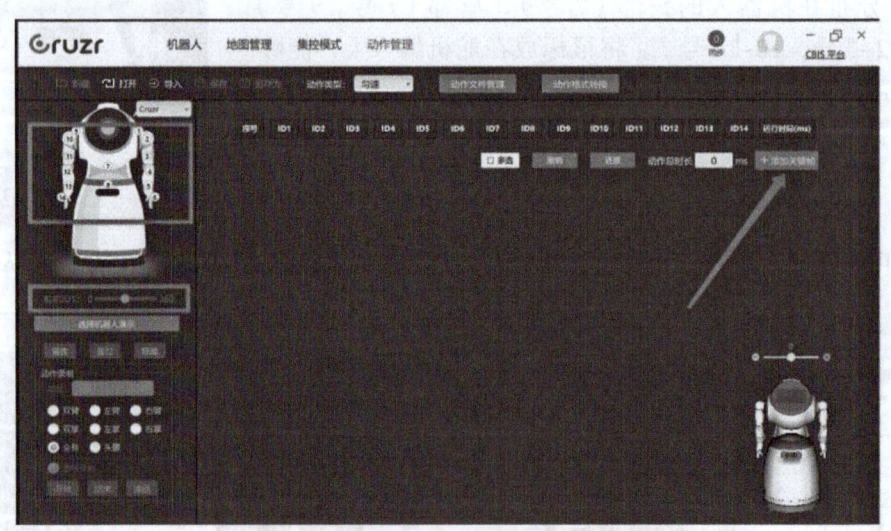

图5-33　添加关键帧及其动作姿态编辑

也可直接录入或修改角度数值对舵机角度进行调整，如图5-34所示。图中的ID1~14分别对应机器人的1~14号舵机。每一帧的运行时间也可通过录入数值进行手工设置。例如，需要完成机器人左手臂摆动，可以对机器人的关节1添加关键帧和调整角度，如图5-35所示。

项目 5　让机器人学会跳舞

图 5-34　采用舵机角度值修改方式编辑关键帧动作姿态

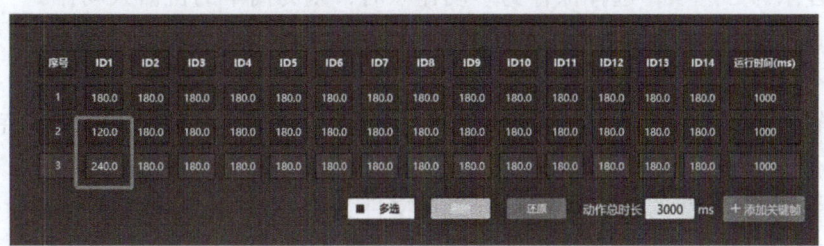

图 5-35　关节 1 关键帧动作姿态设置

在调整过程中，舞蹈动作的姿态可在机器人效果图上观察到。

（三）保存动作文件

单击"保存"，弹出保存设置对话框。动作文件保存操作如图 5-36 所示。

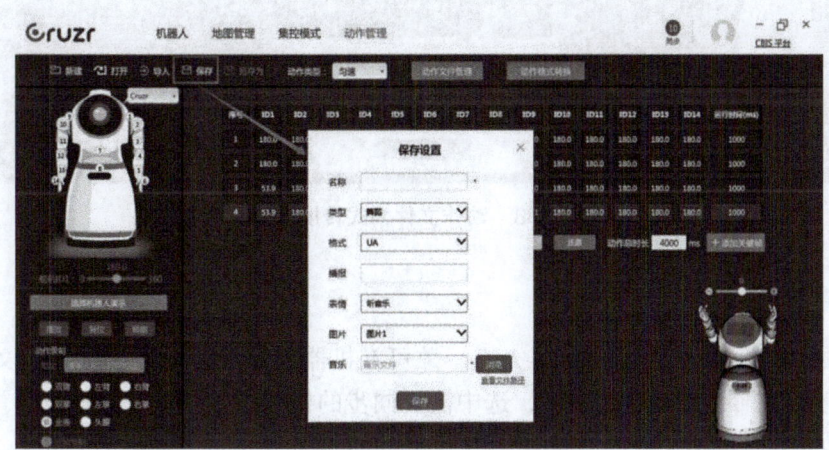

图 5-36　动作文件保存操作

单击"查看文件路径"，可显示动作文件保存的目录，如图 5-37 所示，一般自动选择为 C:\Users\ 用户名 \APPData\Local\Cruzr\ActionPage 文件夹。

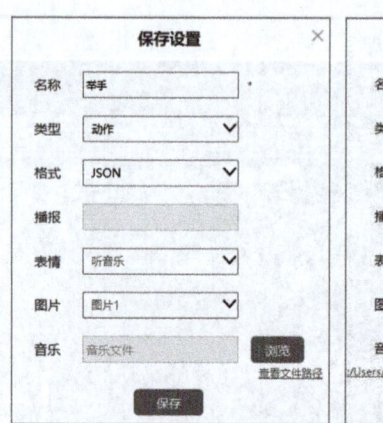 

图 5-37　动作文件保存设置

保存类型可以选择"舞蹈"或"动作",选择保存为"舞蹈"时,可配套表情、图片和音乐,而且音乐为必选项;选择保存为"动作"时,则为简单的机器人动作。

保存格式可选择为"JSON"或"UA"。选择为"JSON"时,保存的文件是机器人可执行文件,不可再编辑;选择为"UA"时,保存的动作文件可重新打开编辑、导入作为新的关键帧。软件工具提供 UA 转 JSON 的功能,单击"动作格式转换",选择待转换的 UA 文件以及拟存放 JSON 文件的目录及保存名称,单击"转换"即可完成动作格式转换,如图 5-38 所示。需要注意的是,机器人可执行文件为 JSON,也即 UA 必须转换为 JSON 格式,机器人才能执行动作,否则为无效文件。

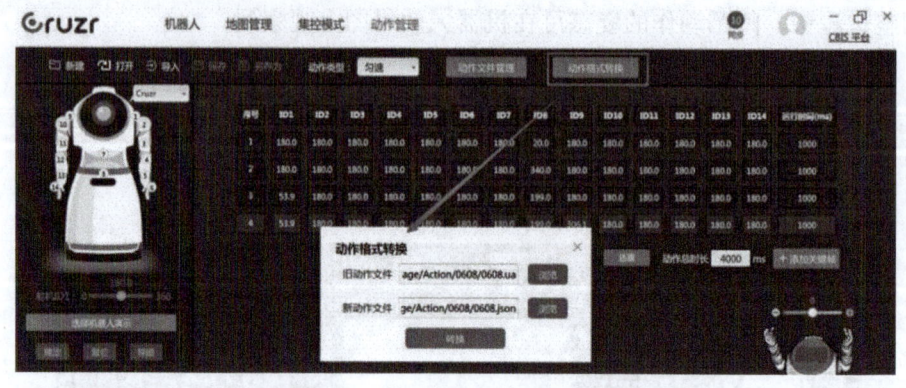

图 5-38　动作文件格式转换功能

(四)同步动作文件

编辑好的动作,需要同步到机器人上,才可在机器人上执行。单击"动作文件管理",选择需要同步的文件,单击"同步",选中需要同步的机器人,单击"开始同步"按钮即可开始同步,如图 5-39 所示。

想要查看是否同步成功,可以单击软件工具右上方"同步"按钮,在弹出的同步列表对话框中查看,如图 5-40 所示。该对话框,除了查看动作文件同步情况外,也可以查看后续内容介绍的地图文件同步情况,还可进行相关文件的同步操作。

项目 5　让机器人学会跳舞

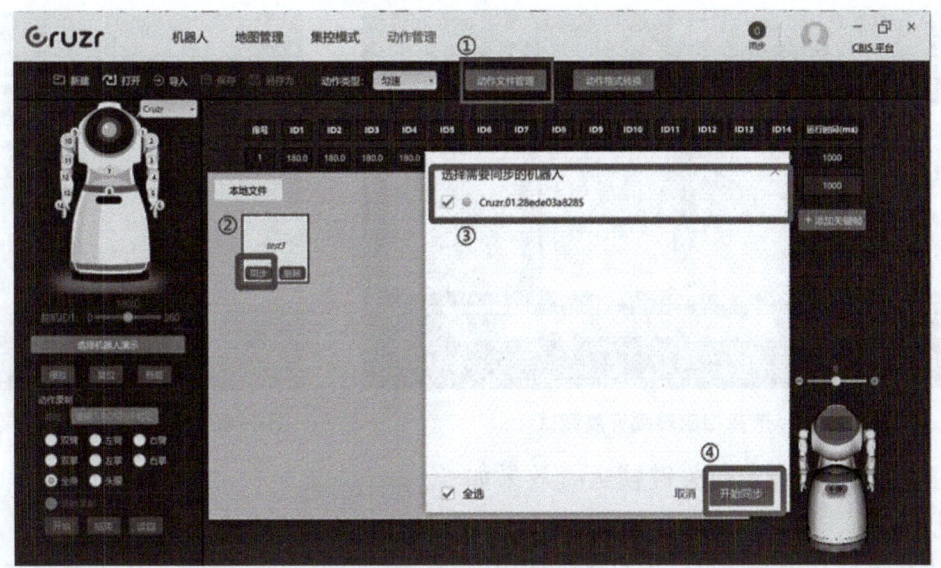

图 5-39　动作文件同步

图 5-40　动作文件同步结果查看

（五）测试舞蹈动作

在机器人屏幕上，单击"跳舞"APP，如图 5-41 所示，进入舞蹈管理界面。滑动页面查看并选择相应的跳舞文件，双击即可测试机器人跳舞的效果，如图 5-42 所示。如果选择的是"动作"，则在机器人屏幕上单击"动作"，找到执行文件双击执行即可，如图 5-43 所示。

图 5-41　进入机器人舞蹈管理界面

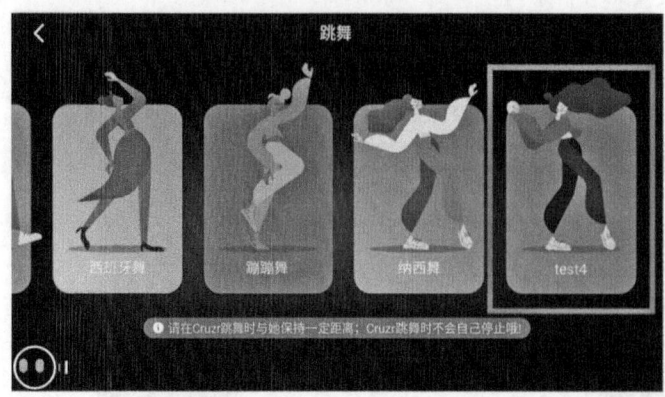

图 5-42 选择相应舞蹈开展测试

图 5-43 选择相应动作开展测试

设置机器人关节 1 的关键帧运行效果如图 5-44 所示。

除了在机器人本体端可以进行舞蹈动作测试外，还可以使用远程控制工具进行舞蹈动作测试，如图 5-45 所示。根据前面所学内容，让 PC 端 Cruzr 软件与机器人完成连接，进入"远程控制"界面后，在界面右边可以远程控制机器人跳舞、播放音乐与视频。选择"舞蹈"项，可查看机器人内存中的舞蹈文件，包括系统自带及用户自行编辑的，双击对应的舞蹈文件即可对该舞蹈进行测试。

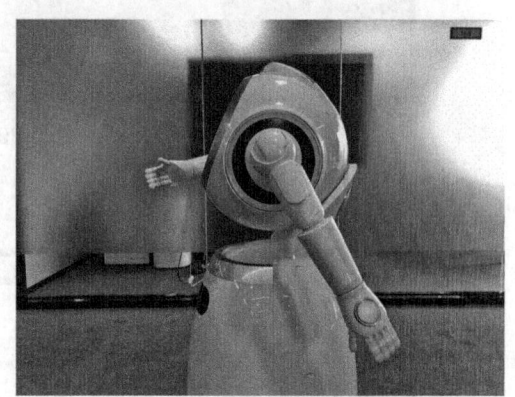

图 5-44 机器人左手臂摆动

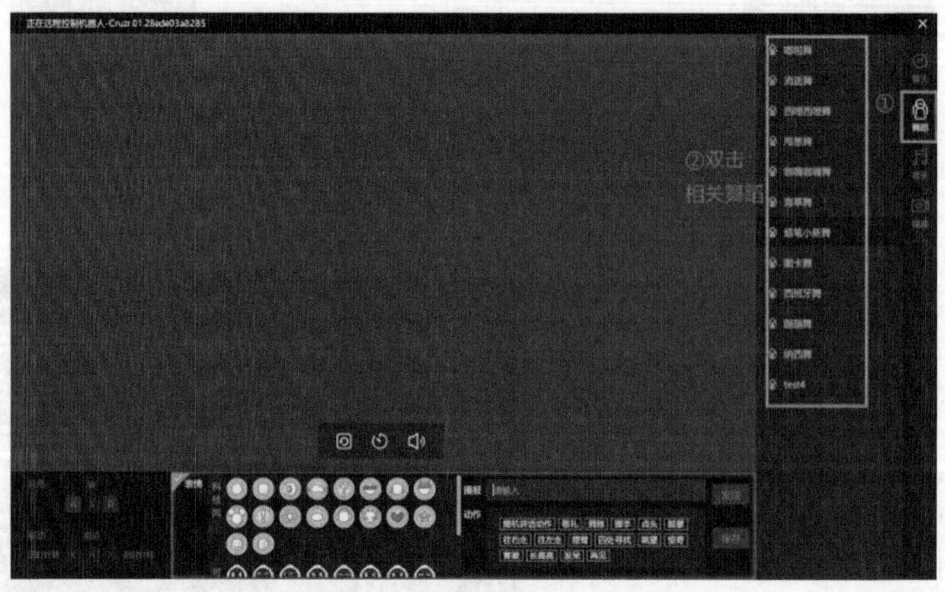

图 5-45 舞蹈动作远程控制与测试

任务评价

班级		姓名		学号		日期		
自我评价	1. 会安装机器人 PC 端软件					□是	□否	
	2. 能完成机器人 PC 端软件的常规操作					□是	□否	
	3. 能使用机器人 PC 端软件编辑机器人舞蹈					□是	□否	
	4. 在完成任务时遇到了哪些问题？是如何解决的？							
	5. 能独立完成工作页的填写					□是	□否	
	6. 能按时上、下课，着装规范					□是	□否	
	7. 学习效果自评等级				□优	□良	□中	□差
	总结与反思：							
小组评价	1. 在小组讨论中能积极发言				□优	□良	□中	□差
	2. 能积极配合小组完成工作任务				□优	□良	□中	□差
	3. 在查找资料信息中的表现				□优	□良	□中	□差
	4. 能够清晰表达自己的观点				□优	□良	□中	□差
	5. 安全意识与规范意识				□优	□良	□中	□差
	6. 遵守课堂纪律				□优	□良	□中	□差
	7. 积极参与汇报展示				□优	□良	□中	□差
教师评价	综合评价等级： 评语：							
					教师签名：		日期：	

任务拓展

设计一段 20s 的舞蹈，使用【集控模式】控制 2 台机器人演示舞蹈。

项目小结

本项目主要介绍了服务机器人的核心组件之一舵机，了解了舵机的组成与工作原理，以及舵机的分类和特点，并介绍了机器人自由度的概念和机器人的三种关节限位；还介绍了服务机器人用于远程控制、舞蹈动作编辑的 PC 工具的界面和常规操作，如何对机器人舵机进行位置设定，进而根据音乐进行舞蹈动作编辑。

项目 6
让机器人手臂运动

📂 项目导入

上一个项目中,我们学习了如何利用机器人配套软件工具来实现机器人的舞蹈动作编辑与测试,让机器人能够随着音乐进行舞蹈。为了进一步精确地控制机器人的肢体,本项目通过控制机器人的手臂进一步理解对机器人的运动控制。

其实对于机器人本身的运动控制来说,如何知道下一刻运动关节的坐标位置一直是机器人领域的一个基本研究方向。在实现机器人独立自主运动的时候,该如何计算其各部位所处的位置?本项目将会探究在仿真环境中更加精准地控制机器人运动的方法。

📂 项目任务

本项目将基于 Ubuntu16.04 ROS kinetic 环境下的 Gazebo 仿真工具,实现机器人手臂关节运动,具体包含如下任务:

1)搭建 Ubuntu16.04 操作系统环境。
2)安装配置 ROS kinetic 环境。
3)测试 Gazebo 仿真工具。
4)控制机器人双手进行摆臂运动。

📂 学习目标

知识目标

1)熟悉 ROS 的通信方式和常用命令行工具。
2)熟悉机器人位姿、坐标转换相关的知识点。
3)了解机器人运动学的概念。
4)熟悉仿真工具 Gazebo、可视化工具 Rviz 的界面和基础操作。
5)熟悉 URDF 模型文件的结构和内容。

能力目标

1)能搭建 Ubuntu 环境。
2)能安装配置 ROS 环境。
3)能安装、测试 Gazebo 仿真环境。

4）能使用仿真工具 Gazebo、可视化工具 Rviz 加载机器人 URDF 模型文件。

5）能编写程序并在仿真环境中对机器人肢体关节进行运动控制。

知识链接

一 ROS 介绍

ROS 是机器人操作系统（Robot Operating System）的英文缩写。ROS 是用于编写机器人软件程序的一种具有高度灵活性的软件架构，其原型源自斯坦福大学的 Stanford Artificial Intelligence Robot（STAIR）和 Personal Robotics（PR）项目。

ROS 的主要目标是为机器人研究和开发提供代码复用的支持。ROS 是一个分布式的进程框架，通常包含以下内容。

1）通信：ROS 提供了一种发布 – 订阅式的通信框架，用以简单、快速地构建分布式计算系统。

2）工具：ROS 提供了大量的工具组合，用以配置、启动、自检、调试、可视化、登录、测试、终止分布式计算系统。

3）强大的库：ROS 提供了广泛的库文件，实现以机动性、操作控制、感知为主的机器人功能。

4）生态系统：ROS 的支持与发展依托着一个强大的社区。社区尤其关注兼容性和支持文档，提供了一套"一站式"的方案，使用户得以搜索并学习来自全球开发者数以千计的 ROS 程序包。

（一）主要发行版本

ROS 的发行版本（ROS distribution）指 ROS 软件包的版本，其与 Linux 的发行版本（如 Ubuntu）的概念类似。推出 ROS 发行版本的目的在于使开发人员可以使用相对稳定的代码库，直到其准备好将所有内容进行版本升级为止。因此，每个发行版本推出后，ROS 开发者通常仅对这一版本的 bug 进行修复，同时提供少量针对核心软件包的改进。ROS 的主要发行版本的版本名称、发布时间、版本生命周期、操作系统平台见表 6-1。

表 6-1 ROS 的发行版本

版本名称	发布日期	版本生命周期	操作系统平台
ROS Noetic Ninjemys	2020 年 5 月	2025 年 5 月	Ubuntu 20.04
ROS Melodic Morenia	2018 年 5 月	2023 年 5 月	Ubuntu17.10,Ubuntu18.04,Debian9
ROS Lunar Loggerhead	2017 年 5 月	2019 年 5 月	Ubuntu16.04,Ubuntu16.10,Ubuntu17.04,Debian9
ROS Kinetic Kame	2016 年 5 月	2021 年 4 月	Ubuntu15.10,Ubuntu16.04,Debian8
ROS Jade Turtle	2015 年 5 月	2017 年 5 月	Ubuntu14.04,Ubuntu14.10,Ubuntu15.04

（二）ROS 通信架构

ROS 的通信方式是 ROS 最为核心的概念，ROS 系统的精髓在于它提供的通信架构。ROS 的通信方式有四种：话题（Topic）、服务（Service）、参数服务器（Parameter Server）、动作（Action）。

1. Topic

ROS 的通信方式中，对于实时性、周期性的消息，使用 Topic 来传输是最佳的选择。Topic 要经历下面几步的初始化过程：首先，发布者（Publisher）节点和订阅者（Subscriber）节点都要到节点管理器（ROS Master）进行注册，然后发布者会发布话题，订阅者在节点管理器的指挥下会订阅该话题，从而建立起 sub-pub 之间的通信。注意整个过程是单向的。其结构示意图如图 6-1 所示。

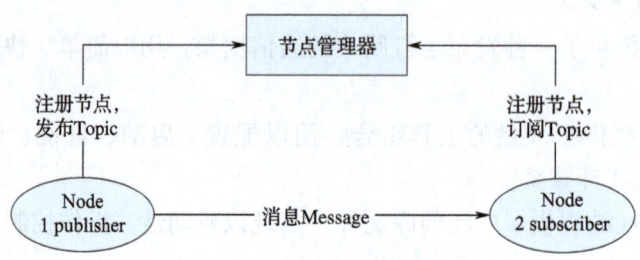

图 6-1　Topic 通信结构示意图

订阅者接收消息后会进行处理，一般这个过程叫作回调（Callback）。所谓回调就是提前在代码中定义好一个处理函数，当有消息来就会触发这个处理函数，函数会对消息进行处理。

表 6-2 详细地列出了 rostopic 常用命令及其作用。如果忘记了命令的写法，可通过 rostopic help 进行查询。

表 6-2　rostopic 常用命令及其作用

命令	作用
rostopic list	列出当前所有的 Topic
rostopic info Topic_name	显示某个 Topic 的属性信息
rostopic echo Topic_name	显示某个 Topic 的内容
rostopic pub Topic_name ...	向某个 Topic 发布内容
rostopic bw Topic_name	查看某个 Topic 的带宽
rostopic hz Topic_name	查看某个 Topic 的频率
rostopic find Topic_type	查找某个类型的 Topic
rostopic type Topic_name	查看某个 Topic 的类型 (msg)

2. Service

当一些节点只是临时而非周期性地需要某些数据时，用 Topic 通信方式时就会消耗大量不必要的系统资源，造成系统的低效率高功耗。这种情况下，就需要有另外一种请求-查询式的通信模型 Service（服务）。

Service 方式在通信模型上与 Topic 做了区别。Service 通信是双向的，它不仅可以发送消息，同时还会有反馈。所以 Service 包括两部分，一部分是请求方（Client），另一部分是应答方/服务提供方（Server）。这时请求方（Client）就会发送一个请求（request），要等待 Server 处理，反馈回一个应答（reply），这样通过类似"请求-应答"的机制完成整个服务通信。

这种通信方式示意图如图 6-2 所示。

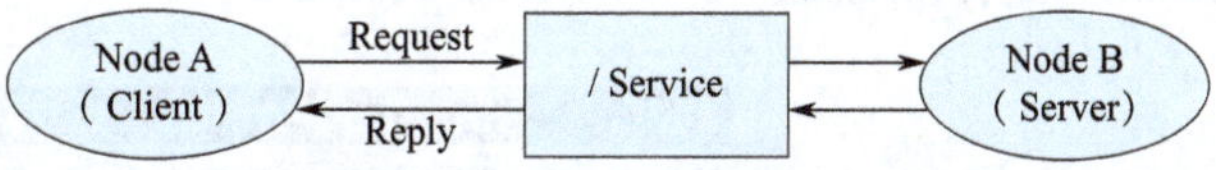

Node B 是 Server（应答方），提供了一个服务的接口，叫作 /Service，一般都会用 string 类型来指定 Service 的名称，类似于 Topic。Node A 向 Node B 发起了请求，经过处理后得到了反馈。

图 6-2　Service 通信方式示意图

Service 是同步通信方式，所谓同步就是，Node A 发布请求后会在原地等待 reply，直到 Node B 处理完了请求并且完成了 reply，Node A 才会继续执行。Node A 等待过程中，是处于阻塞状态的。这样的通信模型没有频繁的消息传递，没有冲突与高系统资源的占用，只有接受请求才执行服务，简单而且高效。

话题和服务两种通信方式的对比情况见表 6-3。

表 6-3　两种通信方式对比表

名称	Topic	Service
通信方式	异步通信	同步通信
实现原理	TCP/IP	TCP/IP
通信模型	Publish-Subscribe	Request-Reply
映射关系	Publish-Subscribe(多对多)	Request-Reply（多对一）
特点	接收者收到数据会回调（Callback）	远程过程调用（RPC）服务器端的服务
应用场景	连续、高频的数据发布	偶尔使用的功能/具体的任务
举例	激光雷达、里程计发布数据	开关传感器、拍照、逆解计算

在实际应用中，Service 通信方式的命令常使用 rosservice，具体的命令参数见表 6-4。

表 6-4　rosservice 常用命令表

命令	作用
rosservice list	显示服务列表
rosservice info	打印服务信息
rosservice type	打印服务类型
rosservice uri	打印服务 ROSRPC uri
rosservice find	按服务类型查找服务
rosservice call	使用所提供的参数调用服务
rosservice args	打印服务参数

3. Parameter Server

参数服务器（Parameter Server）与前两种通信方式不同。参数服务器也可以说是特殊的"通信方式"，特殊点在于参数服务器是节点存储参数的地方，用于配置参数，全局共享参数。参数服务器使用互联网传输，在节点管理器中实现整个通信过程。

有别于 Topic 和 Service，它更加静态。参数服务器维护着一个数据字典，字典里存储着各种参数和配置。字典的结构参照图 6-3。

Key	/rosdistro	/rosversion	/use_sim_time	…
Value	'kinetic'	'1.12.7'	true	…

图 6-3　字典的结构

每一个键（Key）不重复，且每一个 Key 对应着一个值（Value），字典就是一种映射关系。在实际的项目应用中，由于字典的这种静态的映射特点，一些不常用到的参数和配置常放入参数服务器的字典里，这样对这些数据进行读写都方便高效。

参数服务器的维护方式非常简单灵活，共有三种方式：

1）命令行维护；

2）launch 文件内读写；

3）node 源码。

通常使用命令行来维护参数服务器，主要使用 rosparam 命令来进行操作。rosparam 常用命令见表 6-5。

表 6-5　rosparam 常用命令表

命令	作用
rosparam set param_key param_value	设置参数
rosparam get param_key	显示参数
rosparam load file_name	从文件加载参数
rosparam dump file_name	保存参数到文件
rosparam delete	删除参数
rosparam list	列出参数名称

4. Action

类似 Service 通信机制，Action 也是一种请求响应机制的通信方式，它主要弥补了 Service 通信的一个不足：当机器人执行一个长时间的任务时，假如利用 Service 通信方式，那么 Client 会很长时间接受不到反馈的 reply，致使通信受阻。Action 则适合实现长时间的通信过程。Action 通信过程可以随时被查看过程进度，也可以终止请求。这个特性使得它在一些特别的机制中拥有很高的效率。

Action 的工作原理是 Client-Server 模式，也是一个双向的通信模式。通信双方在 ROS Action Protocol 下通过消息进行数据的交流通信。Client 和 Server 为用户提供一个简单的 API 来请求目标（在客户端）或通过函数调用（Function Call）和回调函数（Callback）来执行目标（在服务器端）。Action 工作原理如图 6-4 所示。

通信双方在 ROS Action Protocal 下进行交流通信是通过接口来实现的，如图 6-5 所示。

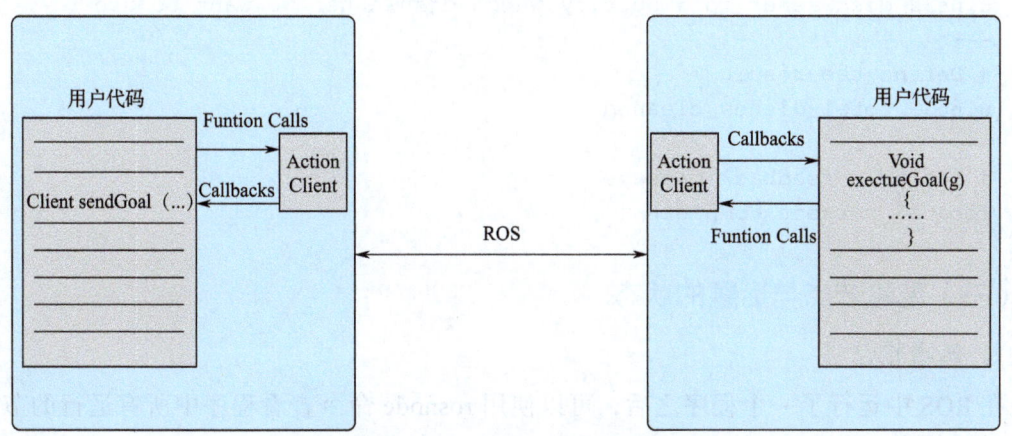

图 6-4　Action 工作原理示意图

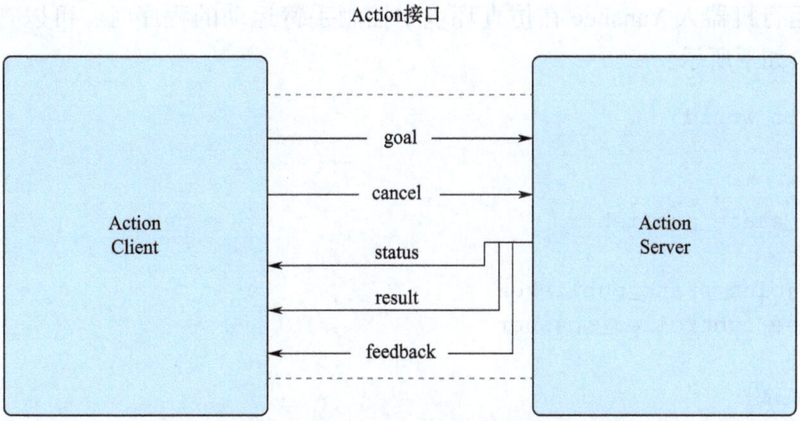

图 6-5　Action 接口示意

客户端（Client）会向服务器（Server）发送目标指令（goal）和取消动作指令（cancel），而服务器则可以给客户端发送实时的状态信息（status）、结果信息（result）、反馈信息（feedback）等，从而完成了 Service 没法做到的部分。

（1）Action 规范　利用动作库进行请求响应，动作的内容格式应包含三个部分：目标、反馈、结果。

- 目标：机器人执行一个动作，应该有明确的移动目标信息，包括一些参数的设定，如方向、角度、速度等，从而使机器人完成动作任务。
- 反馈：在动作进行的过程中，应该有实时的状态信息反馈给服务器的实施者，告诉实施者动作完成的状态，可以使实施者做出准确的判断去修正命令。
- 结果：当运动完成时，动作服务器把本次运动的结果数据发送给客户端，使客户端得到本次动作的全部信息，例如可能包含机器人的运动时长、最终姿势等。

（2）Action 规范文件格式　　Action 规范文件的后缀名是 .action，它的内容格式如下：

```
# Define the goal
uint32 dishwasher_id # Specify which dishwasher we want to use
---
# Define the result
uint32 total_dishes_cleaned
---
# Define a feedback message
float32 percent_complete
```

（三）查看节点与话题的状态

1. 查看节点

在 ROS 中运行了一个程序之后，可以使用 rosnode 命令查看程序中所有运行的节点，命令如下所示：

```
rosnode list
```

例如当运行机器人 Yanshee 在仿真环境中控制手臂运动的程序时，可以查看当前所有运行的节点，如下所示：

```
/base_to_world
/control
/gazebo
/robot_state_publisher
/rosout
/test_joint_state_publisher
/yanshee/controller_spawner
```

2. 查看话题

使用 rostopic 命令，可以查看程序中运行的所有话题，命令如下所示：

```
rostopic list
```

例如当运行机器人 Yanshee 在仿真环境中控制手臂运动的程序时，可以查看当前所有的话题，如下所示：

```
/clock
/gazebo/link_states
/gazebo/model_states
/gazebo/parameter_descriptions
/gazebo/parameter_updates
/gazebo/set_link_state
/gazebo/set_model_state
/joint_states
/rosout
```

```
/rosout_agg
/tf
/tf_static
/yanshee/head_position_controller/command
/yanshee/joint_states
/yanshee/left_arm1_position_controller/command
/yanshee/left_arm2_position_controller/command
/yanshee/left_arm3_position_controller/command
/yanshee/right_arm1_position_controller/command
/yanshee/right_arm2_position_controller/command
/yanshee/right_arm3_position_controller/command
```

3. 查看节点和话题间的通信

通过运行 rqt_graph 可以看到当前运行的节点和话题以及它们之间的通信，输入以下命令来运行 rqt_graph：

```
rosrun rqt_graph rqt_graph
```

例如当运行机器人 Yanshee 在仿真环境中控制手臂运动的程序时，可以看到运行结果如图 6-6 所示。

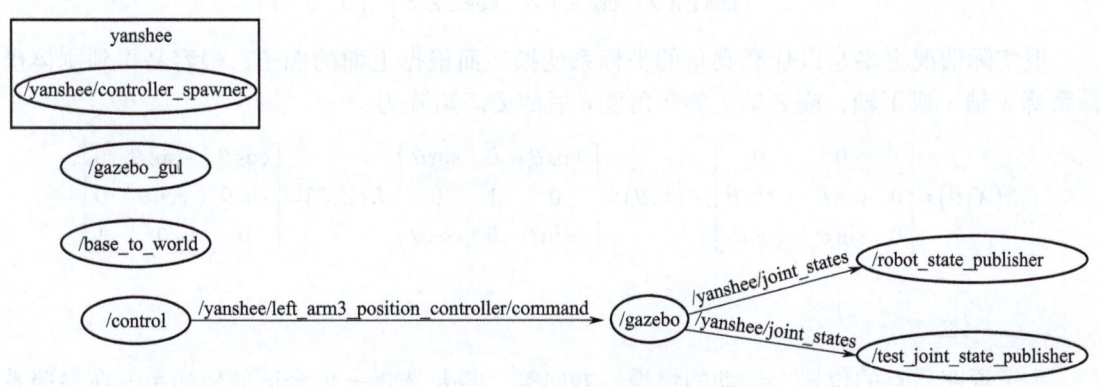

图 6-6　运行结果示意图

二　机器人位姿和坐标转换

（一）机器人的位姿

位姿代表位置和姿态。任何一个刚体在空间坐标系（$OXYZ$）中都可以用位置和姿态来精确、唯一表示其位置状态。

- 位置：x、y、z 坐标。
- 姿态：刚体与 OX 轴的夹角 rx、与 OY 轴的夹角 ry、与 OZ 轴的夹角 rz。

机器人的位姿主要是指机器人的四肢在空间的位置和姿态，有时也会用到其他部件在空间的位置和姿态。假设基坐标系为 $OXYZ$，刚体坐标系为 $O'\ X'\ Y'\ Z'$。对于机器人而言，空间中的任何一个点都必须要用上述六个参数明确指定，即（x,y,z,rx,ry,rz）。（x,y,z）都一样，（rx,ry,rz）不同代表机器人以不同的姿态到达同一个点。

刚体的位置可以用一个 3×1 的矩阵来表示，即刚体坐标系中心 O' 在基坐标系中的位置，即

$$P=\begin{bmatrix}x\\y\\z\end{bmatrix}$$

刚体的姿态可以用一个 3×3 的矩阵来表示，即刚体坐标系在基坐标系中的姿态，即

$$R=\begin{bmatrix}\cos\angle X'X & \cos\angle Y'X & \cos\angle Z'X\\ \cos\angle X'Y & \cos\angle Y'Y & \cos\angle Z'Y\\ \cos\angle X'Z & \cos\angle Y'Z & \cos\angle Z'Z\end{bmatrix}$$

假如刚体 M 沿坐标系 O 平移了（0,20,15），绕 Z 轴旋转了 90°，刚体 M 在坐标系 O 的姿态可描述为：

$$R=\begin{bmatrix}\cos\angle X'X & \cos\angle Y'X & \cos\angle Z'X\\ \cos\angle X'Y & \cos\angle Y'Y & \cos\angle Z'Y\\ \cos\angle X'Z & \cos\angle Y'Z & \cos\angle Z'Z\end{bmatrix}=\begin{bmatrix}0 & 1 & 0\\ 1 & 0 & 0\\ 0 & 0 & 1\end{bmatrix}$$

但实际情况更多是以任意夹角的坐标系变换，而根据上面的例子，很容易得到刚体坐标系绕 X 轴（或 Y 轴，或 Z 轴）旋转角度 θ 后的姿态矩阵为：

$$R(X,\theta)=\begin{bmatrix}1 & 0 & 0\\ 0 & \cos\theta & -\sin\theta\\ 0 & \sin\theta & \cos\theta\end{bmatrix},R(Y,\theta)=\begin{bmatrix}\cos\theta & 0 & \sin\theta\\ 0 & 1 & 0\\ -\sin\theta & 0 & \cos\theta\end{bmatrix},R(Z,\theta)=\begin{bmatrix}\cos\theta & -\sin\theta & 0\\ \sin\theta & \cos\theta & 0\\ 0 & 0 & 1\end{bmatrix}$$

（二）坐标系

为了说明质点的位置、运动的快慢、方向等，需要选择一个合适的坐标系。在参照系中，为确定空间一点的位置，按规定方法选取的有次序的一组数据就叫作"坐标"。在某一问题中规定坐标的方法就是该问题所用的坐标系。常用的坐标系有：笛卡儿直角坐标系、平面极坐标系、柱面坐标系（或称柱坐标系）和球面坐标系（或称球坐标系）等。

关节坐标系：每一个机器人关节舵机都需要独立设置一个刚体坐标系，用来描述机器人各个关节的位置和姿态的坐标和角度数据。

公垂线：一条直线同时垂直于两条或两条以上线段或直线，这条直线就是被垂直的线段或直线的公垂线。两条异面直线的公垂线夹在异面直线间的部分被叫作公垂线段。

1. 右手坐标系法则

在坐标系中，x 轴、y 轴和 z 轴的正方向是如下规定的：把右手放在原点的位置，使拇指、食指和中指互成直角，把拇指指向 x 轴的正方向，食指指向 y 轴的正方向时，中指所指的方向就是 z 轴的正方向。此坐标系为右手直角坐标系，如图 6-7 所示。

2. 坐标变换

坐标变换是指将一个坐标系中的点或者物体的位置和姿态描述转换到另一个坐标系中的过程。坐标变换通常涉及平移、旋转和可能的缩放等操作，用于描述物体在不同坐标系下的位置和朝向。在机器人学中，坐标变换是理解和控制机器人运动的关键。

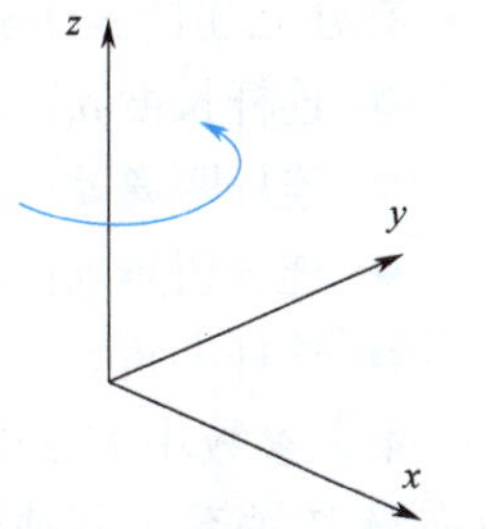

3. 齐次坐标变换与 Denavit–Hartenberg 参数法

齐次坐标就是将一个原本是 n 维的向量用一个 $n+1$ 维向量来表示，是指一个用于投影几何中的坐标系统。可以理解为 n 维向量的变换在 $n+1$ 维的空间完成，之后再投影在 n 维空间中。对于图形来说，没有实质性的差别，但是却给后面的矩阵运算提供了可行性和便利性。Denavit-Hartenberg 参数法，简称 D-H 参数法，是机器人学中常用的建立机器人坐标系的方法。图 6-8 所示为 D-H 坐标系。该坐标系建立的具体规则为：

图 6-7 右手直角坐标系

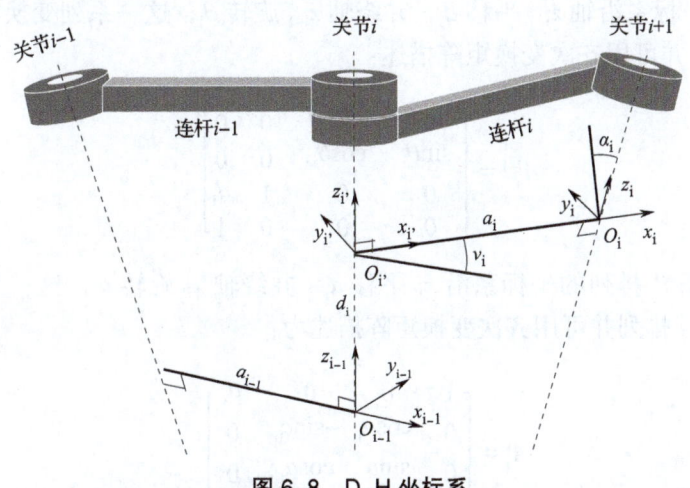

图 6-8 D-H 坐标系

1）沿关节 $i+1$ 的轴的方向选定轴 z_i；

2）将原点 O_i 定位于轴 z_i 与轴 z_{i-1} 和 z_i 的公垂线的交点；同样地，将 $O_{i'}$ 定位于公垂线与轴 z_{i-1} 的交点；

3）沿轴 z_{i-1} 和 z_i 的公垂线选择轴 x_i，方向由关节 i 指向 $i+1$；

4）选择轴 y_i 以构成右手系。

当出现下列情形时，按 D-H 法给出的关节坐标系的定义不唯一：

1）对坐标系 0 而言（0 指机器人基座固定连杆），只有轴 z_0 的方向是指定的，因此 O_0 和 x_0 可以任意选择。

2）对坐标系 n 而言（n 为机器人末端连杆），由于没有关节 $n+1$，虽然 x_n 必须与轴 z_{n-1} 垂直，但 z_n 不是唯一定义的。通常，若关节 n 是转动型的，z_n 将依照 z_{n-1} 的方向设置。

3）当两个相邻的轴平行时，它们的公垂线是不唯一的。

4）当两个相邻的轴相交时，x_i 的方向是任意的。

5）当关节 i 为移动型时，z_{i-1} 的方向是任意的。

在建立连杆坐标系时，坐标系 i 关于坐标系 $i-1$ 的位置和方向就完全由下列参数给定：
- 连杆长度 a_i：两关节轴线之间的距离，即 O_i 和 $O_{i'}$ 之间的距离；
- 连杆距离 d_i：x_i 轴与 x_{i-1} 轴之间的距离，在 z_{i-1} 轴上测量；
- 连杆扭角 α_i：轴 z_{i-1} 和轴 z_i 之间的夹角，当绕轴 x_i 逆时针转动时取正；
- 连杆夹角 θ_i：轴 x_{i-1} 和轴 x_i 之间的夹角，当绕轴 z_{i-1} 逆时针转动时取正。

4 个参数中有 2 个（a_i 和 α_i）始终为常数，只取决于由连杆 i 建立的相邻关节之间的几何连接关系。其他两个参数中只有一个是变量，取决于连接连杆 $i-1$ 和连杆 i 的关节的类型。

详述如下：
1）如果关节 i 是转动型的，则变量为 θ_i；
2）如果关节 i 是移动型的，则变量为 d_i；

基于这一点，可以通过以下步骤将坐标系 i 和坐标系 $i-1$ 之间的坐标变换表示出来：
1）选择坐标系与坐标系 $i-1$ 排列一致；
2）将选择的坐标系沿轴 z_{i-1} 平移 d_i，并绕轴 z_{i-1} 旋转 θ_i；这一系列变换将使当前坐标系按坐标系 i' 排列，并可用齐次变换矩阵描述：

$$A_{i'}^{i-1} = \begin{bmatrix} \cos\theta_i & -\sin\theta_i & 0 & 0 \\ \sin\theta_i & \cos\theta_i & 0 & 0 \\ 0 & 0 & 1 & d_i \\ 0 & 0 & 0 & 1 \end{bmatrix}$$

3）将按坐标系 i' 排列的坐标系沿 $x_{i'}$ 平移 a_i，并绕轴 $x_{i'}$ 旋转 α_i；这一系列变换将使当前坐标系按坐标系 i 排列并可用齐次变换矩阵描述为：

$$A_i^{i'} = \begin{bmatrix} 1 & 0 & 0 & a_i \\ 0 & \cos\alpha_i & -\sin\alpha_i & 0 \\ 0 & \sin\alpha_i & \cos\alpha_i & 0 \\ 0 & 0 & 0 & 1 \end{bmatrix}$$

4）坐标变换的结果通过右乘单一变换得到，即：

$$A_i^{i-1}(q_i) = A_{i'}^{i-1} A_i^{i'} = \begin{bmatrix} \cos\theta_i & -\sin\theta_i\cos\alpha_i & \sin\theta_i\sin\alpha_i & a_i\cos\theta_i \\ \sin\theta_i & \cos\theta_i\cos\alpha_i & -\cos\theta_i\sin\alpha_i & a_i\sin\theta_i \\ 0 & \sin\alpha_i & \cos\alpha_i & d_i \\ 0 & 0 & 0 & 1 \end{bmatrix}$$

三 机器人运动学

机器人运动学（robot kinematics）包括正向运动学和逆向运动学，正向运动学即给定机器人各关节变量，计算机器人末端的位置姿态；逆向运动学即已知机器人末端的位置姿态，计算机器人对应位置的全部关节变量。

机器人运动学的一般模型为：M=f（q_i）

其中，M 为机器人末端执行器的位姿，q_i 为机器人各个关节变量。若给定 q_i 要求确定相应的 M，称为正运动学问题，简记为 DKP。相反，若已知末端执行器的位姿 M，求解对应的关节变量，称为逆运动学问题，简记为 IKP。

四 Gazebo 仿真工具简介

Gazebo 是一个开源免费的三维物理仿真平台，具备强大的物理引擎、高质量的图形渲染、方便的编程与图形接口。作为一个优秀的开源物理仿真环境，它具备如下特点。

- 动力学仿真：支持多种高性能的物理引擎，例如 ODE、Bullet、SimBody、DART 等。
- 三维可视化环境：支持显示逼真的三维环境，包括光线、纹理、影子。
- 传感器仿真：支持传感器数据的仿真，同时可以仿真传感器噪声。
- 可扩展插件：用户可以定制化开发插件，扩展 Gazebo 的功能，满足个性化的需求。
- 多种机器人模型：官方提供 PR2、Pioneer2 DX、TurtleBot 等机器人模型，当然也可以使用自己创建的机器人模型。
- TCP/IP 传输：通过网络通信，Gazebo 可以实现远程仿真、后台仿真和前台显示。
- 云仿真：Gazebo 仿真可以在 Amazon、Softlayer 等云端运行，也可以在自己搭建的云服务器上运行。
- 终端工具：用户可以使用 Gazebo 提供的命令行工具在终端实现仿真控制。

（一）Gazebo 的功能

1. 构建机器人运动仿真模型

在 Gazebo 里，提供了最基础的三个物体：球体、圆柱体、立方体，利用这三个物体以及它们的伸缩变换或者旋转变换，可以设计一个最简单的机器人三维仿真模型。另外，Gazebo 提供了 CAD、Blender 等各种 2D、3D 设计软件的接口，可以导入这些图纸让 Gazebo 的机器人模型更加真实。同时，Gazebo 提供了机器人的运动仿真，通过 Model Editor 下的 plugin 添加需要验证的算法文件，就可以在 Gazebo 里对机器人的运动进行仿真。

2. 构建现实世界各种场景的仿真模型

Gazebo 可以建立一个用来测试机器人的仿真场景，通过添加物体库，放入垃圾箱、雪糕桶，甚至是人偶等物体来模仿现实世界，还可以通过 Building Editor 添加 2D 的房屋设计图，在设计图基础上构建出 3D 的房屋。

3. 构建传感器仿真模型

Gazebo 拥有一个很强大的传感器模型库，包括 camera、depth camera、laser、imu 等机器人常用的传感器，并且已经有模拟库，可以直接使用，也可以自己从 0 创建一个新的传感器，添加它的具体参数，甚至还可以添加传感器噪声模型，让传感器更加真实。

4. 为机器人模型添加现实世界的物理性质

Gazebo 里有 force、physics 的选项，可以为机器人添加例如重力、阻力等，Gazebo 有一个很接近真实的物理仿真引擎。

（二）Gazebo 用户界面和基本操作

1. 用户界面

在安装好 Gazebo 的环境里按 <Alt+F2> 组合键，键入 Gazebo，然后按 <Enter> 键。命令行界面如图 6-9 所示。

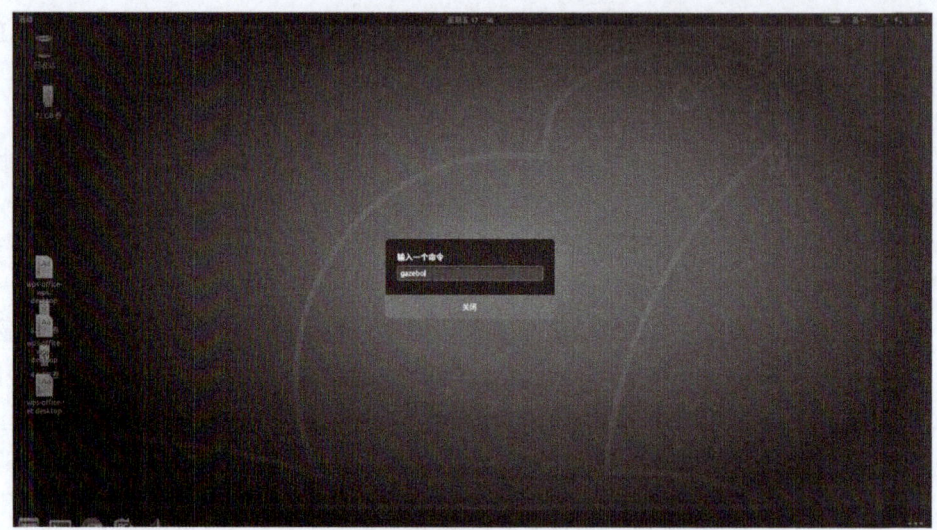

图 6-9　命令行启动 Gazebo

启动 Gazebo 后界面如图 6-10 所示。

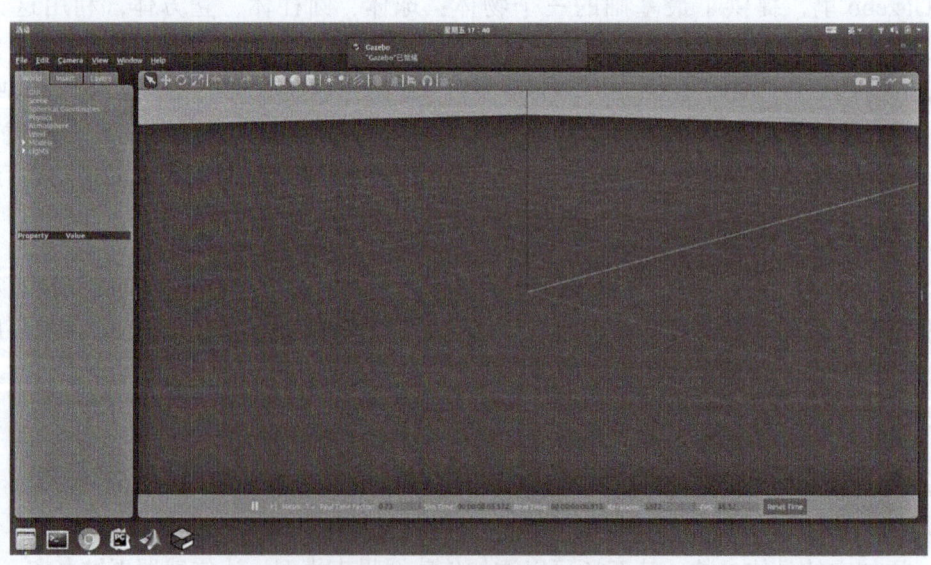

图 6-10　启动 Gazebo 后界面

2. 场景

场景是模拟器的主要部分，如图 6-11 所示，是仿真模型显示的地方，可以在这操作仿真对象，使其与环境进行交互。

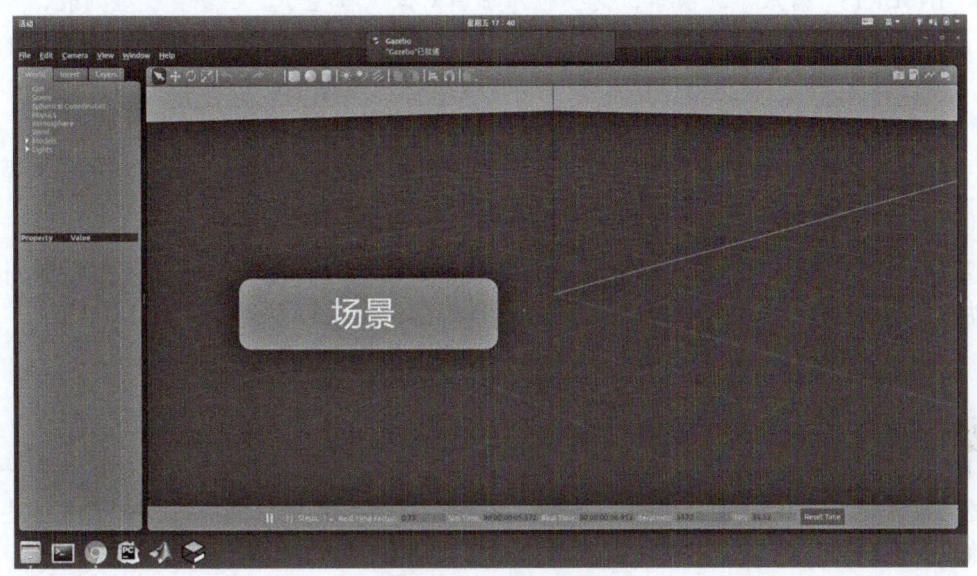

图 6-11 Gazebo 场景

3. 左右面板

Gazebo 界面两侧各有一个面板，如图 6-12 所示。

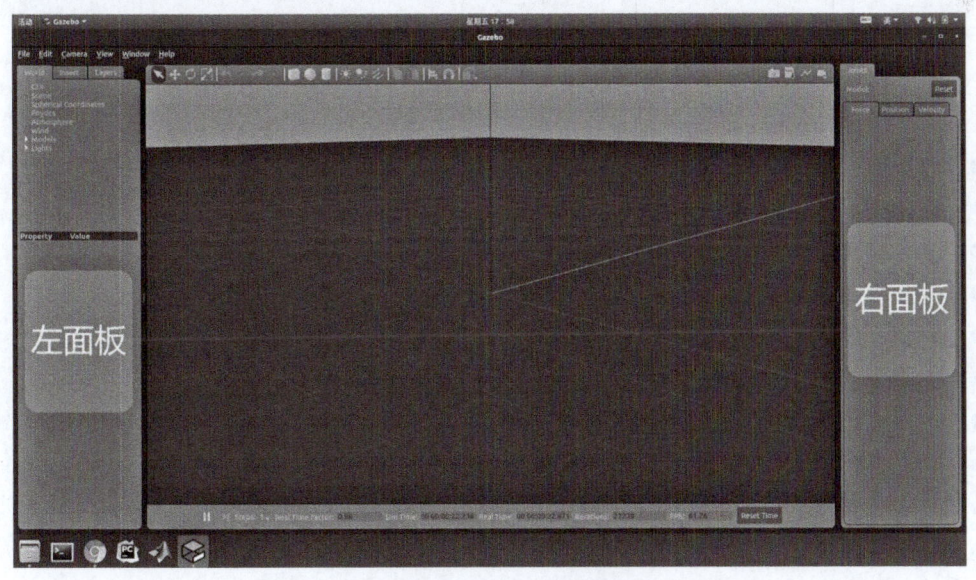

图 6-12 Gazebo 左右面板

（1）左面板　启动 Gazebo 时，默认情况下界面会出现左面板。面板左上方有三个选项卡。

- WORLD："世界"选项卡，显示当前在场景中的模型，并允许查看和修改模型参数，例如它们的姿势。还可以通过展开"GUI"选项并调整相机姿势来更改摄像机视角。
- INSERT："插入"选项卡，向模拟添加新对象（模型）。要查看模型列表，需要单击箭头展开文件夹。在要插入的模型上单击（和释放），然后在场景中再次单击添加它。
- LAYER："图层"选项卡，可组织和显示模拟中可用的不同可视化组（如果有）。图层可以包含一个或多个模型。打开或关闭图层将显示或隐藏该图层中的模型。这是一个可选功能，因此在大多数情况下此选项卡将为空。

（2）右面板　默认情况下 Gazebo 界面隐藏右面板。右面板可用于与所选模型（joint）的移动部件进行交互。如果未在场景中选择任何模型，右面板不会显示任何信息。

4. 工具栏

Gazebo 界面有两个工具栏，一个位于场景上方，另一个位于场景下方。

（1）顶部工具栏　顶部工具栏是 Gazebo 的主工具栏，如图 6-13 所示，它包含一些最常用的与模拟器交互的选项，例如：选择、移动、旋转和缩放对象等按钮；创造一些简单的形状（如立方体、球体、圆柱体）选项；复制/粘贴模型选项。

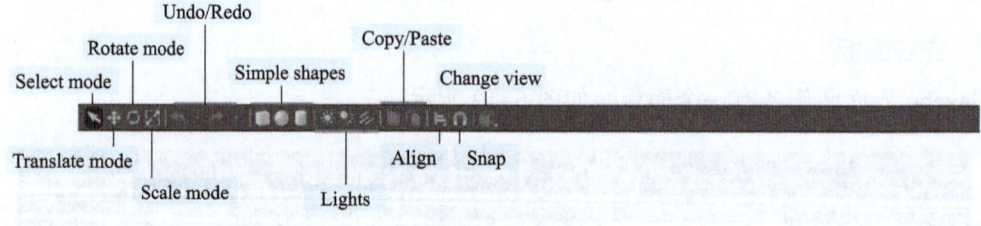

图 6-13　顶部工具栏

- 选择模式（Select mode）：在场景中导航。
- 翻译模式（Translate mode）：选择要移动的模型。
- 旋转模式（Rotate mode）：选择要旋转的模型。
- 缩放模式（Scale mode）：选择要缩放的模型。
- 撤销/重做（Undo/Redo）：撤销/重做场景中的操作。
- 简单形状（Simple shapes）：将简单形状插入场景中。
- 灯光（Lights）：为场景添加灯光。
- 复制/粘贴（Copy/Paste）：在场景中复制/粘贴模型。
- Align：将模型彼此对齐。
- Snap：将一个模型与另一个模型对齐。
- 更改视图（Change view）：从各个角度查看场景。

（2）底部工具栏　底部工具栏如图 6-14 所示，显示有关模拟的数据，如模拟时间及其与实际时间的关系。

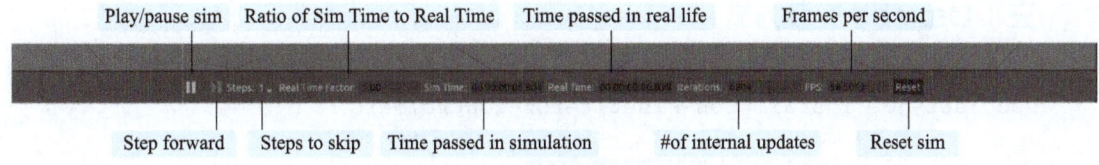

图 6-14 底部工具栏

"模拟时间"是指模拟运行时模拟器中时间流逝的速度。模拟时间可以比实时更慢或更快,具体取决于运行模拟所需的计算量。

"实时"是指模拟器运行时在现实生活中经过的实际时间。模拟时间和实时之间的关系称为"实时因子"(RTF),它是模拟时间与实时的比率。RTF 衡量模拟运行与实时相比的速度或速率。

Gazebo 的世界状况每迭代一次,计算一次,在底部工具栏的右侧可以看到迭代次数。每次迭代都会将模拟推进固定的秒数,称为步长。默认情况下,步长为 1ms。可以按暂停按钮暂停模拟,并使用步骤按钮逐步执行几个步骤。

5. 菜单栏

像大多数应用程序一样,Gazebo 顶部有一个应用程序菜单,如图 6-15 所示。某些菜单选项会显示在工具栏中。在场景中,右键单击菜单选项,可查看各种菜单。

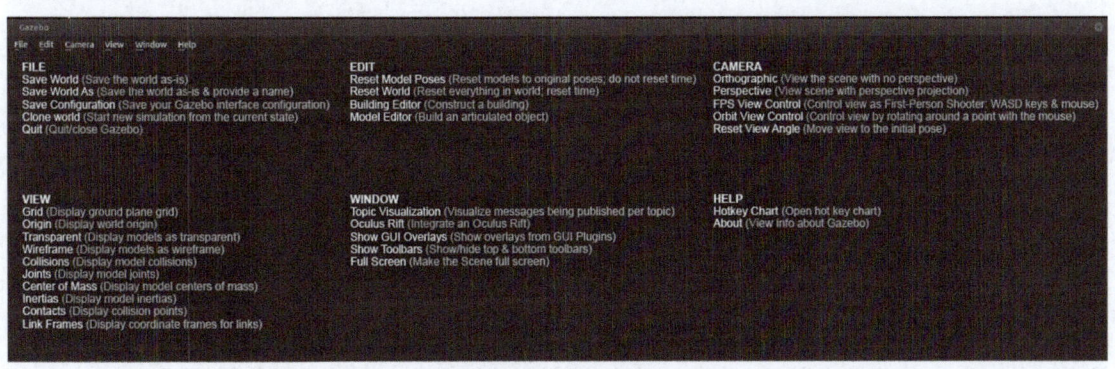

图 6-15 菜单

> **注意** 某些 Linux 桌面会隐藏应用程序菜单。如果没有看到菜单,请将光标移动到应用程序窗口的顶部,然后会出现菜单。

6. 鼠标

一般常用的鼠标操作方法有"<Shift>+ 鼠标左键"转换视角、"鼠标左键"平移视角、"滚轮"缩放大小。鼠标用法如图 6-16 所示。

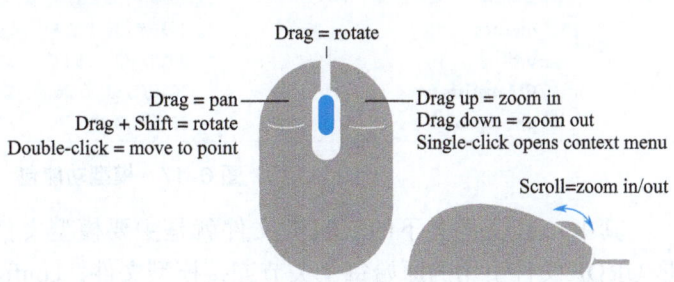

图 6-16 鼠标用法

（三）Gazebo 安装方式

```
sudo apt-get install ros-kinetic-gazebo-ros-control
sudo apt-get install ros-kinetic-ros-controllers
```

（四）Gazebo 依赖控制器项配置方式

```
echo "export SVGA_VGPU10=0" >> ~/.bashrc source ~/.bashrc
```

（五）异常处理

如果遇到 Gazebo 打开失败或发生错误，请运行以下命令终止所有历史服务。

```
killall gzServer
killall gzClient
```

然后再次运行 Gazebo 节点，此时 Gazebo 开始运行，打开新的终端重新配置环境并运行程序。例如重新运行机器人 Yanshee 在仿真环境中控制手臂运动的程序的命令如下：

```
source ~/yanshee_ws/devel/setup.bash
rosrun yanshee_gazebo control
```

五 URDF 模型文件

（一）URDF 模型文件简介

一般机器人 3D 模型结构通过 Solidworks 软件设计并建立，一般为 stp 格式文件。通过格式转换插件可以将它们转换成 URDF 模型文件供仿真使用。

Unified Robot Description Format（URDF，统一机器人描述格式）是一种特殊的 xml 格式。ROS 中的 URDF 功能包包含一个 URDF 格式文档的 C++ 解析器，使任何通过统一编码格式设计的机器人得到一个可视化的模型。URDF 创造的机器人模型包含：环节（link）、关节（joint）、运动学参数（axis）、动力学参数（dynamics）、可视化模型（visual）、碰撞检测模型（collision）。

一个典型的模型功能包文件夹如图 6-17 所示。

名称	修改日期	类型	大小
config	2019/6/25 16:24	文件夹	
launch	2019/6/25 16:24	文件夹	
meshes	2019/6/25 16:24	文件夹	
urdf	2019/6/25 16:24	文件夹	
CMakeLists.txt	2019/5/31 15:26	文本文档	1 KB
package.xml	2019/5/31 15:26	HTML 文档	1 KB

图 6-17 模型功能包

其中 urdf 文件夹下的 URDF 文件就是主要模型文件；meshes 文件夹下的 STL 文件就是 URDF 文件引用的原始每个关节连接模型文件；config 文件夹下的 yaml 文件是用来配置每个关节的控制器及控制类型的；launch 文件夹下是 ROS 功能包的启动文件。

（二）编写基础的 URDF 模型文件

图 6-18a 所示为一个机器人模型的拓扑结构。该机器人有四个环节（link），其中 link1 通过两个关节（joint）连接 link2 和 link3，link3 通过 joint3 链接 link4。图 6-18b 所示为该机器人的 tf tree（坐标转换系统），清楚地表示每个节点间的坐标转换关系，其中 xyz 表示坐标转换，rpy 表示旋转量。

如果不考虑过多的细节，该机器人的基础 URDF 文件 test_robot.urdf 表示如下，定义了机器人的 4 个环节，描述了环节间关联的 3 个关节。

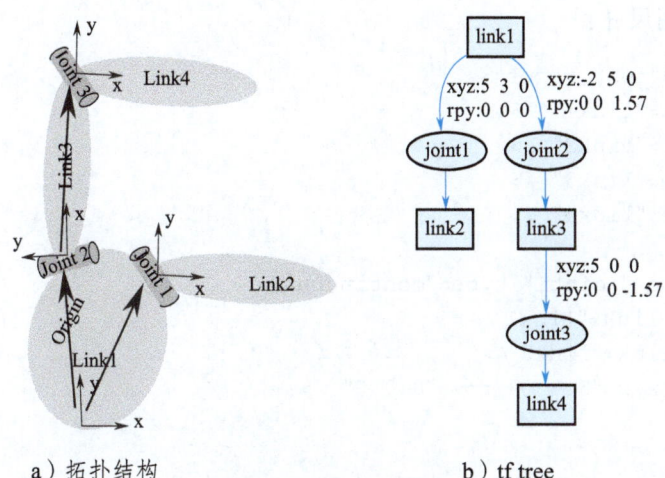

a）拓扑结构　　　　　　　　b）tf tree

图 6-18　机器人模型描述

```
<robot name="test_robot">
  <link name="link1" />
  <link name="link2" />
  <link name="link3" />
  <link name="link4" />

  <joint name="joint1" type="continuous">
    <parent link="link1"/>
    <child link="link2"/>
  </joint>

  <joint name="joint2" type="continuous">
    <parent link="link1"/>
    <child link="link3"/>
  </joint>

  <joint name="joint3" type="continuous">
    <parent link="link3"/>
    <child link="link4"/>
  </joint>
</robot>
```

(三)添加机器人尺寸大小

在基础模型之上,为机器人添加尺寸大小。由于每个环节的参考系都位于该环节的底部,关节也是如此,所以在表示尺寸大小时,只需要描述其相对于连接的关节的相对位置关系即可。URDF 中的 <origin> 域就是用来表示这种相对关系的。

例如,joint2 相对于连接的 link1 在 x 轴和 y 轴都有相对位移,而且在 x 轴上还有 90°的旋转变换,所以表示成 <origin> 域的参数就如下所示:

```
<origin xyz="-2 5 0" rpy="0 0 1.57" />
```

为所有关节应用尺寸:

```
<robot name="test_robot">
  <link name="link1" />
  <link name="link2" />
  <link name="link3" />
  <link name="link4" />

  <joint name="joint1" type="continuous">
    <parent link="link1"/>
    <child link="link2"/>
    <origin xyz="5 3 0" rpy="0 0 0" />
  </joint>

  <joint name="joint2" type="continuous">
    <parent link="link1"/>
    <child link="link3"/>
    <origin xyz="-2 5 0" rpy="0 0 1.57" />
  </joint>

  <joint name="joint3" type="continuous">
    <parent link="link3"/>
    <child link="link4"/>
    <origin xyz="5 0 0" rpy="0 0 -1.57" />
  </joint>
</robot>
```

(四)添加关节旋转轴参数

如果为机器人的关节添加旋转轴参数,那么该机器人模型就可以具备基本的运动学参数。例如,joint2 围绕正 y 轴旋转,可以表示成:

```
<axis xyz="0 1 0" />
```

同理,joint1 的旋转轴是:

```
<axis xyz="-0.707 0.707 0" />
```

添加到 URDF 文件中:

```xml
<robot name="test_robot">
  <link name="link1" />
  <link name="link2" />
  <link name="link3" />
  <link name="link4" />

  <joint name="joint1" type="continuous">
    <parent link="link1"/>
    <child link="link2"/>
    <origin xyz="5 3 0" rpy="0 0 0" />
    <axis xyz="-0.9 0.15 0" />
  </joint>

  <joint name="joint2" type="continuous">
    <parent link="link1"/>
    <child link="link3"/>
    <origin xyz="-2 5 0" rpy="0 0 1.57" />
    <axis xyz="-0.707 0.707 0" />
  </joint>

  <joint name="joint3" type="continuous">
    <parent link="link3"/>
    <child link="link4"/>
    <origin xyz="5 0 0" rpy="0 0 -1.57" />
    <axis xyz="0.707 -0.707 0" />
  </joint>
</robot>
```

(五)图形化 URDF 模型文件

最后用 urdf_to_graphiz 工具就可以将 URDF 模型图形化显示出来,然后打开生成的 pdf 文件,即可看到如图 6-18b 所示的 tf tree。

```
urdf_to_graphiz test_robot.urdf
```

六 可视化工具 Rviz

(一)Rviz 介绍

机器人系统中存在大量数据,这些数据在计算过程中往往都处于数据形态,比如图像数据中 0~255 的 RGB 值。但是这种数据形态的值往往不利于开发者去感受数据所描述的内容,所以常常需要将数据可视化显示,例如机器人模型的可视化、图像数据的可视化、地图数据的可视化等。Rviz 是 ROS 提供的一个非常强大的机器人可视化工具。

在 Rviz 中,可以对机器人、周围物体等任何实物进行尺寸、质量、位置、材质、关节等属性的描述，并且在界面中呈现出来。同时，Rviz 还可以通过图形化的方式，实时显示机器人传感器的信息、机器人的运动状态、周围环境的变化等。利用 Rviz 可以很方便地查看 ROS 建图、导航功能包集发布的可视化数据，其界面如图 6-19 所示。

图 6-19　机器人建图的 Rviz 界面

（二）Rviz 界面操作

启动 Rviz 方式有两种。
- 直接启动：

`rviz`

或者：

`rosrun rviz rviz`

- 以插件形式通过 rqt 启动：

`rosrun rqt_rviz rqt_rviz`

或先启动 rqt，再在 GUI 中手动加载 Rviz 插件。
启动后如图 6-20 所示。菜单栏有 File、Panels 和 Help。
① File：用于加载保存配置文件。
② Panels：用于管理面板。
界面中有以下面板：
① Tools 面板：包括交互、移动、测量等，以及一些插件，如 2D Nav Goal 和 2D Pose Estimate。
② Displays 面板：其中的树形列表为已添加配置的显示项及其参数，树形列表下面是管理按钮，可以添加、删除、重命名显示项。

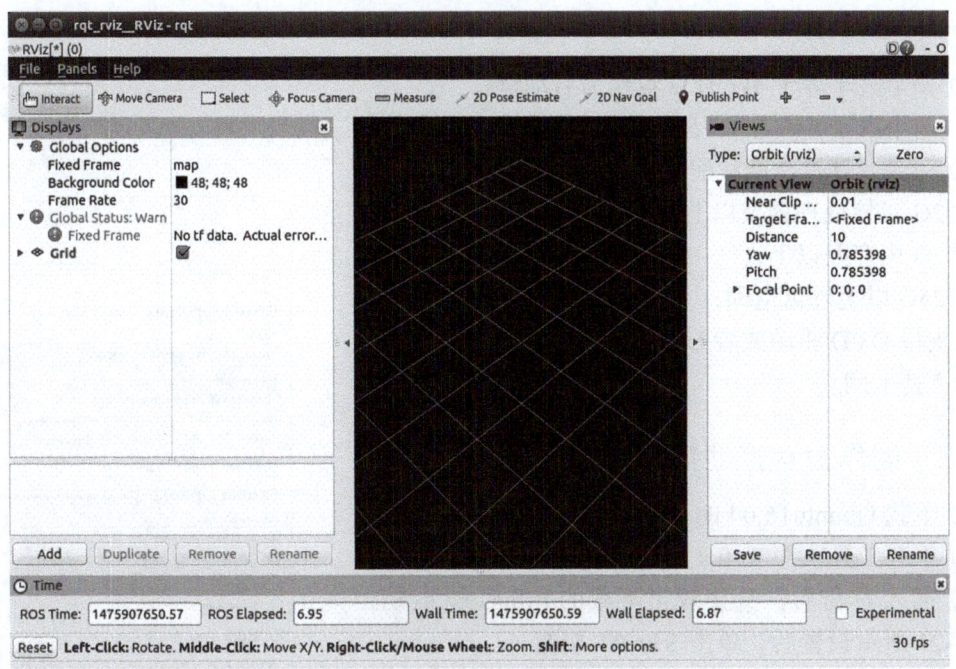

图 6-20 Rviz 开启后界面

③ 3D 模拟环境的图形显示面板：以可视化方式显示添加的插件信息。
④ View 面板：用于配置和控制三维视图的工具面板。
⑤ Time 面板：显示时间、帧率等参数。

当需要进行数据可视化时，假设需要的数据以对应的消息类型发布，在 Rviz 中使用相应的插件订阅消息即可实现显示。首先，需要添加显示数据的插件。单击 Rviz 界面左侧下方的"Add"按钮，Rviz 会将默认支持的所有数据类型的显示插件罗列出来，在列表中选择需要的数据类型插件，然后在"DisplayName"里填入一个唯一的名称，用来识别显示的数据。例如显示激光传感器的数据，可以添加 LaserScan 类型的插件，命名为 Laser_base 进行显示。

项目准备

1) 一台计算机。
2) 一台智能人形教育服务机器人（Yanshee）1.1 版本。
3) 一套无线键鼠。

任务实施

一 搭建 Ubuntu16.04 环境

首先需要在 PC 端搭建与机器人匹配的 Ubuntu16.04 环境。

（一）准备工作

1）一个大于等于 4G 的 U 盘作为启动盘。
2）一个大于 64G 的 U 盘或移动硬盘（装系统镜像）。
3）一台计算机，推荐配置：
① 2G 双核处理器及以上；
② 2G 内存及以上；
③ 25G 以上硬盘空间；
④支持 DVD 驱动或者 USB 口；
⑤支持上网。

（二）制作 U 盘启动盘

1）下载 Ubuntu16.04 的 iso 文件。
2）下载工具软件 Rufus。
3）插入 U 盘后，直接双击下载的 rufus.exe 启动，按照图 6-21 所示设置后，单击 START 按钮。
4）软件会把 ubuntu-16.04.x-desktop-amd64.iso 文件写入 U 盘，完成系统启动盘制作。

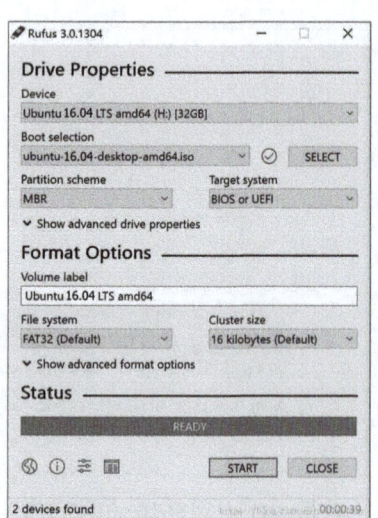

图 6-21　Rufus 软件制作启动盘

（三）安装 Ubuntu 系统

把启动 U 盘插入计算机，开机（或者重启），进入如图 6-22 所示的界面。
选择安装选项，并选择相应语言，如图 6-23 所示。

图 6-22　Ubuntu 16.04 启动安装

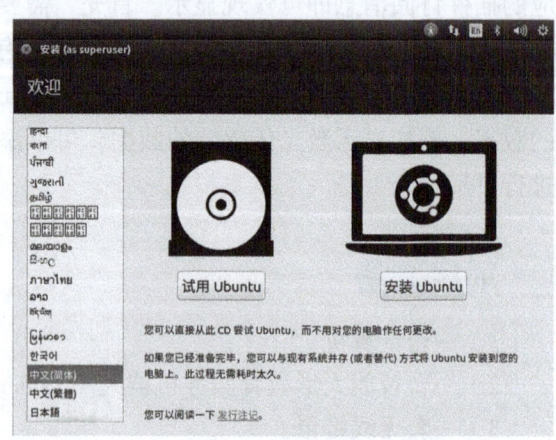

图 6-23　安装选项

选择磁盘安装类型，如图 6-24 所示。
在选择完时区和语言后，系统开始自动安装。
耐心地等待系统安装，期间会从网上下载最新的驱动和相关第三方软件，直到系统出现"安装完成"提示，重启系统，此时 Ubuntu16.04 安装完成，如图 6-25 所示。

项目 6　让机器人手臂运动

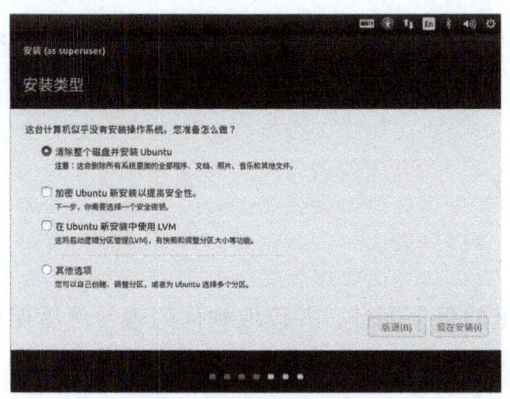

图 6-24　磁盘安装类型

图 6-25　安装成功

二　安装配置 ROS kinetic 环境

在 PC 端已搭建的 Ubuntu16.04 环境中安装配置 ROS kinetic。

（一）配置软件中心

在 Ubuntu 最左上角的搜索按钮中搜索"软件和更新"，如图 6-26 所示。

打开后按照图 6-27 所示进行配置（确保"restricted""universe"和"multiverse"这三个选项是已勾选）。

配置完成后关闭该窗口。

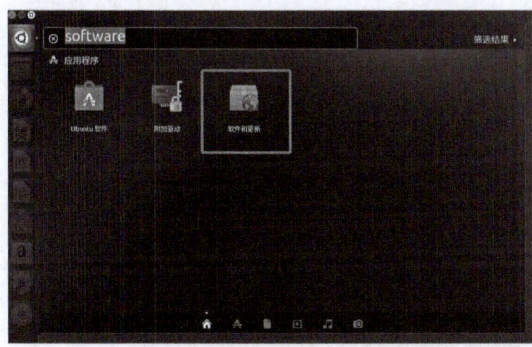

图 6-26　打开"软件和更新"

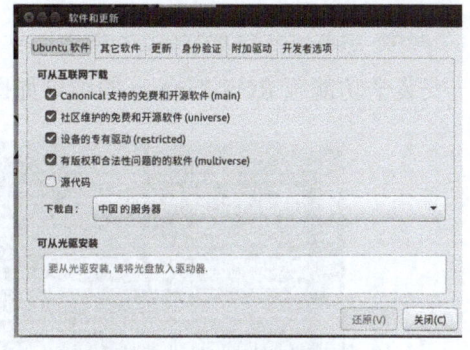

图 6-27　配置软件更新选项

（二）添加源

打开一个终端（使用 <Ctrl + Alt + T> 组合键），输入如下指令：

```
sudo sh -c 'echo "deb http: //packages.ros.org/ros/ubuntu $(lsb_release -sc) main" > /etc/apt/sources.list.d/ros-latest.list'
```

（三）获取公钥

输入如下命令：

```
sudo apt-key adv --keyServer keyServer.ubuntu.com --recv-keys
F42ED6FBAB17C654
```

(四)安装 ROS

更新系统软件,使其为最新版。

```
sudo apt-get update
```

在终端输入以上命令,系统会访问源列表里的每个网址,并读取软件列表,然后保存在本地计算机。屏幕上显示如图 6-28 所示。

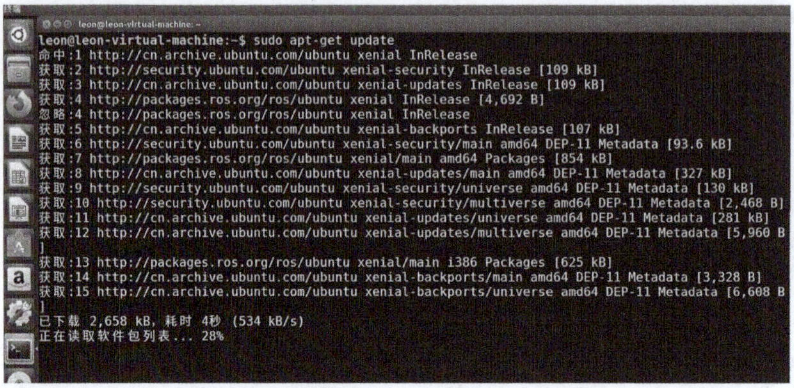

图 6-28 更新软件包管理器的软件列表

然后开始安装 ROS,安装全功能版指令如下:

```
sudo apt-get install ros-kinetic-desktop-full
```

安装全功能版 ROS Kinetic 的结果如图 6-29 所示。

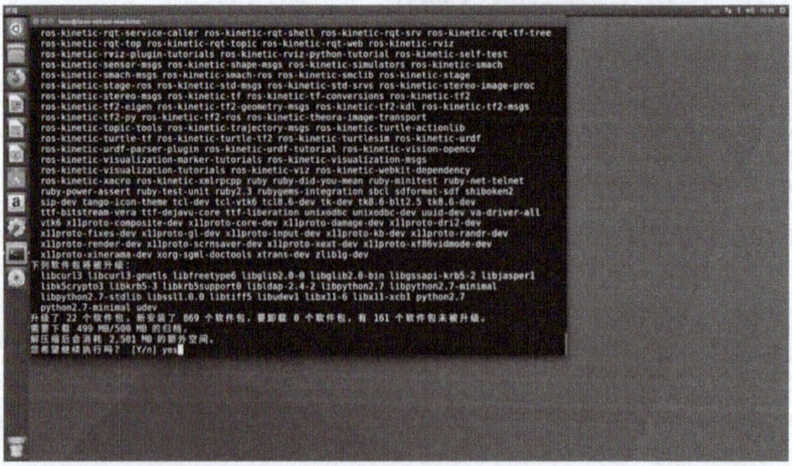

图 6-29 安装全功能版 ROS Kinetic

安装过程大概 15 分钟,根据网络速度会长短不同,等着 ROS 安装完成。安装完成后,可以用下面的命令来查看可使用的包。

```
apt-cache search ros-kinetic
```

目前已安装完 ROS，但是还需要进行一系列配置工作。

（五）初始化 ROS

1. 初始化 rosdep

```
sudo rosdep init
rosdep update
```

rosdep 初始化如图 6-30 所示。

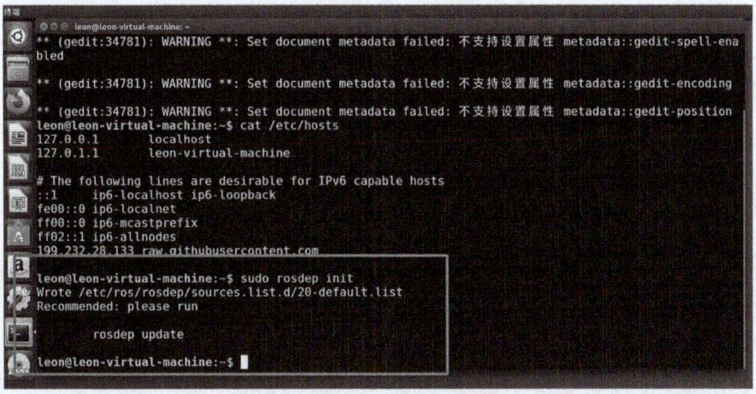

图 6-30　rosdep 初始化

初始化和升级过程中，由于网络问题可能导致失败，此时可以再试几次。并且可以尝试增加域名解析地址，或者直接下载 /etc/ros/rosdep/sources.list.d/20-default.list 文件中提到的文件，并且修改该文件为从本地读取，图 6-31 所示就是利用这种方法升级成功。

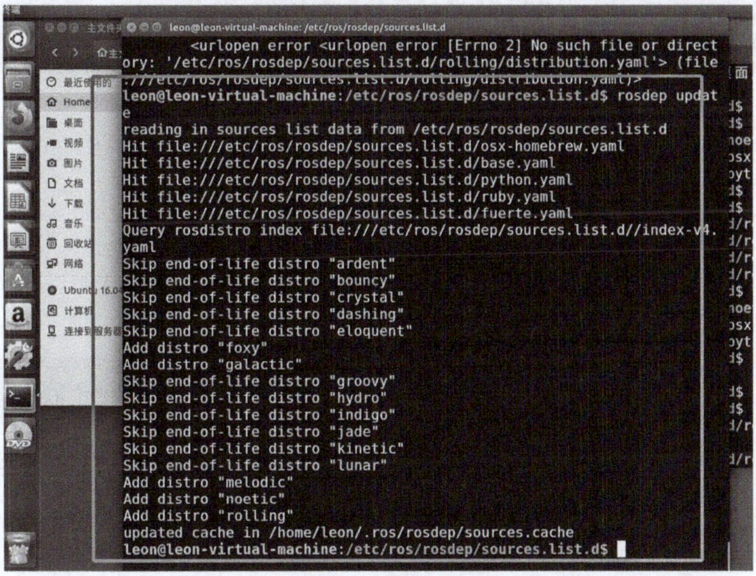

图 6-31　rosdep 升级

2. 初始化环境变量

```
echo "source /opt/ros/kinetic/setup.bash" >> ~/.bashrc
source ~/.bashrc
```

3. 测试 ROS

```
rosversion -d
```

如果输出为"kinetic",则安装成功。

三 测试 Gazebo 仿真工具

上一步中已安装完整版的 ROS 版本,那就已经默认安装了 Gazebo 仿真工具,用以下命令开启 Gazebo 进行测试:

```
gazebo
```

启动界面如图 6-32 所示。

图 6-32　Gazebo 启动界面

若未正常开启,参考知识链接的方式重新安装配置 Gazebo。

四 控制机器人双手摆臂运动

(一)准备机器人模型功能包

1)在 PC 端打开一个终端,创建一个工作空间 yanshee_ws 以及用于储存源码的目录 /src,如图 6-33 所示。

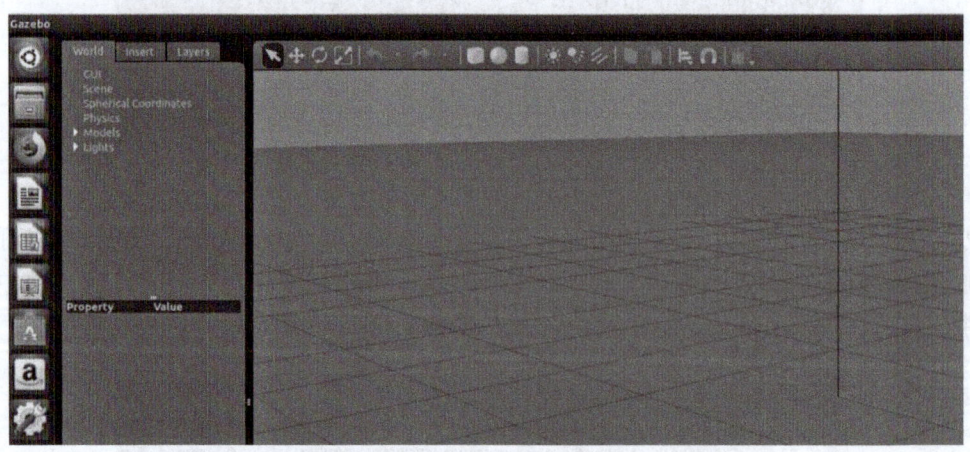

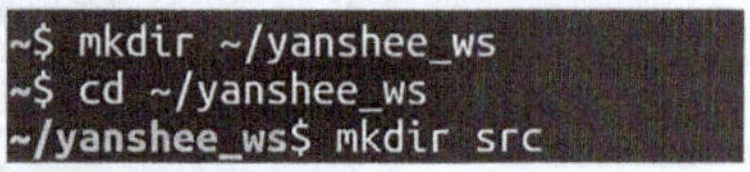

图 6-33　创建工作空间 yanshee_ws

```
mkdir ~/yanshee_ws
cd ~/yanshee_ws
mkdir src
```

2）进入 /src 目录并查看目录结构。

```
cd yanshee_ws/src
ls
```

如图 6-34 所示，可以看到目前 /src 目录为空，不显示任何信息。

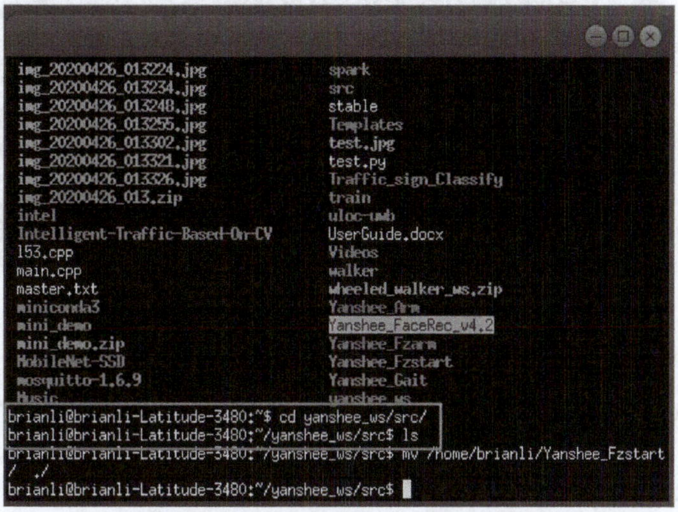

图 6-34　进入 /src 目录并查看目录结构

3）将已有的 Yanshee 模型功能包文件夹复制到工作空间 /src 目录下，用 mv 命令进行复制，如图 6-35 所示。以下案例中的 Yanshee 模型功能包文件夹需要自行修改路径。

```
mv /home/brianli/ Yanshee_Fzstart/ ./
```

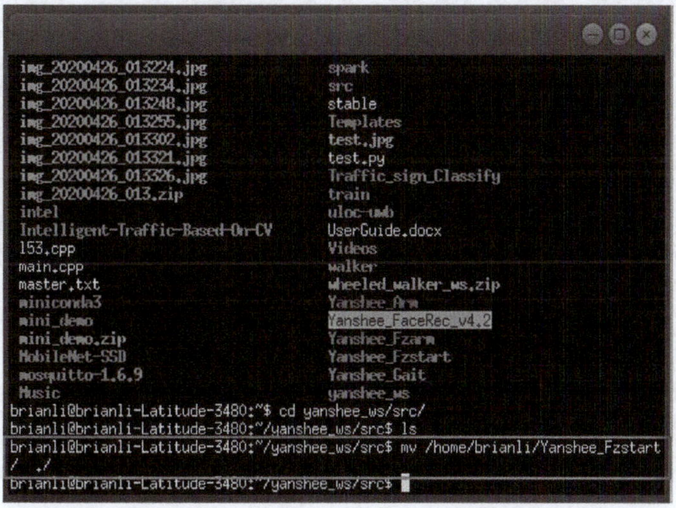

图 6-35　复制 Yanshee 模型功能包文件夹到工作空间 /src 目录

复制完成后再次用 ls 命令确认在 /src 目录下已复制成功，如图 6-36 所示。

```
ls
```

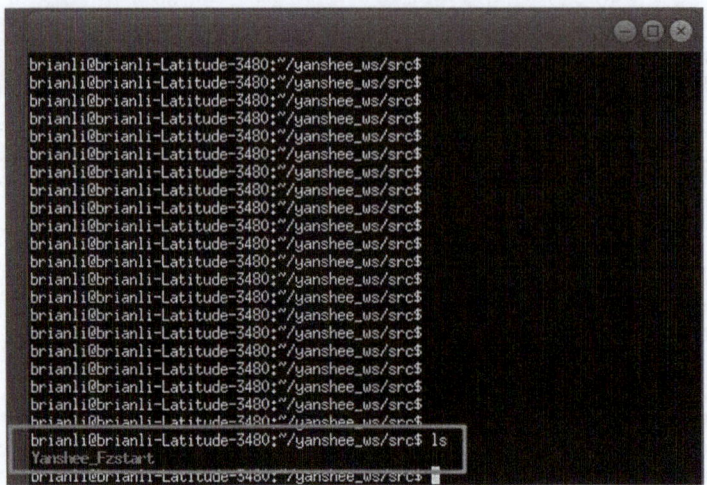

图 6-36　确认复制成功

然后确认 Yanshee 模型功能包文件中需要修正的三处地方：

- 在 package.xml 中 <maintainer email="" >，将 "" 中的内容修改为作者邮箱。
- 修改储存 URDF 文件的文件夹名称为 robots。
- 在 display.launch 中 <arg name="gui" default="False" >，将 "False" 改为 "True"。

（二）在 Rviz 中调试机器人模型关节位置

1）在上一个终端中，继续输入命令启动 display.launch，如图 6-37 所示。

```
roslaunch yanshee display.launch
```

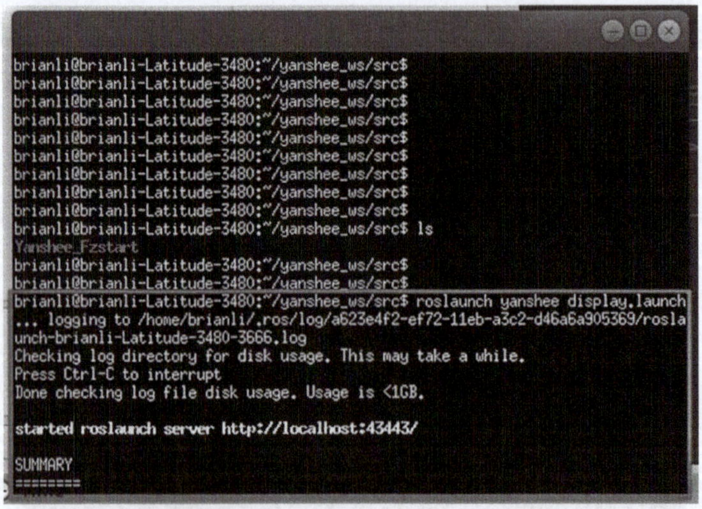

图 6-37　运行 display.launch

该启动文件如下，主要调用了 URDF 模型文件 /robots/yanshee.urdf，开启了节点 joint_state_publisher、robot_state_publisher，并调用 Rviz 界面配置文件 urdf.rviz 开启一个 Rviz 界面。

```xml
<launch>
  <arg
    name="model" />
  <arg
    name="gui"
    default="True" />
  <param
    name="robot_description"
    textfile="$(find yanshee)/robots/yanshee.urdf" />
  <param
    name="use_gui"
    value="$(arg gui)" />
  <node
    name="joint_state_publisher"
    pkg="joint_state_publisher"
    type="joint_state_publisher" />
  <node
    name="robot_state_publisher"
    pkg="robot_state_publisher"
    type="state_publisher" />
  <node
    name="rviz"
    pkg="rviz"
    type="rviz"
    args="-d $(find yanshee)/urdf.rviz" />
</launch>
```

开启的 Rviz 界面如图 6-38 所示。

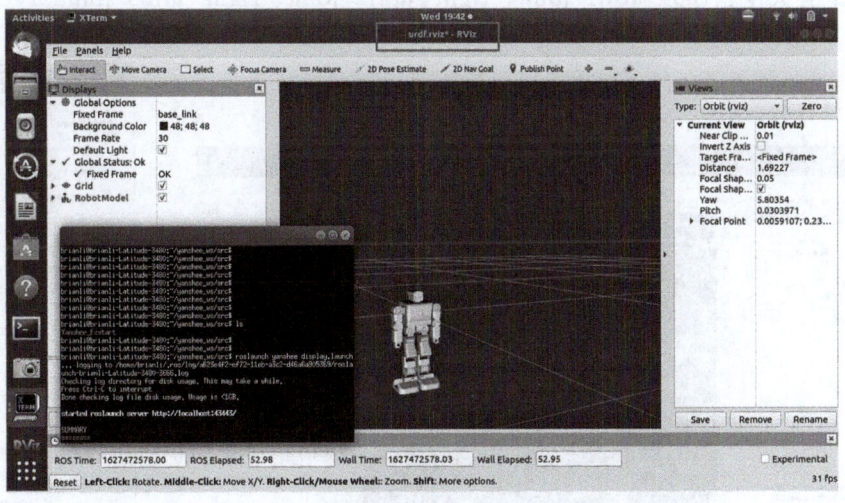

图 6-38 开启的 Rviz 界面

2）单击界面左下角的"Add"按钮，选择"RobotModel"选项进行显示并添加，如图 6-39 所示。

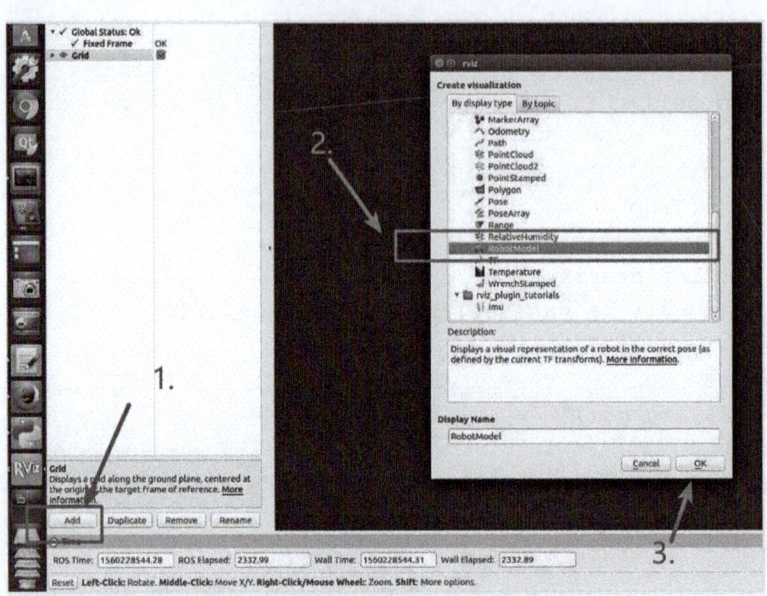

图 6-39 Rviz 界面添加机器人模型

那么界面左侧栏 Display 面板就显示了"RobotModel"模块，并且界面中央也显示了机器人模型，如图 6-40 所示。

如图 6-41 所示，display.launch 文件同时启动了由节点 joint_state_publisher 开启的 joint_state_publisher 窗口，该窗口用于允许拖动滑块调节机器人各关节的位置，包括 7 个关节：

- 头部关节：head_joint。
- 左手臂关节：left_arm1_joint、left_arm2_joint、left_arm3_joint。
- 右手臂关节：right_arm1_joint、right_arm2_joint、right_arm3_joint。

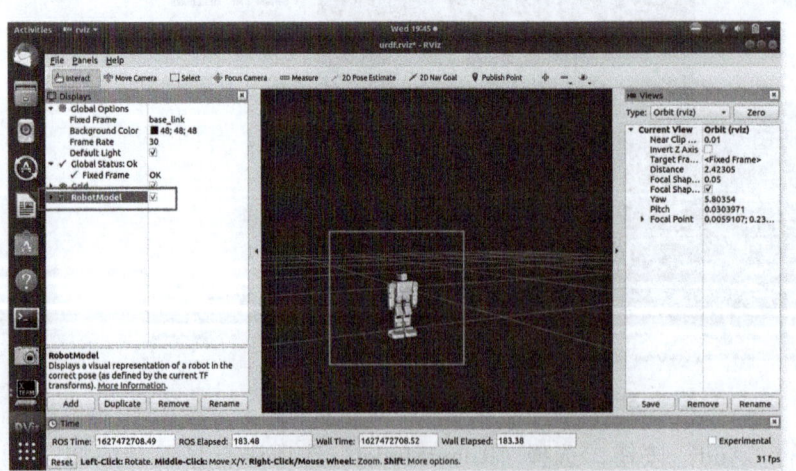

图 6-40 Rviz 界面显示机器人模型

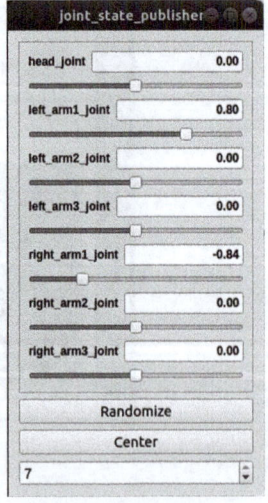

图 6-41 joint_state_publisher 窗口

3)拖动左臂和右臂的一个关节进行机器人关节角度的调试,调试前如图 6-42a 所示,调试后如图 6-42b 所示。

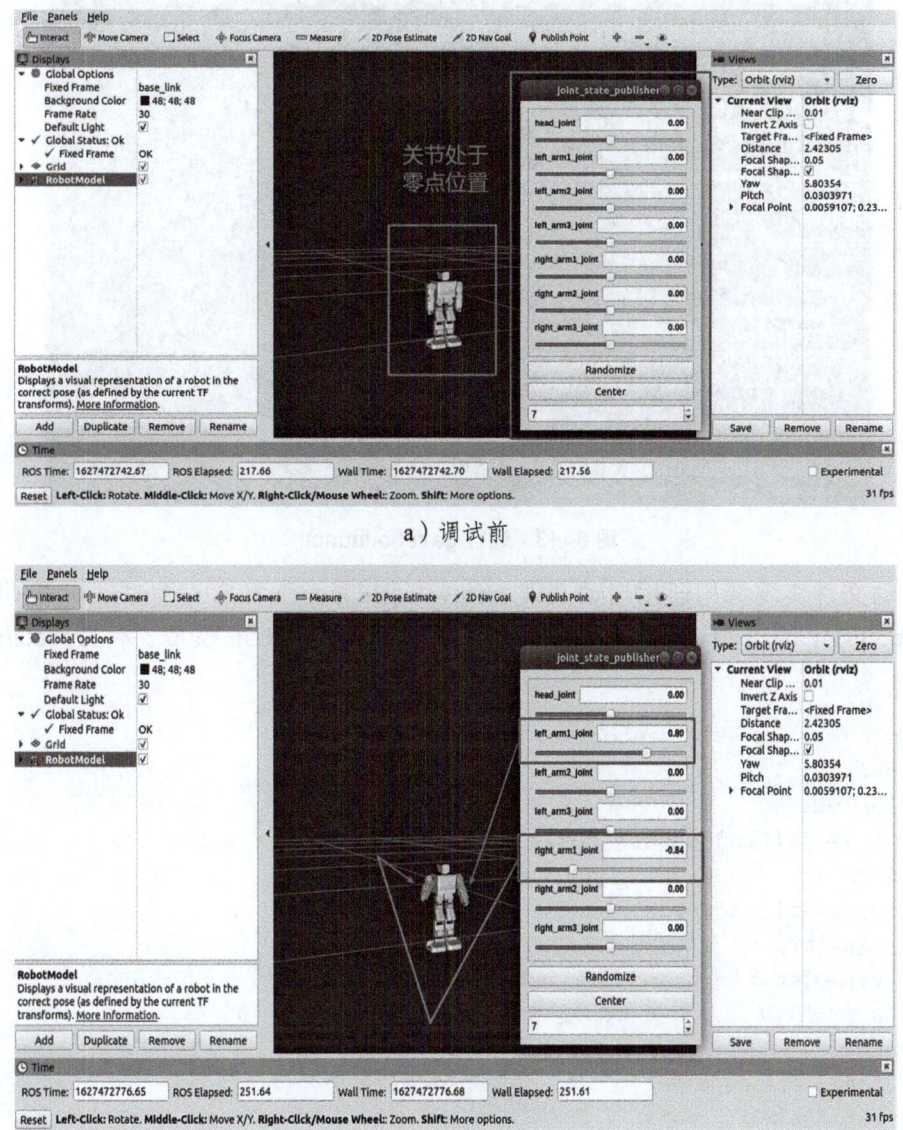

图 6-42 调试机器人关节角度

(三)用 Gazebo 打开模型

1)在上一个终端中输入 Ctrl+C 关闭 Rviz。
2)打开一个新终端,输入命令:

```
roslaunch yanshee gazebo.launch
```

按下 <Enter> 键后,终端的显示信息如图 6-43 所示。

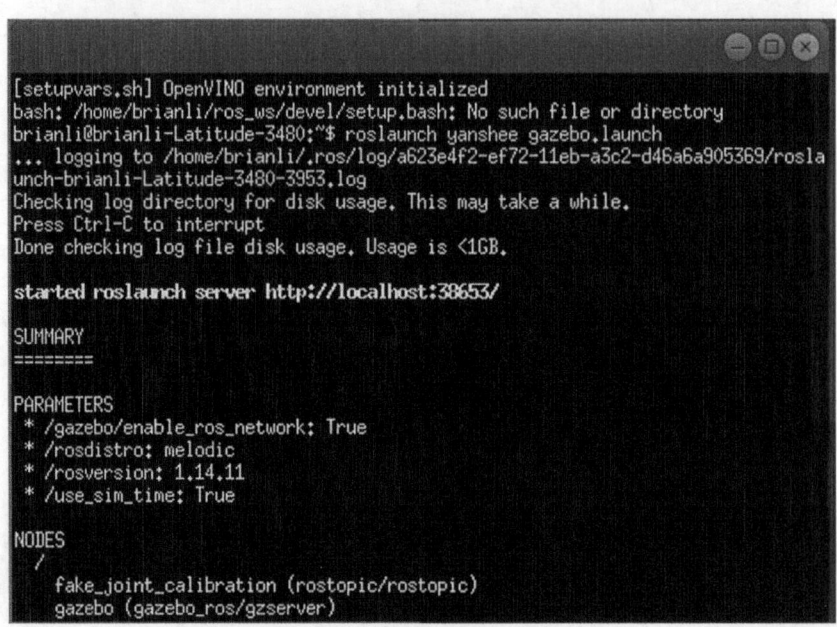

图 6-43 运行 gazebo.launch

该启动文件实现调用通用启动文件 empty_world.launch 开启一个 Gazebo 空世界，并开启 tf_footprint_base、fake_joint_calibration 节点，调用 URDF 模型文件 /robots/yanshee.urdf。

```
<?xml version="1.0" encoding="utf-8"?>
<launch>
  <include
    file="$(find gazebo_ros)/launch/empty_world.launch" />
  <node
    name="tf_footprint_base"
    pkg="tf"
    type="static_transform_publisher"
    args="0 0 0 0 0 0 base_link base_footprint 40" />
  <node
    name="spawn_model"
    pkg="gazebo_ros"
    type="spawn_model"
    args="-file $(find yanshee)/robots/yanshee.urdf -urdf -model yanshee"
    output="screen" />
  <node
    name="fake_joint_calibration"
    pkg="rostopic"
    type="rostopic"
    args="pub /calibrated std_msgs/Bool true" />
</launch>
```

gazebo.launch 文件开启一个 Gazebo 界面，如图 6-44 所示。

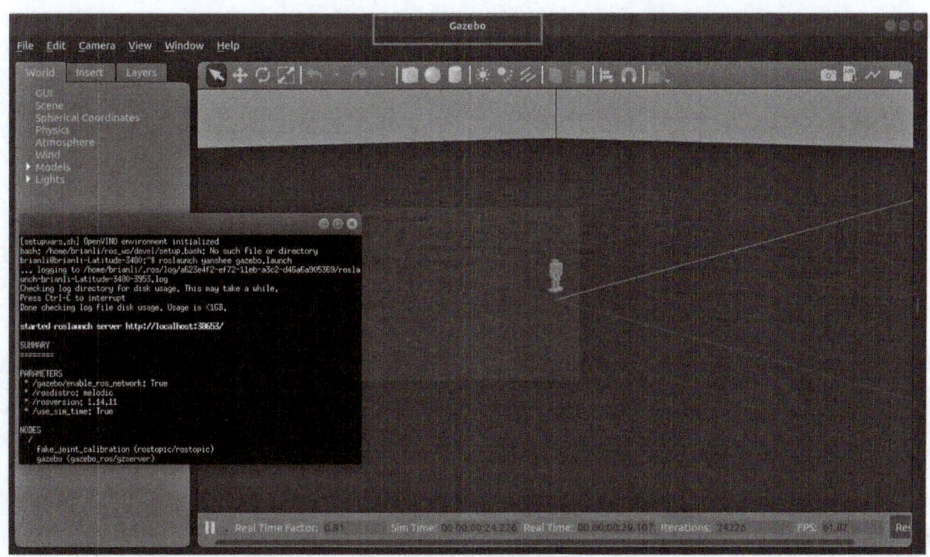

图 6-44 开启一个 Gazebo 界面

机器人模型在 Gazebo 中显示出来,如图 6-45 所示,但是由于没有控制信号的输入,模型会有些抖动。

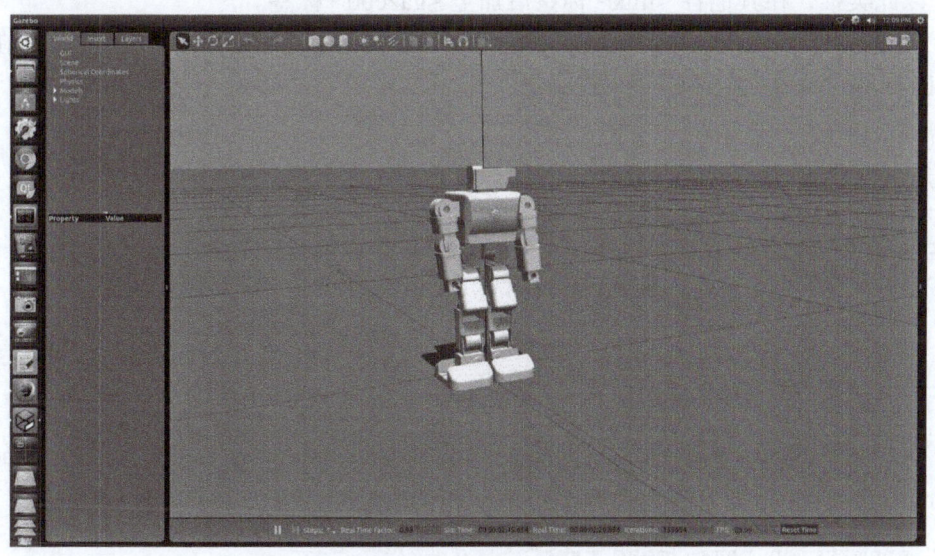

图 6-45 Gazebo 界面中加载机器人模型

(四)为模型添加 < gazebo > 标签

<gazebo> 标签用于描述机器人模型在 Gazebo 中仿真所需要的参数,包括机器人材料的属性、Gazebo 插件等。该标签不是机器人模型必须的部分,只有在 Gazebo 仿真时才需加入。

1) 首先添加 Gazebo 插件。在 <name> 标签后添加以下内容,注意每行的缩进(这里并没有体现,后续不再提示)。

```xml
<gazebo>
  <plugin filename="libgazebo_ros_control.so" name="gazebo_ros_control">
    <robotNamespace>/yanshee</robotNamespace>
    <robotSimType>gazebo_ros_control/DefaultRobotHWSim</robotSimType>
  </plugin>
</gazebo>
```

2）在机器人身体头部和手臂的每个 <link> 标签后添加 <gazebo> 标签，例如为 base_link 添加 <gazebo> 标签，在 <link name="base_link" > 后添加以下内容：

```xml
<gazebo reference="base_link">
</gazebo>
```

3）以此类推，在其他各 <link> 标签后加上 <gazebo> 标签。

4）此外，在机器人身体头部和手臂的每个 <joint> 标签后添加 <gazebo> 标签，例如为 head_joint 添加 <gazebo> 标签，在 <joint name="head_joint" > 后添加以下内容：

```xml
<gazebo reference="head_joint">
  <implicitSpringDamper>true</implicitSpringDamper>
</gazebo>
```

5）以此类推，在其他各 <link> 标签后加上 <gazebo> 标签。

6）新建一个 fixed 类型的 world_joint 使机器人底座 base_link 固定不动，在 <link name="base_link" > 前加入以下标签：

```xml
<link name="world"/>
<joint name="world_joint" type="fixed">
<parent link="world"/>
<child link="base_link"/>
<origin rpy="0.0 0.0 0.0" xyz="0.0 0.0 0.285"/>
</joint>
```

（五）为模型配置控制器

1）同样地，为每个需要仿真运动的关节添加 <transmission> 标签，例如为 head_joint 添加 <transmission> 标签，在 <gazebo reference="head_joint" > 后添加以下内容：

```xml
<transmission name="head_tran">
  <type>transmission_interface/SimpleTransmission</type>
  <joint name="head_joint">
    <hardwareInterface>PositionJointInterface</hardwareInterface>
  </joint>
  <actuator name="head_motor">
    <hardwareInterface>PositionJointInterface</hardwareInterface>
    <mechanicalReduction>1</mechanicalReduction>
  </actuator>
</transmission>
```

2）添加完毕后，在工作空间 yanshee_ws/src 中创建新的功能包 yanshee_gazebo，输入以下命令：

```
cd ~/yanshee_ws/src
catkin_create_pkg yanshee_gazebo
```

创建功能包 yanshee_gazebo 后会提示已创建 CmakeLists.txt 和 package.xml 两个工程配置文件，如图 6-46 所示。

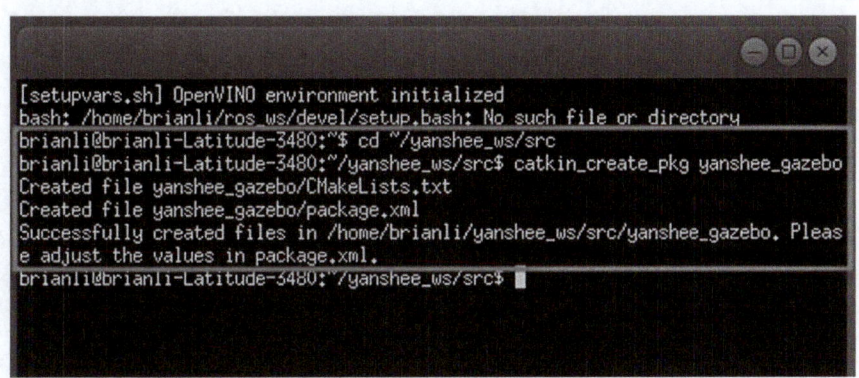

图 6-46　创建功能包 yanshee_gazebo

3）按照所给的 Yanshee 功能包中的文件内容修改配置 package.xml 文件内容，并添加 launch 文件夹与 config 文件夹，可以将已给的 Yanshee 功能包中的 config 文件夹和 launch 文件夹直接复制到自己的工程中。其中 config 文件夹下的两个 yaml 文件用于配置每个关节的控制器及控制类型，在下面的仿真中采用位置控制类型：position_controllers/JointPositionController。

（六）编写规划双臂摆动的程序

在 yanshee_gazebo/src 目录下新建一个 control.cpp 文件，主要实现目的有：
1）启动名为"control"的节点。
2）新建一个数目为 7 的 Publish 数组，分别对应头部、左右手臂的 7 个控制器（head_position_controller、left_arm1_position_controller、left_arm2_position_controller、left_arm3_position_controller、right_arm1_position_controller、right_arm2_position_controller、right_arm3_position_controller）的话题。
3）给左右臂关节对应的话题发布一个正弦曲线变换的消息，使机器人实现摆臂的简单动作。

代码内容可在 Yanshee 功能包 \src\yanshee_gazebo\src 目录下查看。

（七）执行程序进行仿真运动

1. 修改 CMakeLists.txt 文件

在 yanshee_gazebo 下的 CMakeLists.txt 中添加 control.cpp 文件的编译过程，内容为：

```
add_executable(control src/control.cpp)
target_link_libraries(control ${catkin_LIBRARIES})
add_dependencies(control ${PROJECT_NAME}_generate_messsages_cpp)
```

2. 编译工程并运行程序

1）进入 yanshee_ws 工作空间，如图 6-47 所示。

```
cd ~/yanshee_ws
```

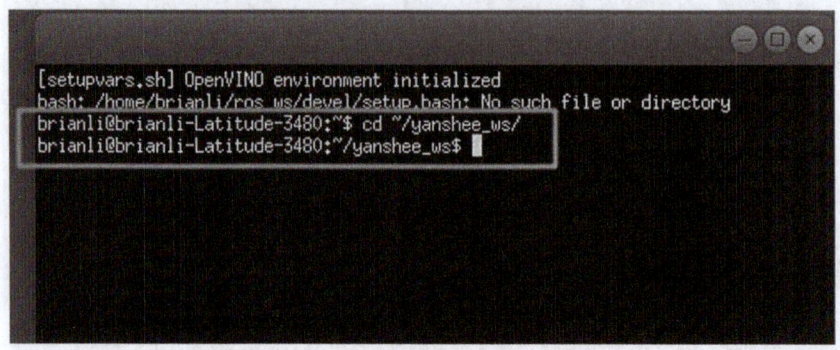

图 6-47　进入 yanshee_ws 工作空间

2）编译：

```
catkin_make
```

编译过程如图 6-48 所示，当看到 "100%" 时，则表示编译完成，如图 6-49 所示。

3）配置环境变量，如图 6-50 所示。

```
source ~/yanshee_ws/devel/setup.bash
```

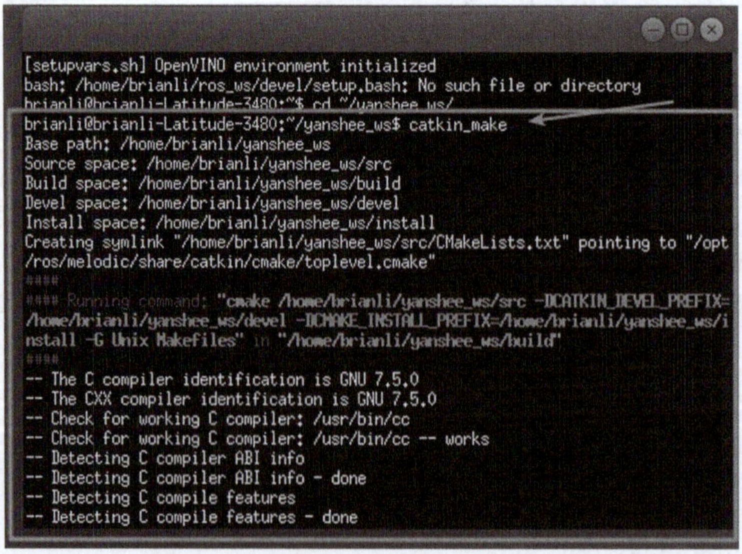

图 6-48　编译过程

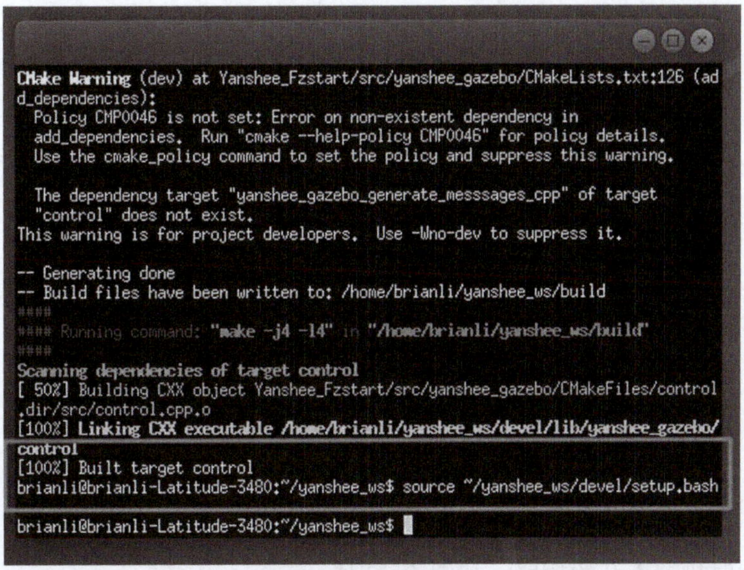

图 6-49 编译完成

图 6-50 配置环境变量

4）运行 yanshee_gazebo.launch，如图 6-51 所示。

```
roslaunch yanshee_gazebo yanshee_gazebo.launch
```

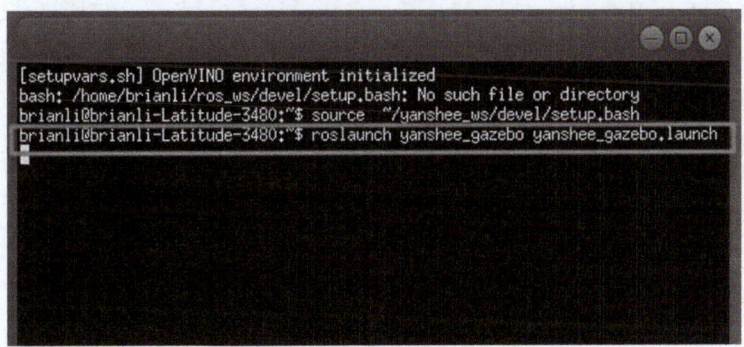

图 6-51 运行 yanshee_gazebo.launch

Gazebo 界面开启后，在界面中央显示机器人模型，如图 6-52 所示。

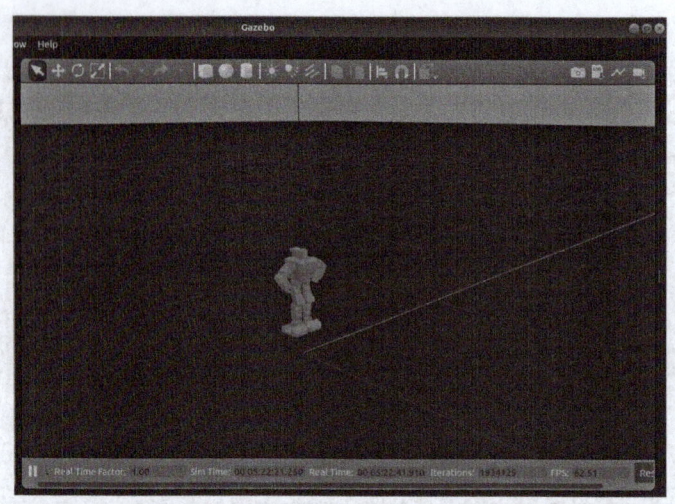

图 6-52　运行 yanshee_gazebo.launch

可以看到此时机器人开始摆臂，如图 6-53 所示。

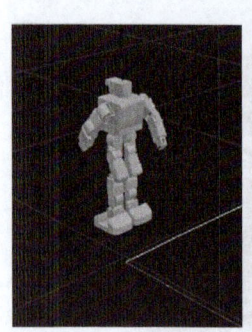

图 6-53　机器人模型进行摆臂运动

任务评价

班级		姓名		学号		日期	
自我评价	1. 能搭建 Ubuntu 环境					□是	□否
	2. 能安装配置 ROS 环境					□是	□否
	3. 能安装、测试 Gazebo 仿真环境					□是	□否
	4. 能使用仿真工具 Gazebo、可视化工具 Rviz 加载机器人 URDF 模型文件					□是	□否
	5. 能编写程序并在仿真环境中对机器人肢体关节进行运动控制					□是	□否
	6. 在完成任务时遇到了哪些问题？是如何解决的？						
	7. 能独立完成工作页的填写					□是	□否

（续）

班级		姓名		学号	日期	
自我评价	8. 能按时上、下课，着装规范				□是	□否
	9. 学习效果自评等级				□优 □良	□中 □差
	总结与反思：					
小组评价	1. 在小组讨论中能积极发言				□优 □良	□中 □差
	2. 能积极配合小组完成工作任务				□优 □良	□中 □差
	3. 在查找资料信息中的表现				□优 □良	□中 □差
	4. 能够清晰表达自己的观点				□优 □良	□中 □差
	5. 安全意识与规范意识				□优 □良	□中 □差
	6. 遵守课堂纪律				□优 □良	□中 □差
	7. 积极参与汇报展示				□优 □良	□中 □差
教师评价	综合评价等级： 评语： 教师签名： 日期：					

任务拓展

请模仿前面的机器人手臂运动仿真，做一个 Yanshee 机器人的腿部运动仿真。使用余弦函数方式表示运动规律。

提示：可以自行修改 URDF 模型文件，然后修改控制器标签，添加控制节点完成任务。

项目小结

该项目基于 Ubuntu16.04 ROS kinetic 环境的可视化工具 Rviz、仿真工具 Gazebo，通过编辑 URDF 模型文件，编写 C++ 控制程序，实现机器人手臂的仿真运动。结合项目实践学习了 ROS 命令行工具和仿真工具的基础操作，初步了解了机器人位姿、坐标变换的相关知识，并熟悉了机器人 URDF 模型文件的结构和内容设置，总体了解了机器人在仿真环境中实现肢体关节运动的方法。

项目 7
让机器人双足步行

⇨ 项目导入

当我们看到波士顿动力的 Atlas 机器人在雪地上自由行走，看到灵活自如的机器蜘蛛适应不同地形爬行，看到 Walker 机器人上下楼梯时，不由地发问，机器人究竟是如何控制自己的步态的呢？如何在保持自身平衡的同时完成对不同环境的识别与处理呢？这些都离不开机器人的步态控制。

如果说正、逆运动学是研究如何让机器人某个关节到达特定的位置，那么步态控制就是让机器人保持平衡同时快速行走的控制策略。因此步态控制更加关注的是机器人自身质心的位置、左右腿位置和身体姿态的控制，而具体舵机的输出等细节是正逆运动学需要解决的问题。

因此如果我们把步态控制和正逆运动学综合运用，就能实现双足人形机器人的简单平衡控制。那么本项目就将揭开机器人双足步态控制的神秘面纱。

⇨ 项目任务

本项目基于机器人 Ubuntu16.04 ROS kinetic 1.6 版本环境，实现机器人以静态步行的方式规划并执行双足行走的场景，具体包含如下任务：
1）安装机器人 ROS 版本。
2）执行步态规划工程程序。

⇨ 学习目标

知识目标
1）了解零力矩点的概念。
2）了解质心和力矩的定义。
3）了解机器人步态规划的基本概念。
4）掌握 ROS 版本更新的方法。
5）熟悉机器人步态规划方案设计的方法。

能力目标
1）能设计双足机器人步态规划程序。
2）能更新机器人 ROS 版本。
3）能正确编译并执行机器人工程。
4）能实现机器人双足步态前行。

项目 7 让机器人双足步行

知识链接

一 零力矩点

（一）零力矩点简介

零力矩点（Zero Moment Point，ZMP）是判定仿人机器人动态稳定运动的重要指标。当 ZMP 落在脚掌的范围内时，机器人可以稳定地行走，ZMP 的作用如图 7-1 所示。1968 年南斯拉夫学者穆·武科布拉托维奇在其步行机器人动态平衡理论中定义了这一概念，20 世纪 80 年代，早稻田大学的加藤一郎实验室制作了一系列的双足机器人，并最早将 ZMP 概念应用于实际。

（二）零力矩点的定义和作用

地面反作用力对人脚部的影响是复杂的。当人脚部接触地面时，会产生反作用力（N）和力矩（M）。如果存在一个点（P），其反作用力、惯性力的净力矩和为零，则称之为零力矩点，简称 ZMP。

机器人足底受力示意图如图 7-2 所示。沿足底的分力具有相同的方向，等效于一个合力 N，合力 N 所通过的在足底上的这个作用点即零力矩点。

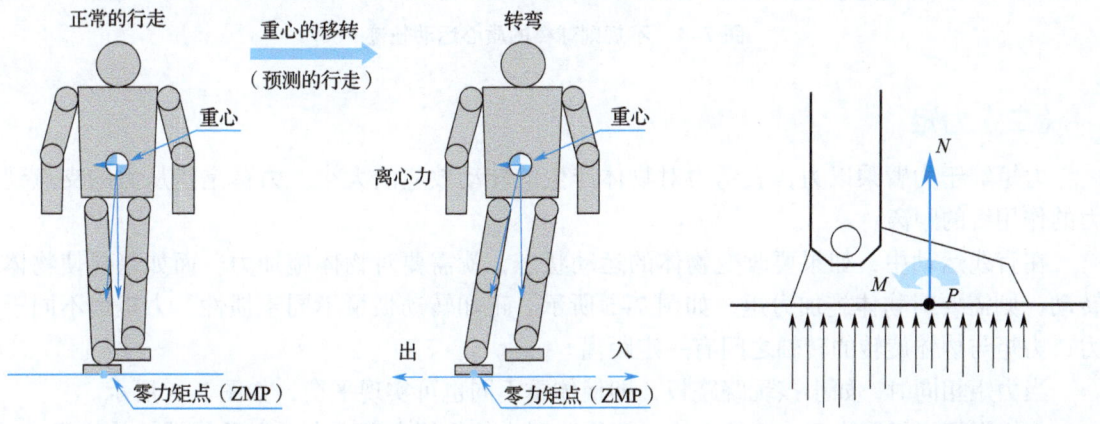

图 7-1 ZMP 的作用　　　　　图 7-2 机器人足底受力示意图

ZMP 可用于规划机器人的步行运动模式，大多数仿人机器人的步行模式都是基于 ZMP 生成的。为实现机器人在不平整地面上行走、上下楼梯以及手持重物行走等功能，ZMP 的概念和应用作了相应的修改和推广。

二 质心和力矩

（一）质心

质心是一个系统的所有部分根据质量进行加权的平均位置。对于规则物体，质心位于几何中心，对于不规则物体，质心偏向质量较大的一侧，如图 7-3 所示。

当物体运动时，例如抛出的球棒，尽管其运动轨迹可能很复杂，但是其质心会依然沿着平滑的抛物线运动，如图 7-4 所示。

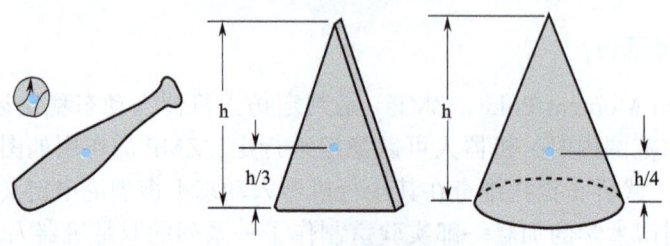

图 7-3　不规则物体质心

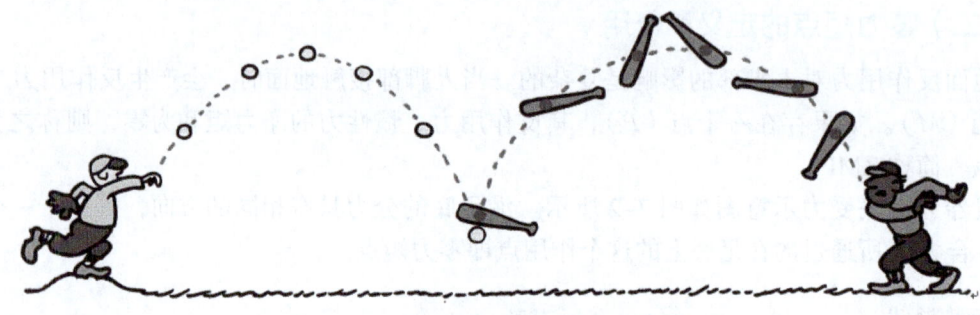

图 7-4　不规则球棒的质心运动轨迹

（二）力矩

力矩等于力臂乘以力，表示力对物体产生的转动效应的大小。力臂是指从力的支点到力的作用线的距离。

在直线运动中，如果要改变物体的运动状态，就需要对物体施加力。而如果要使物体转动，则需要对物体施加力矩，如图 7-5 所示。正如转动惯量不同于惯性，力矩也不同于力，力矩与物体旋转的转轴之间有一定距离。

当力矩相同时，如小孩玩跷跷板，即使体重不同也可实现平衡，如图 7-6 所示。

力矩平衡不仅取决于力矩的大小，还取决于力的作用点和方向，以及旋转轴的位置。

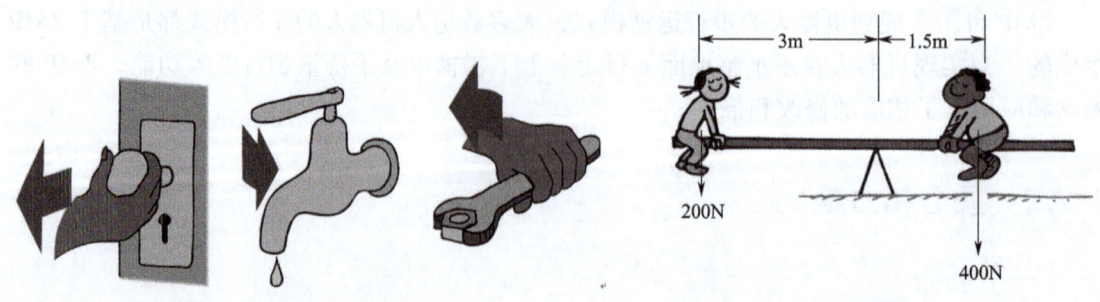

图 7-5　力矩产生旋转　　　　　　　图 7-6　产生的力矩相同

三 步态规划

步态规划（Gait Planning）是使机器人按照预先规划的步态运动的一种控制方法。步态指的是机器人每条腿按一定的顺序和轨迹运动的过程，是确保步行机构稳定运行的重要因素。研究者们提出了多种步态规划方法，包括仿生学方法、智能学习算法、模型简化等。

（一）仿人机器人步态概述

仿人双足机器人的行走控制并不像人一样轻松，而是需要工程师对机器人的动作进行各种分解，经过步态规划之后机器人才可以实现类似人一样的行走动作。图7-7所示的机器人Asimo爬楼梯就是一个非常复杂的过程。表7-1列举了仿人机器人步态的基本概念与定义。

图7-7 机器人Asimo爬楼梯

表7-1 仿人机器人步态的基本概念与定义

基本概念	定义
步态	仿人机器人的步态规划类似于机械臂的轨迹规划，但是机械臂轨迹规划一般仅仅涉及机械臂关节空间或者笛卡儿空间的轨迹规划问题，且二者之间是可以通过机器人的正向运动学和逆向运动学相互转化的。但是仿人机器人的步态规划不同，机器人没有固定的基座，因而不存在特定的关节空间和笛卡儿空间的转化关系，因为二者之间的转换需要涉及机器人漂浮基座的状态。因而仿人机器人的步态可以认为是质心轨迹以及各个关节轨迹的综合
静态步行	仿人机器人步行过程中，机器人相对于支撑脚始终处于静力学平衡状态，即机器人的质心在地面上的投影始终不超过支撑多边形的范围
动态步行	仿人机器人步行过程中，机器人相对于支撑脚始终处于动力学平衡状态，即机器人的质心在地面上的投影可以在某些时刻超过支撑多边形的范围
单腿支撑	机器人仅仅有一只脚与地面接触，此时机器人呈倒立摆状态
双腿支撑	机器人双腿支撑某种程度上是一种过渡阶段，根据人类的行走状态，双腿支撑期只占一个步行周期的8%~25%。机器人在行走过程中处于单腿支撑和双腿支撑的结合和切换。但是当机器人处于奔跑状态时，则是单腿支撑与腾空状态的结合
单步	机器人从一侧脚着地到另一侧脚着地构成一个步长，它包含一个双腿支撑期和单腿支撑期。两个单步会构成一个复步
复步	在步行运动中，从机器人一侧脚着地开始到该脚再次着地构成一个复步。期间两只腿各相继向前迈步一次。它包括两个双腿支撑期和两个单腿支撑期
跨高	摆动腿在摆动过程中脚底离地面的最大距离，常用于衡量机器人跨越小障碍物和在不平地面行走的能力

（二）仿人机器人的步态规划方法

仿人机器人的步态规划方法主要有：基于倒立摆的步态规划法、基于ZMP的步态规划法、基于优化算法的步态规划法、基于机器学习的步态规划法、以及基于仿生学的步态规划法等。

1. 基于倒立摆的步态规划法

将仿人机器人简化为倒立摆模型，通过控制倒立摆的运动来模拟机器人的步行过程。倒立摆模型有不同的类型和级数，以适应不同的研究和应用需求。在实际机器人的步行稳定控制研究中，倾斜的倒立摆轨道更具有意义。

在构建仿人机器人倒立摆模型时，假设机器人全部质量集中在质心，两腿为无质量摆杆，从而建立三维线性倒立摆模型，用于描述机器人的动态行为。再设定合适的步态参数（如步长、步高和步行周期等），结合运动学方程的建立和求解，可得到期望的质心和摆动腿运动轨迹，为后续控制策略设计提供理论基础。

仿人机器人的行走模型与人体下肢的行走非常相似，且仿人机器人的下肢设计基本上也是参考人体下肢的髋关节、膝关节、踝关节。髋关节、膝关节、踝关节的主要作用见表 7-2。

表 7-2 关节作用

关节类型	主要作用
髋关节	用于摆动腿，实现迈步并使上躯体前倾或者后仰，使之在步行过程中保持平衡
膝关节	调整重心的高度，并用来调整摆动腿的着地高度，使之与地形相适应
踝关节	用来和髋关节相配合，实现支撑腿和上躯体的移动，而且还可以调整脚掌与地面的接触状态

双足机器人的步行可以分为静态步行和动态步行两种。静态步行是重心移动少、速度慢的步行方式，动态步行则是自身破坏平衡，向前倾倒地行走，人的行走以动态步行为主。倒立摆的移动就属于这种典型的动态步行。双足机器人一个完整的行走周期分为双腿支撑阶段和单腿支撑阶段。双腿支撑阶段起始于前脚的脚跟接触地面，结束于后脚的脚趾离开地面；单腿支撑阶段是一条腿支撑身体，另外一条腿完成步行前移。在行走过程中需要确定的是踝关节的轨迹和髋关节的轨迹，膝关节的轨迹由二者联合决定。

如果忽略腿部的质量，双足机器人的模型就可以简化成一级倒立摆的模型。双足机器人实际与外部环境的接触情况分类如图 7-8 所示。

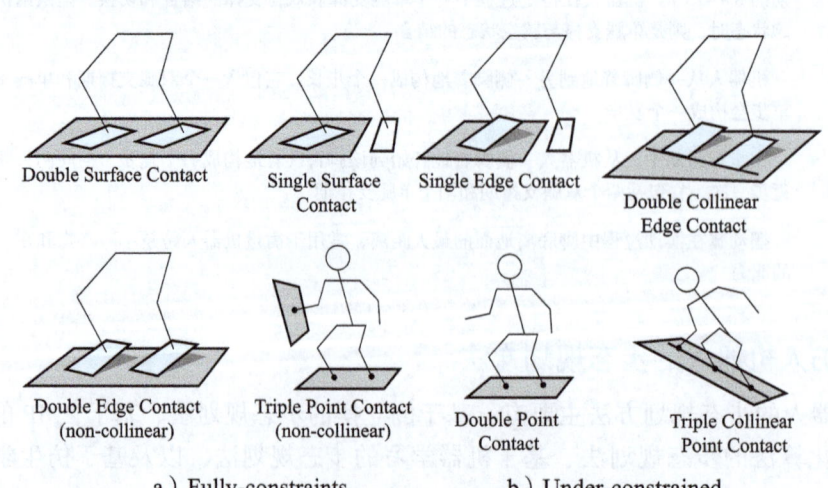

图 7-8 双足机器人接触情况分类

2. 基于 ZMP 的步态规划法

ZMP 理论是评估和确保机器人稳定性的重要工具。基于 ZMP 的步态规划法是通过控制机器人在行走过程中 ZMP 的位置，使其始终位于支撑面内，从而实现稳定行走。这种方法需要精确计算 ZMP 的轨迹，并通过关节控制来实现。

3. 基于优化算法的步态规划法

基于优化算法的步态规划法是一种在仿人机器人步态规划中广泛应用的策略。其核心思想是通过诸如遗传算法、粒子群优化等算法，在满足一系列约束条件（如稳定性、能量效率、步长等）的前提下，寻找最优的步态参数组合。这些约束条件的权衡是通过优化算法来实现的，通常包括行走速度、能量消耗、步长以及步态稳定性等指标。在步态规划过程中，步态的参数化是一个至关重要的步骤，它直接影响到优化结果的准确性和最终步态的实用性。此外，通过在实际机器人上进行实验验证和调整，可以进一步确保所得步态轨迹的有效性和可靠性。

4. 基于机器学习的步态规划法

随着机器学习技术的发展，利用神经网络、深度学习等方法来规划步态变得越来越流行。这类方法通过学习大量的行走数据或仿真数据来训练模型，使其能够生成适应不同环境和任务的步态。在模型训练过程中，需要选择合适的网络结构、学习算法和损失函数，以确保模型能够有效地学习到数据中的内在规律和特征。由于神经网络的复杂性，可能会出现过拟合或难以收敛等问题。因此，在实际应用中，需要结合具体的机器人硬件和行走环境，进行针对性的调整和优化，以实现更加自然、稳定和高效的行走表现。

5. 基于仿生学的步态规划法

人形机器人是模仿人的形态和行为制造的机器人，它具有类人的结构设计，因此，可将人类的仿生步态用于人形机器人的步态规划。基于仿生学的步态规划方法就是使用仪器记录人的步行运动数据，然后将记录的数据进行修正，使其更适合人形机器人的驱动方式、质量分布、机械结构等，最后将修正后的数据作为机器人的输入控制参数，因此，该规划方法比较简单。

本田公司研制的人形机器人 Asimo 和北京理工大学研制的人形机器人 BHR-2，它们的步态设计就是采用了仿生学步态规划方法，并取得了良好的效果。然而，不同人形机器人的物理结构往往差异很大，加之目前还很难采集到准确而完备的 HMCD（Human Motion Capture Data），此规划方法仍具有一定的局限性。

环境适应性不足和学习能力差是现有人形机器人控制系统的主要缺陷，而像神经网络、模糊控制、遗传算法等智能算法具有较强的学习、容错和自适应能力，因此常常被用于规划人形机器人的步态。

基于神经网路的步态规划方法由输入节点变量、中间神经元和输出节点变量组成。输入节点变量是在人形机器人的步行周期内，采集各关节的坐标和微分，输出节点变量为各关节的角度或力矩等，通过设计相应的中间神经元来规划机器人的步态。该规划方法需要大量的样本和计算来确定每个神经元的权重，同时，还需解决样本空间构造和收敛性问题。

基于模糊控制的步态规划方法中，模糊控制器的输入变量由人形机器人运动过程中实时的步行状态参数和预先设定的步态初始参数组成，输出变量是每一关节的力矩或角度，按照一定的模糊控制规则来规划机器人的步态。由于人形机器人的姿态和行走环境是多变的，故需要较多的控制规则，因此，该规划方法仅适于一些人形机器人的姿态和行走环境都相对简单的情况。

基于遗传算法的步态规划方法是先将重要关节的位置、速度和加速度等在各关键时间点上设定好，并用多项式插值的方式得到参数化的步态，然后采用遗传换算法找到满足步态稳定性最多条件下的最优参数，以得到稳定性较强的期望步态。

基于模型的步态规划方法是将复杂的机器人系统通过解耦合、降阶等方法简化为比较简单的模型来分析研究，常用的模型有连杆模型、倒立摆模型等。

连杆模型是将机器人腿部各关节之间的部分和上半身均看成质量均匀的刚性连杆，对机器人进行步态规划时，首先规划其关键关节运动轨迹，并由几何导出剩下各关节的轨迹，接着优化步态参数，使其 ZMP 在稳定区域内，最后逆运算求解出各关节的角度轨迹。

倒立摆模型是假设人形机器人的所有质量都集中在质心上，两条腿看作两个无质量、可伸缩的摆杆，建立人形机器人的三维线性倒立摆模型。设出相应的步态参数，通过建立并求解运动学方程的方法，得到期望的质心和摆动腿的运动轨迹。

四 更新机器人 ROS 版本

机器人应用开发的环境依据所需的功能、模块各不相同，不同的项目可能需要对 ROS 版本进行更新（升级或降级）。在获取所需版本的安装包后，通过 dpkg 命令即可安装，例如如果要对机器人 Yanshee 升级为 ROS kinetic v2.3 版本，则使用命令：

```
sudo dpkg -i UBT-Yanshee-Ros-Linux-v2.3.0.15_20210616_Alpha_CN.deb
```

五 机器人步态规划方案设计

（一）静态步行与动态步行方法的选择

首先，步态规划这一阶段并不会涉及机器人每个关节具体怎么运动，角度是多少，这些问题是放在正逆运动学的阶段处理，而步态规划这一阶段需要关注机器人左右脚的位姿（位置及姿态）、机器人质心位置及机器人上半身姿态。

另外步行方式可大致分为静态步行和动态步行，而对比来看：

- 在静态步行中，机器人质心在地面上的投影始终不超越支撑多边形的范围；而在动态步行中，机器人质心的投影在某些时刻可以越出支撑多边形。
- 静态步行规划简单不容易摔倒，但是行走速度较慢；动态步行可以提高行走速度，但比较复杂。

所以静态步行更适合作为一种机器人的简单步行规划方法。

（二）静态步行规划方式介绍

下面以静态步行方式为例说明机器人左右脚及质心的规划。

以机器人直立静止时质心在地面上的投影建立三维坐标系，向前为 x，向左为 y，向上为 z。以机器人向前走两个步长为例，一共分以下几个步骤：

1）重心移到左脚；
2）抬起右脚迈一个步长到下个落脚点；
3）重心移到右脚；
4）抬起左脚迈两个步长到下个落脚点；
5）重心移到左脚；
6）抬起右脚迈一个步长到下个落脚点；
7）重心移回中间，恢复直立状态。

图 7-9 所示为此过程中左右脚相对坐标原点的 x 方向位移的图像。

图 7-10 所示是行走过程中左右脚相对坐标原点 z 方向位移的图像。

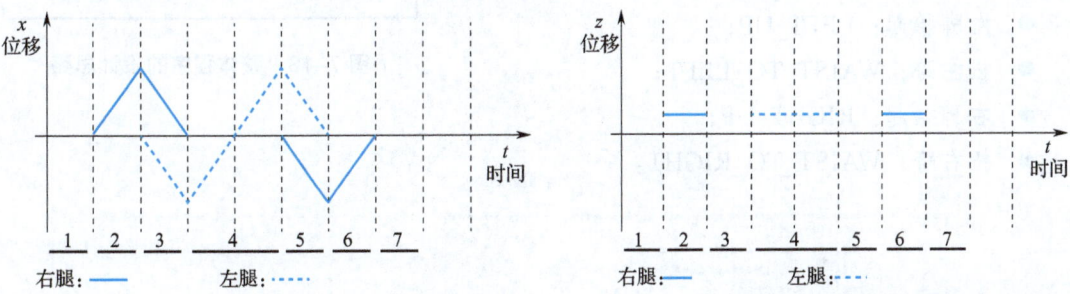

图 7-9　机器人左右脚相对坐标原点的 x 方向的位移图　　图 7-10　左右脚相对坐标原点 z 方向的位移图

图 7-11 所示是行走过程中质心相对坐标原点 y 方向位移的图像。

图 7-12 所示是机器人行走过程中的足迹以及质心运动的轨迹在地面的投影。

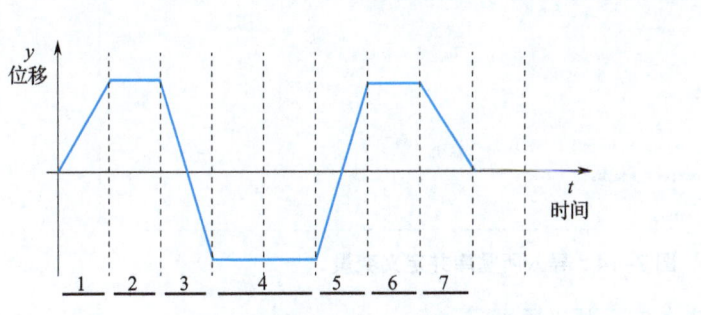 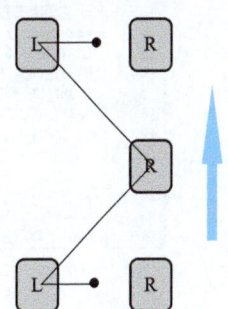

图 7-11　质心相对坐标原点 y 方向的位移图　　图 7-12　机器人行走过程中的足迹以及质心运动的轨迹在地面的投影

通过上面的示意图可以说明，机器人静态步行的规划其实就是对自身左右脚位姿、自身质心的位置以及上半身姿态的规划，掌握了这些位置变换的信息，就能规划出机器人行走的效果，而机器人步态规划的方式直接影响到机器人行走的效果。

（三）静态步行规划程序设计

根据上面的静态步行方式，可设计一个简单的步态控制算法，实现 Yanshee 机器人完成向前迈步的基本步态，具体通过机器人质心、左右足三点坐标值的时间移动来完成动态规划。完整的程序代码参见 Yanshee_Gait 工程源码目录下的 test.cpp 文件，整体程序的设计思路如图 7-13 所示。

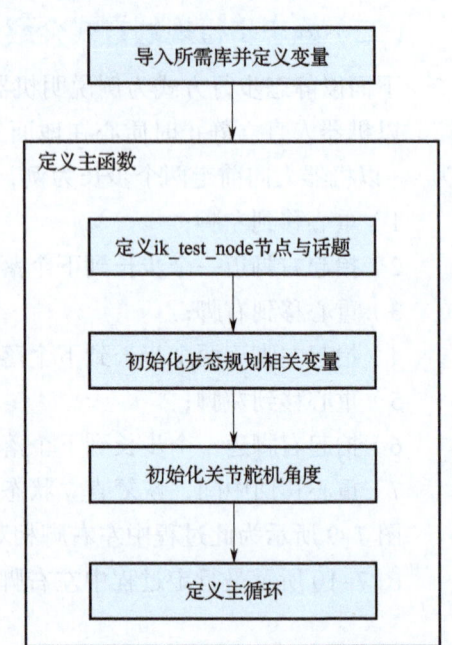

图 7-13　整体程序的设计思路

1. 导入所需库并定义变量（见图 7-14）

首先导入所需库，定义步态枚举的状态，分别为：

- 左脚抬起：LEFT_UP；
- 扭左跨：WAIST_TO_LEFT；
- 右脚抬起：RIGHT_UP；
- 扭右跨：WAIST_TO_RIGHT。

```cpp
#include "ros/ros.h"
#include "gait/kinematics.h"
#include "ubt_msgs/angles_set.h"
#include <sstream>


#define LEG_UP_CONDITION 0.006
#define WAIST_LIMIT 0.007
#define GAIT_T 0.8
#define SPEED 0.01


//定义步态枚举的状态，分别为左脚抬起，扭左跨，右脚抬起，扭右跨
enum gait_status{
LEFT_UP = 0,
WAIST_TO_LEFT = 1,
RIGHT_UP = 2,
WAIST_TO_RIGHT = 3,
};

gait_status gait_current_status;

bool first_step = true;
```

图 7-14　导入所需库并定义变量

2. 定义 ik_test_node 节点与话题（见图 7-15）

在主函数 main（）中，首先调用 ros 库，定义所需的节点和发布的话题信息。

3. 初始化步态规划相关变量（见图 7-16）

主要定义机器人质心、左右足三点坐标值随着时间变换而移动的位置信息，这里同时定义了机器人上半身手臂相关的位置，给定这些位置初始值。

```
26  int main(int argc, char **argv){
27
28      ros::init(argc, argv, "ik_test_node");
29      ros::NodeHandle n;
30      ros::Publisher joint_pub = n.advertise<ubt_msgs::angles_set>("hal_angles_set", 1);
31      ubt_msgs::angles_set joint_angle_; joint_angle_.angles.resize(17);
32
33      gait::Kinematics kinematic;
34      ros::Rate loop_rate(50);
35      ros::Time time_program_hold = ros::Time::now();
```

图 7-15 定义 ik_test_node 节点与话题

```
36
37  //定义常量值π
38  const double PI = 3.1415926;
39  const double pi = 3.1415926;
40  //定义常量,弧度和角度之间的转换
41  const double Rad2Deg = 180 / pi;
42  const double Deg2Rad = pi / 180;
43
44  //定义机器人四肢相关的位置变量,并且初始化变量
45  double l[6] = {0.0, 0.0563/2, 0.0, 0.0, 0.0, 0.0};
46  double r[6] = {0.0, -0.0563/2, 0.0, 0.0, 0.0, 0.0};
47  double w[6] = {0.015, 0.0, 0.152776, 0.0, 0.0, 0.0};
48  double foot_pos_l[3] = {0,0,0};              //左脚步态初始位置
49  double foot_pos_r[3] = {0,0,0};              //右脚步态初始位置
50  double stand_init_w[6] = {0, 0, 0.15, 0, 0, 0};  //重心起始位置
51  double left_arm[3] = {0,0,0};                //左手臂初始位置
52  double right_arm[3] = {0,0,0};               //右手臂初始位置
53  double l_foot[6] = {0, 0.0563/2, 0, 0, 0, 0}; //左脚初始位置
54  double r_foot[6] = {0, -0.0563/2, 0, 0, 0, 0}; //右脚初始位置
55  double waist[6] = {0, 0, 0.15, 0, 0, 0};     //髋初始位置
56  double l_joint[6] = {0, 0, 0, 0, 0, 0};      //左脚关节初始位置
57  double r_joint[6] = {0, 0, 0, 0, 0, 0};      //右脚关节初始位置
```

图 7-16 初始化步态规划相关变量

4. 初始化关节舵机角度（见图 7-17）

对应上述机器人肢体的位置信息，相应地初始化机器人 17 个舵机的角度值。

```
58
59  //初始化关节角度,因为YANSHEE 共17个舵机,因此设置 17个角度值（init joint_angle）
60  joint_angle_.angles[0] = int((90 + 0)*2048/180);
61  joint_angle_.angles[1] = int((130 + 0)*2048/180);
62  joint_angle_.angles[2] = int((179 + 0)*2048/180);
63  joint_angle_.angles[3] = int((90 + 0)*2048/180);
64  joint_angle_.angles[4] = int((40 + 0)*2048/180);
65  joint_angle_.angles[5] = int((15 + 0)*2048/180);
66  joint_angle_.angles[6] = int((90 + 0)*2048/180);
67  joint_angle_.angles[7] = int((60 + 0)*2048/180);
68  joint_angle_.angles[8] = int((76 - 0)*2048/180);
69  joint_angle_.angles[9] = int((110 + 0)*2048/180);
70  joint_angle_.angles[10] = int((90 + 0)*2048/180);
71  joint_angle_.angles[11] = int((90 + 0)*2048/180);
72  joint_angle_.angles[12] = int((120 - 0)*2048/180);
73  joint_angle_.angles[13] = int((104 + 0)*2048/180);
74  joint_angle_.angles[14] = int((70 + 0)*2048/180);
75  joint_angle_.angles[15] = int((90 + 0)*2048/180);
76  joint_angle_.angles[16] = int((90 + 0)*2048/180);
77  joint_angle_.time = 25;
```

图 7-17 初始化关节舵机角度

5. 定义主循环

程序中主循环是最核心的部分，其流程如图 7-18 所示，目的在于分四种情况规划机器人的步态，进而更新机器人四肢的位姿，然后用 IK（Indirect Kinematics）逆运动学方法反推出机器人舵机的位置，从而用 ROS 节点发布话题控制机器人舵机运动，实现机器人步态行走。

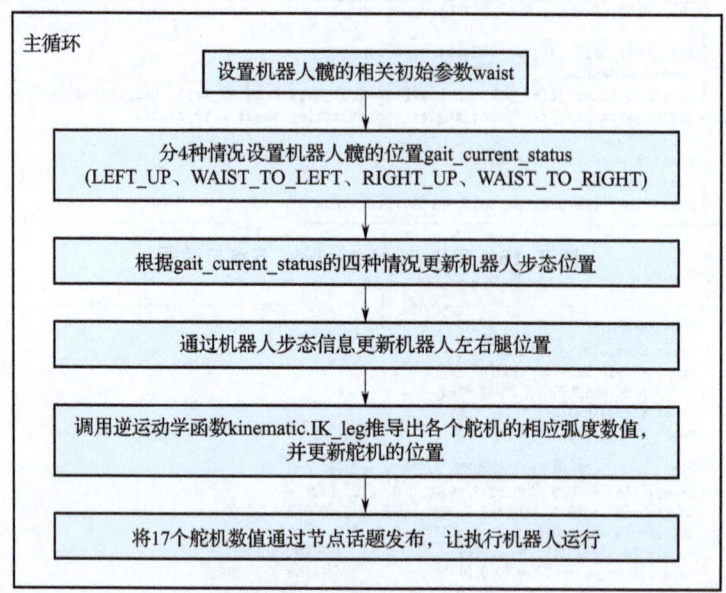

图 7-18　主循环设计思路

（1）设置机器人髋的相关参数（见图 7-19）

```
79   while (ros::ok())
80   {
81   ros::Duration ros_time_dur = ros::Time::now() - time_program_hold;
82   double time_now = ros_time_dur.toSec();//update run time
83   //设置机器人髋的相关初始参数set robot waist position
84   waist[0] = stand_init_w[0] +(l_foot[0]+r_foot[0])/2;
85   waist[1] = stand_init_w[1] + WAIST_LIMIT*(sin(2* PI/GAIT_T *time_now));
86   waist[2] = stand_init_w[2];
87   waist[3] = 0;
88   waist[4] = 0;
89   waist[5] = 0;
```

图 7-19　设置机器人髋的相关参数

（2）设置机器人髋的位置（见图 7-20）　根据定义的参数来判断机器人髋移动的四种情况，为后续每种情况的步态更新做铺垫。

```
90   //设置机器人髋的位置（set robot waist position）
91   if(waist[1]>LEG_UP_CONDITION){
92   
93   gait_current_status = LEFT_UP;
94   
95   }else if(waist[1]<-LEG_UP_CONDITION){
96   
97   gait_current_status = RIGHT_UP;
98   first_step = false;
99   
100  }else{
101  
102      if((gait_current_status == LEFT_UP)||(gait_current_status == WAIST_TO_LEFT)){
103          gait_current_status = WAIST_TO_LEFT ;
104      }else{
105          gait_current_status = WAIST_TO_RIGHT;
106      }
107  }
```

图 7-20　设置机器人髋的位置

（3）更新机器人步态位置（见图 7-21） 根据四种情况更新机器人步态规划的信息。

```
109     //通过步态状态，更新腿部的位置 ( set robot foot position)
110     switch(gait_current_status)
111     {
112     //抬左脚
113     case LEFT_UP:
114         foot_pos_l[2] = 15*(waist[1]-LEG_UP_CONDITION);
115         foot_pos_l[0] += (first_step?(SPEED/2):SPEED);
116         left_arm[0] = 30000*(waist[1]-LEG_UP_CONDITION);
117         right_arm[0] = left_arm[0];
118         break;
119     //重心移到左脚
120     case WAIST_TO_LEFT:
121         foot_pos_l[2] = 0;
122         foot_pos_r[2] = 0;
123         break;
124     //抬右脚
125     case RIGHT_UP:
126         foot_pos_r[2] = -15*(waist[1]+LEG_UP_CONDITION);
127         foot_pos_r[0] += (first_step?(SPEED/2):SPEED);
128         left_arm[0] = 30000*(waist[1]+LEG_UP_CONDITION);
129         right_arm[0] = left_arm[0];
130         break;
131     //重心移到右脚
132     case WAIST_TO_RIGHT:
133         foot_pos_l[2] = 0;
134         foot_pos_r[2] = 0;
135         break;
136     }
```

图 7-21　更新机器人步态位置

（4）更新机器人左右腿位置（见图 7-22） 根据机器人步态的信息更新左右腿的位置变化。

```
136     }
137     //更新左腿当前位置
138     l_foot[0] = l[0] + foot_pos_l[0];
139     l_foot[1] = l[1] + foot_pos_l[1];
140     l_foot[2] = l[2] + foot_pos_l[2];
141     //更新右腿当前位置
142     r_foot[0] = r[0] + foot_pos_r[0];
143     r_foot[1] = r[1] + foot_pos_r[1];
144     r_foot[2] = r[2] + foot_pos_r[2];
```

图 7-22　更新机器人左右腿位置

（5）调用 IK 推断舵机角度（见图 7-23） 调用逆运动函数反推舵机的弧度位置，并更新机器人舵机变换。

```
146     //通过封装的逆运动学函数，来推导出各个舵机的相应的弧度数值 (IK 代表Indirect Kinematics逆运动学)
147     kinematic.IK_leg(l_foot, waist, r_foot, l_joint, r_joint);
148
149     std::cout << l_joint[0] <<' '<< l_joint[1] <<' '<< l_joint[2]<<' '<< l_joint[3] <<' '<< l_joint[4] <<' '<< l_joint[5] << std::endl;
150     std::cout << r_joint[0] <<' '<< r_joint[1] <<' '<< r_joint[2]<<' '<< r_joint[3] <<' '<< r_joint[4] <<' '<< r_joint[5] << std::endl;
151
152     //手臂的舵机数值
153     joint_angle_.angles[0] = int((90 + left_arm[0])*2048/180);
154     joint_angle_.angles[3] = int((90 + right_arm[0])*2048/180);
155     //左脚的舵机数值
156     joint_angle_.angles[6] = int((90 + 1*l_joint[1]*Rad2Deg )*2048/180);
157     joint_angle_.angles[7] = int((98 + 1*l_joint[2]*Rad2Deg )*2048/180);
158     joint_angle_.angles[8] = int((128 - 1*l_joint[3]*Rad2Deg )*2048/180);
159     joint_angle_.angles[9] = int((94 - 1*l_joint[4]*Rad2Deg )*2048/180);
160     joint_angle_.angles[10] = int((90 + 1*l_joint[5]*Rad2Deg )*2048/180);
161     //右脚的舵机数值
162     joint_angle_.angles[11] = int((90 + 1*r_joint[1]*Rad2Deg )*2048/180);
163     joint_angle_.angles[12] = int((82 + 1*r_joint[2]*Rad2Deg )*2048/180);
164     joint_angle_.angles[13] = int((52 + 1*r_joint[3]*Rad2Deg )*2048/180);
165     joint_angle_.angles[14] = int((86 + 1*r_joint[4]*Rad2Deg )*2048/180);
166     joint_angle_.angles[15] = int((90 + 1*r_joint[5]*Rad2Deg )*2048/180);
```

图 7-23　调用 IK 推断舵机角度

（6）话题发布、舵机变换位置（见图 7-24）最后发布话题，使机器人舵机运动，实现上述规划的步态行走。

```
168    joint_angle_.time = 20;
169    //把获得的17个舵机数值，通过ROS发送给角度控制节点，来执行机器人运行
170    joint_pub.publish(joint_angle_);
171
172    ros::spinOnce();
173    loop_rate.sleep();
174    }
175
176    return 0;
177    }
```

图 7-24 话题发布、舵机变换位置

总的来说，程序通过改变质心 y 坐标值来调整机器人髋部左右摆动的动作。然后当质心坐标摆到左边的时候，就设置机器人右脚的 z 坐标值增大，也就是让它抬起右脚，同时右脚 x 坐标值增大一个 SPEED 距离，也就是向前迈一步。当质心坐标摆到右边的时候，就设置机器人左脚的 z 坐标值增大，同时左脚 x 坐标值增大一个 SPEED 距离，也就是让机器人左脚也向前迈一步。与此同时机器人质心的横坐标 x 也同样向前移动相应的距离，完成三点坐标值规划步态的目的。这样一个过程就完成了相应的机器人向前走的步态姿势展现。

项目准备

1）一台计算机、一根 HDMI 数据线。
2）一台智能人形教育服务机器人（Yanshee），版本至少为 1.1。
3）一套无线键鼠。

任务实施

一 安装机器人 ROS v1.6 版本安装包

（一）复制安装包到机器人端

1）在 PC 端准备所需的 ROS kinetic v1.6 版本的安装包，如图 7-25 所示。

📄 UBT-Yanshee-Ros-Linux-v1.6.0-1_20190702_gait.deb

图 7-25 ROS kinetic v1.6 版本的安装包

2）在 PC 端打开终端（命令提示符），如图 7-26 所示。
3）输入命令，将安装包复制到 Yanshee 机器人端，如图 7-27 所示。复制命令示例如下（机器人端 ip 和目的路径需要根据使用的机器人调整）：

```
scp UBT-Yanshee-Ros-Linux-v1.6.0-1_20190702_gait.deb pi@10.10.34.120:/home/pi
```

输入命令后，会提示输入密码，密码为 raspberry，输入后即开始复制。

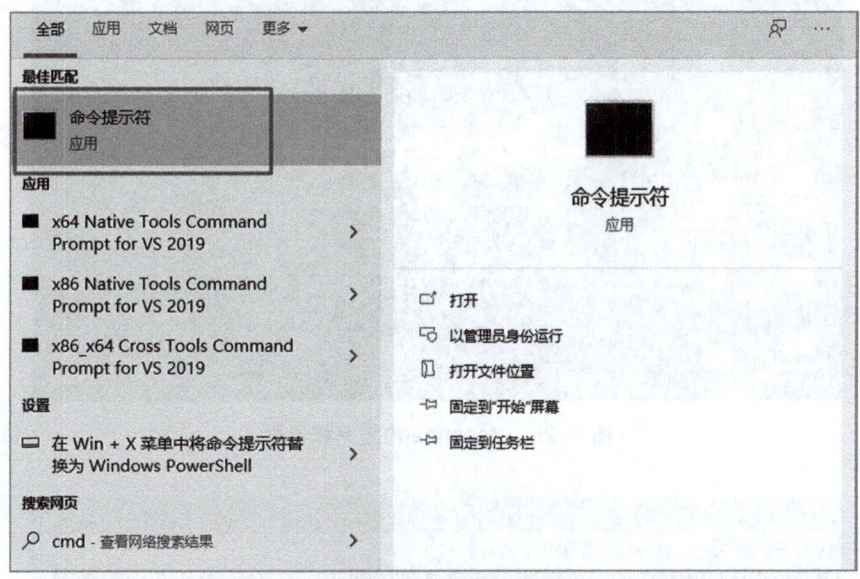

图 7-26　PC 端打开终端

图 7-27　复制安装包到机器人端

（二）安装安装包并重启机器人

1）用 HDMI 线将机器人与计算机显示屏连接，即能显示如图 7-28 所示的 Yanshee 内置系统界面。

2）打开终端，使用以下命令安装此安装包，如图 7-29 所示。

```
sudo dpkg -i UBT-Yanshee-Ros-Linux-v1.6.0-1_20190702_gait.deb
```

图 7-28 Yanshee 内置系统界面

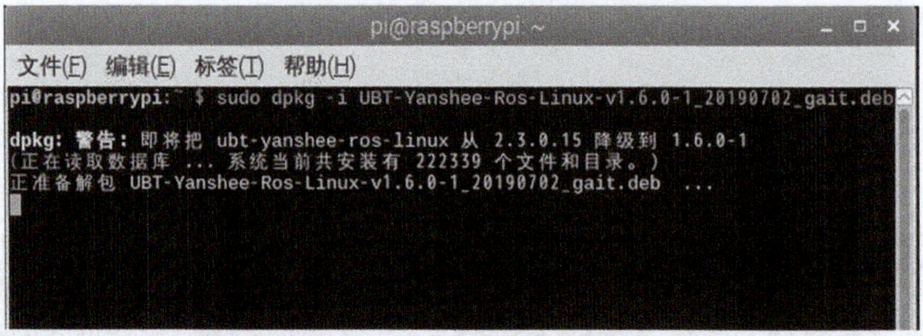

图 7-29 安装 ROS kinetic v1.6 版本安装包

3）安装完后使用以下命令重启，如图 7-30 所示。

reboot

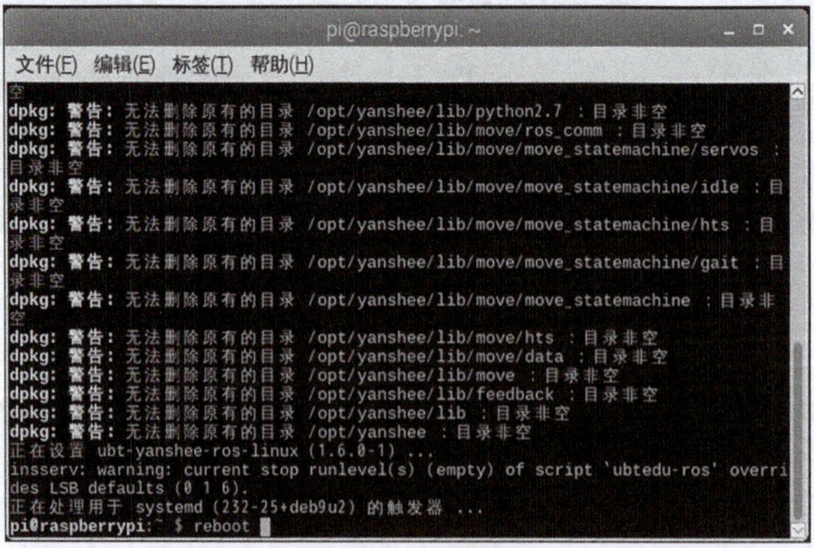

图 7-30 安装后重启

二 执行步态规划工程程序

（一）复制工程源码到机器人端

1）PC 端准备工程 Yanshee_Gait 源码文件，同样按照之前的方法将其复制到机器人端，命令如下，如图 7-31 所示。

```
scp -r UBT-Yanshee_Gait pi@10.10.34.120:/home/pi
```

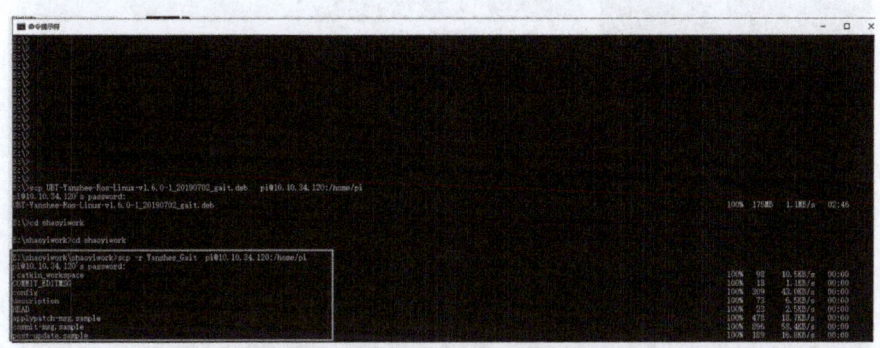

图 7-31　复制工程 Yanshee_Gait 源码文件到机器人端

2）在 VNC 软件连接到机器人端中，通过 cd、ls 和 tree 命令查看工程 Yanshee_Gait 的目录结构，如图 7-32 所示。

```
cd Yanshee_Gait/
ls -la
cd src/
tree
```

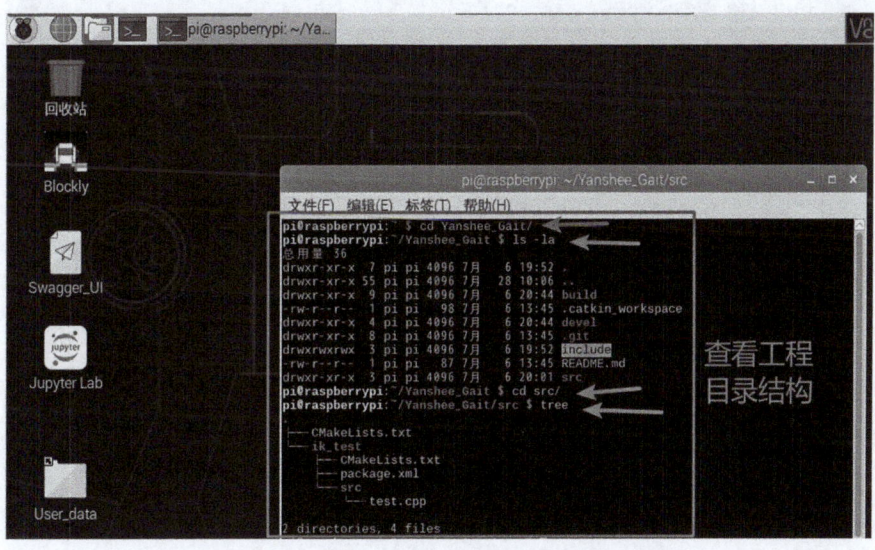

图 7-32　查看工程 Yanshee_Gait 的目录结构

3）配置环境变量，如图 7-33 所示。

```
source /opt/yanshee/lib/
source /mnt/yanshee/setup.bash
```

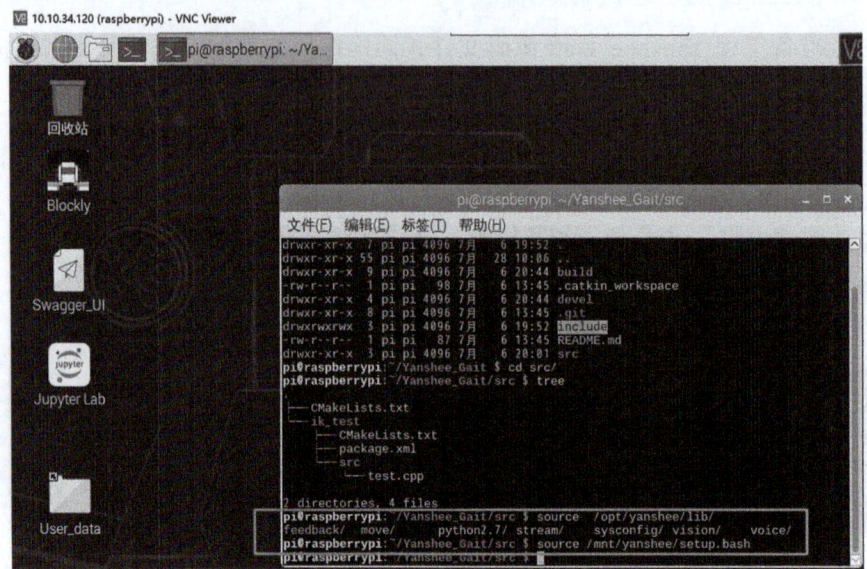

图 7-33　配置环境变量

（二）编译工程并运行节点

1）编译代码，如图 7-34 所示。

```
catkin_make
```

图 7-34　编译代码

2）编译完成后设置环境变量，如图 7-35 所示。

```
source devel/setup.bash
```

图 7-35　编译完成后设置环境变量

3）运行步态算法节点，如图 7-36 所示。

```
rosrun ik_test ik_test_node
```

图 7-36　运行步态算法节点

机器人开始进行步态行走，如图 7-37 所示，同时终端中会显示双腿舵机弧度值数据，如图 7-38 所示，其对应的代码内容如图 7-39 所示。

图 7-37 机器人开始步态行走

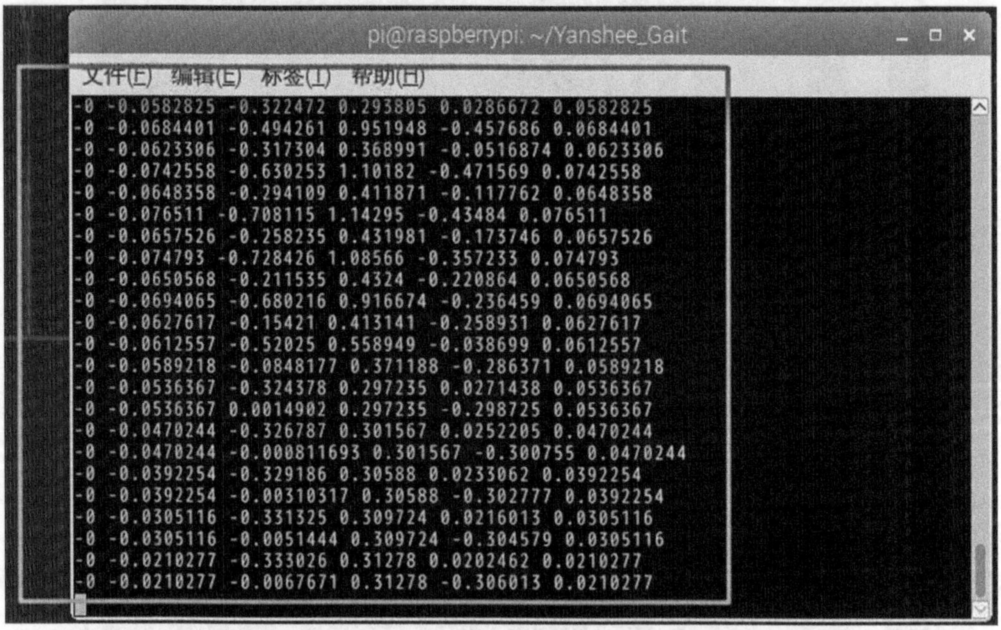

图 7-38 程序显示的双腿舵机弧度值

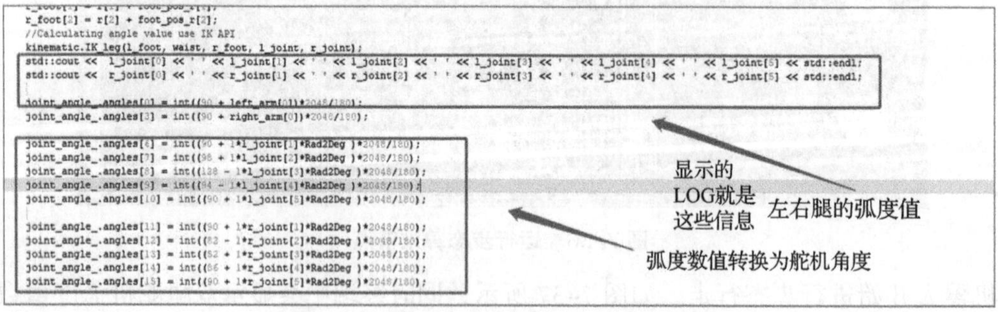

图 7-39 程序显示的数据对应的代码信息

最后，若需要恢复机器人的 ROS 版本为 v2.3 或更高，则按照知识链接中的方法进行版本升级。

任务评价

班级		姓名		学号		日期		
自我评价	1. 能设计双足机器人步态规划程序					□是	□否	
	2. 能更新机器人 ROS 版本					□是	□否	
	3. 能正确编译并执行机器人工程					□是	□否	
	4. 能实现机器人双足步态前行					□是	□否	
	5. 在完成任务时遇到了哪些问题？是如何解决的？							
	6. 能独立完成工作页的填写					□是	□否	
	7. 能按时上、下课，着装规范					□是	□否	
	8. 学习效果自评等级				□优	□良	□中	□差
	总结与反思：							
小组评价	1. 在小组讨论中能积极发言				□优	□良	□中	□差
	2. 能积极配合小组完成工作任务				□优	□良	□中	□差
	3. 在查找资料信息中的表现				□优	□良	□中	□差
	4. 能够清晰表达自己的观点				□优	□良	□中	□差
	5. 安全意识与规范意识				□优	□良	□中	□差
	6. 遵守课堂纪律				□优	□良	□中	□差
	7. 积极参与汇报展示				□优	□良	□中	□差
教师评价	综合评价等级： 评语： 教师签名： 日期：							

➔ 任务拓展

修改机器人步态算法相关参数包括 SPEED 和步态周期参数 GAIT_T 等的大小，观察机器人步态的形态变化，进而获得一些更为优化的参数，让机器人走路更加稳定和快速。

➔ 项目小结

该项目学习如何设计机器人双足步态规划程序，了解机器人零力矩点、质心、力矩等基本知识点并了解双足机器人步态规划的方法，从而理解静态步行方式，学习规划机器人肢体的姿态并反推机器人舵机位置变换的方式，掌握更新 Yanshee 机器人 ROS 版本的方法，学习如何正确编译并执行工程程序。

第四部分
机器人导航技术

项目 8
让机器人构建地图

🌀 项目导入

当前,移动机器人正得到越来越广泛的应用,例如工业生产领域的搬运机器人,商用领域的导览机器人、送餐机器人、物流机器人、扫地机器人等。应用于服务行业的移动机器人常肩负多项任务,需要具备欢迎顾客、与顾客语音对话、引导顾客等交互能力。服务机器人应用实况场景如图 8-1 所示。

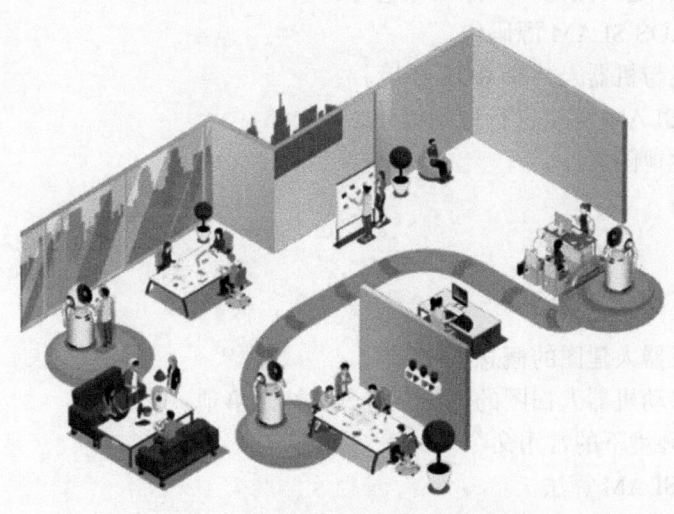

图 8-1 服务机器人应用实况场景

这些移动机器人在服务场景中需要具备核心的导航和避障能力，能快速准确地从某一起始位置到达目标位置。为了达到这一目的，移动机器人需要解决两个基本问题：

1）了解自身周边的环境信息。

2）确定自身在环境中的具体位置。

移动机器人建图示意图如图 8-2 所示。

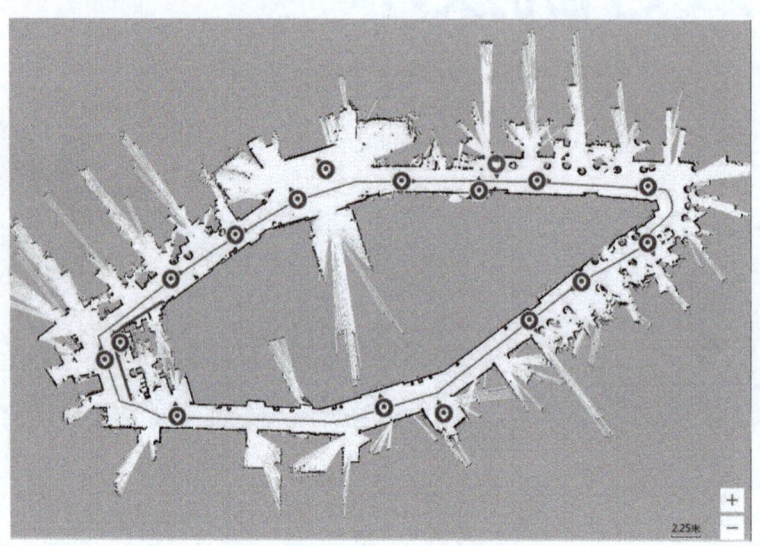

图 8-2　移动机器人建图示意图

➡ 项目任务

本项目需基于 Ubuntu18.04 ROS melodic 环境，让机器人应用 KartoSLAM 算法进行室内场景的地图构建、地图优化，具体任务包含：

1）编译安装 ROS SLAM 源码包。

2）配置计算机与机器人共享 ROS 环境。

3）使用 KartoSLAM 算法进行地图构建。

4）保存并优化地图文件。

➡ 学习目标

知识目标

1）熟悉移动机器人建图的概念。

2）熟悉控制移动机器人扫图的方法、步骤和注意事项。

3）熟悉 ROS 环境下的常用命令。

4）了解 KartoSLAM 算法。

5）熟悉 ROS KartoSLAM 功能包基本框架、节点及节点参数的含义。

6）熟悉可视化界面 Rviz 对传感器数据获取的基本操作。

能力目标

1）能正确使用 ROS 常用命令。
2）能完成 KartoSLAM 源码包编译安装。
3）能设置计算机和机器人共享 ROS 环境。
4）能了解并调用 ROS KartoSLAM 功能包的 slam_karto 节点。
5）能控制机器人进行扫图。
6）能使用可视化界面 Rviz 查看建图过程和激光数据信息。
7）能保存扫描完成的地图文件。
8）能够读懂机器人所建地图的含义，并对保存的地图文件进行编辑优化。

知识链接

一 移动机器人建图

地图构建对于移动机器人非常重要。假设预先给机器人一张地图，即使地图非常准确，但也并不会包含室内物体的布置情况。从机器人的角度看，墙或者门决定了环境的形状。所以移动机器人需要从自身的角度去获得地图，那么就需要定位自己的初始位置，再一步步探索未知的区域，而这实际上是一个"鸡和蛋"的问题，因此也常被称为即时定位与地图构建（Simultaneous Localization and Mapping，SLAM）。

移动机器人 SLAM 建图可基于激光雷达，采用 2D 或 3D 激光雷达（也叫单线或多线激光雷达）。2D 激光雷达一般用于室内机器人，如常见的扫地机器人和商用场景中的服务型机器人，建立的地图常用二维占用栅格地图（Occupancy grid mapping）表示，如图 8-3a 所示，每个栅格以概率的形式表示被占据的概率，存储非常紧凑，适合进行路径规划。3D 激光雷达多用于无人驾驶领域，其地图用三维点云图或三维占用栅格地图的形式来表示，如图 8-3b 所示。

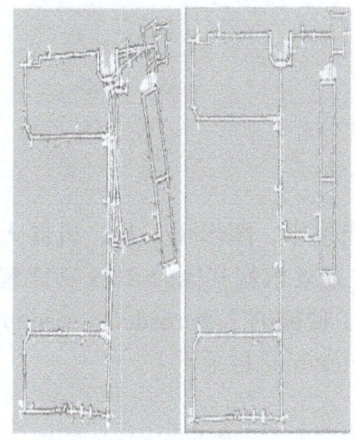

a）二维占用栅格地图   b）三维点云图

图 8-3 激光雷达构建的地图

二 扫图步骤和注意事项

在使用激光雷达扫图的过程中，建议使用键盘控制机器人移动。另外，建议选取附近环境比较独特、相似度较低的位置开始扫图，不建议在相似度较高的地方开始，比如平整的长走廊（见图 8-4）或特征相似的办公室工位（见图 8-5），因为这类区域不适合扫图完成前的回环检测步骤。

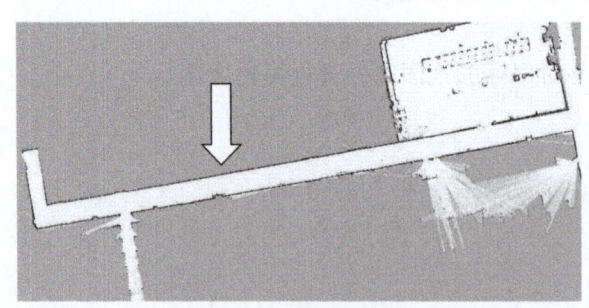

图 8-4 不适合作为建图起点的长走廊示意图

图 8-5 不适合进行回环检测的环境相似度较大的办公区域

同时，在一个存在多个分区的环境中，如图 8-6 所示，尽量选取环形路线（走之前走过的路线），有助于地图回环。同时，如果地图中存在多个环形路线，应当先走小环路线，再走大环路线。

最后，在建图完成后需要考虑的问题是已经建立的地图如何帮助机器人导航。这就意味着，需要检查地图中是否存在实际地图中不存在的障碍物，这就是消除地图噪点、进行优化的环节。

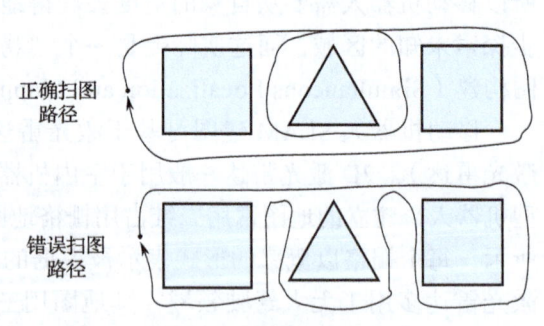

图 8-6 扫图路径示意图

三 ROS 常用命令行工具

（一）rosdep 命令

因为安装的 ROS 发行版一般只安装 ROS 的核心功能包库、图形化工具、机器人开发的通用库、仿真包及导航包，而下载或编写的功能包往往需要依赖其他的 ROS 功能包或第三方软件包。为方便检查安装管理系统依赖，ROS 提供了便捷的工具 rosdep（rosdep 是为数不多的不依赖 ROS 独立发布的工具之一，默认安装于 /usr/bin/ 目录下）。

1. 初始化并更新 rosdep

如果本地还没有安装 rosdep，可以通过以下命令安装：

```
sudo apt-get install python-rosdep
```

初始化并更新 rosdep，如图 8-7 所示。建立本地 ROS 功能包依赖关系数据库有两个步骤：

```
sudo rosdep init
rosdep update
```

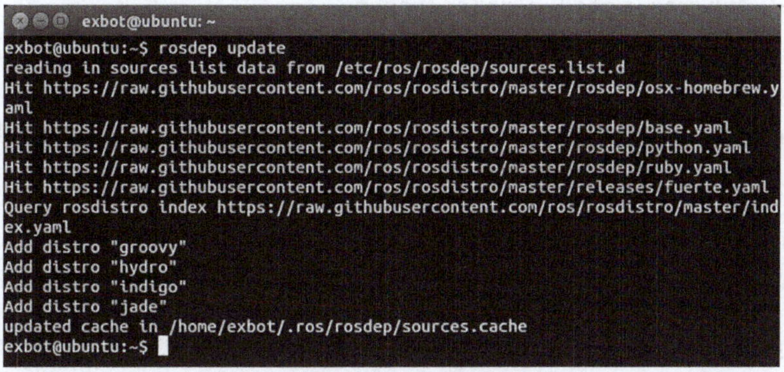

图 8-7　rosdep 更新

sudo rosdep init 命令将在 /etc/ros/rosdep/ 目录建立一个列表索引文件 sources.list.d，文件内容即为 rosdep 获取依赖关系文件的地址。rosdep update 命令则是根据列表索引文件更新依赖关系数据库，存放位置为 ~/.ros/rosdep/sources.cache 目录。

2. rosdep 用法

除了上面说的初始化和更新 rosdep，rosdep 用得最多的命令就是检查和安装依赖，相应的命令参数用法如下：

```
rosdep [options] <command> <args>
```

- 检查功能包的系统依赖是否安装：

```
rosdep check <stacks-and-rospackages>
```

- 如果系统依赖未安装，则生成 bash 脚本并执行以安装功能包的系统依赖：

```
rosdep install <stacks-and-rospackages>
```

- 列出功能包的系统依赖的 key 值：

```
rosdep keys <stacks-and-rospackages>
```

- 根据 key 值转换出系统依赖：

```
rosdep resolve <rosdeps>
```

（二）文件系统工具

程序代码分布在众多 ROS 软件包当中，当使用命令行工具（比如 ls 和 cd）浏览时会非常烦琐，因此 ROS 提供了专门的命令工具来简化这些操作。

1. rospack

rospack 允许获取软件包的有关信息，这里只涉及 rospack 中 find 参数选项，该选项可以返回软件包的路径信息。

```
用法：rospack find [包名称]
示例：rospack find roscpp
输出结果：/opt/ros/melodic/share/roscpp
```

2. roscd

roscd 是 rosbash 命令集中的一部分，它允许直接切换（cd）工作目录到某个软件包或者软件包集当中。

```
用法：roscd [本地包名称 [/子目录]]
示例：roscd roscpp
使用 pwd 命令展示当前目录
输出结果：YOUR_INSTALL_PATH/share/roscpp
```

可以看到，YOUR_INSTALL_PATH/share/roscpp 和之前使用 rospack find 得到的路径名称是一样的。注意，就像 ROS 中的其他工具一样，roscd 只能切换到那些路径已经包含在 ROS_PACKAGE_PATH 环境变量中的软件包，要查看 ROS_PACKAGE_PATH 中包含的路径可以输入：

```
echo $ROS_PACKAGE_PATH
```

ROS_PACKAGE_PATH 环境变量应该包含那些保存有 ROS 软件包的路径，并且每个路径之间用冒号分隔。一个典型的 ROS_PACKAGE_PATH 环境变量如下：

```
/opt/ros/melodic/base/install/share
```

3. roscd log

使用 roscd log 命令可以切换到 ROS 保存日记文件的目录。需要注意的是，在没有执行过任何 ROS 程序时，系统会报错提示该目录不存在。如果已经运行过 ROS 程序，那么可以尝试：

```
roscd log
```

4. rosls

rosls 是 rosbash 命令集中的一部分，它允许直接按软件包的名称而不是绝对路径执行 ls 命令。

```
用法：rosls [本地包名称 [/子目录]]
示例：rosls roscpp_tutorials
结果：cmake   package.xml   srv
```

5. TAB 自动补全

输入一个完整的软件包名称会比较烦琐。例如 "roscpp tutorials" 是个很长的名称，幸运的是，一些 ROS 工具支持 TAB 补全的功能。

```
roscd roscpp_tut<<< 现在请按 TAB 键 >>>
结果：roscd roscpp_tutorials/
```

（三）rosrun 命令

运行 node 有两种途径：通过 rosrun 命令处理单个 node；通过 roslaunch 命令批量处理，运行多个 node 及参数配置。刚编译好的 node 运行前需设置环境变量，如：

```
source ~/catkin_ws/devel/setup.bash
```

rosrun 命令运行单一的 node 方式如下：

```
rosrun beginner_tutorials hello
```

命令 rosrun 还可以向 node 指定参数，用法如下：

```
rosrun package node_parameter：=value
示例：rosrun beginner_tutorials hello_my_param：=value
```

上面已经说明，rosrun 只能运行单一 node，所以用 rosrun 运行功能 node 之前，要先确保 roscore 已经运行，以便于 node 间的通信。因为 roscore 的启动包括了节点管理器、参数服务器和 rosout 日志记录节点的正常运行。

（四）roslaunch 命令

roslaunch 用来管理 node 的启动与停止，一般需要一个或多个后缀为 .launch 的 xml 类文件作为参数。同 rosrun 一样，roslaunch 也可以 arg：=value 的形式传递 node 映射参数，用法如下：

```
roslaunch   [args]
```

也可以指定具体的 .launch 文件的路径而无需功能包名这个参数，如：

```
roslaunch <launch-file-paths...> [args]
```

如果节点管理器通信端口并非默认端口号，可通过 –p 参数更改，如：

```
roslaunch -p 1234 package filename.launch
```

说明一下，roslaunch 可以自己查询 roscore 是否已经运行，如未运行则启动 roscore。

四 Rviz 的基本使用

（一）Rviz 介绍

机器人系统中存在大量数据，这些数据在计算过程中往往都处于数据形态，比如图像数据中 0~255 的 RGB 值。但是这种数据形态的值往往不利于开发者去感受数据所描述的内容，所以常常需要将数据可视化显示，例如机器人模型的可视化、图像数据的可视化、地图数据的可视化等。Rviz 是 ROS 提供的一个非常强大的机器人可视化工具。

在 Rviz 中，可以对机器人、周围物体等任何实物进行尺寸、质量、位置、材质、关节等属性的描述，并且在界面中呈现出来。同时，Rviz 还可以通过图形化的方式，实时显示机器人传感器的信息、机器人的运动状态、周围环境的变化等。利用 Rviz 可以很方便地查看 ROS 建图、导航功能包集发布的可视化数据，其界面如图 8-8 所示。

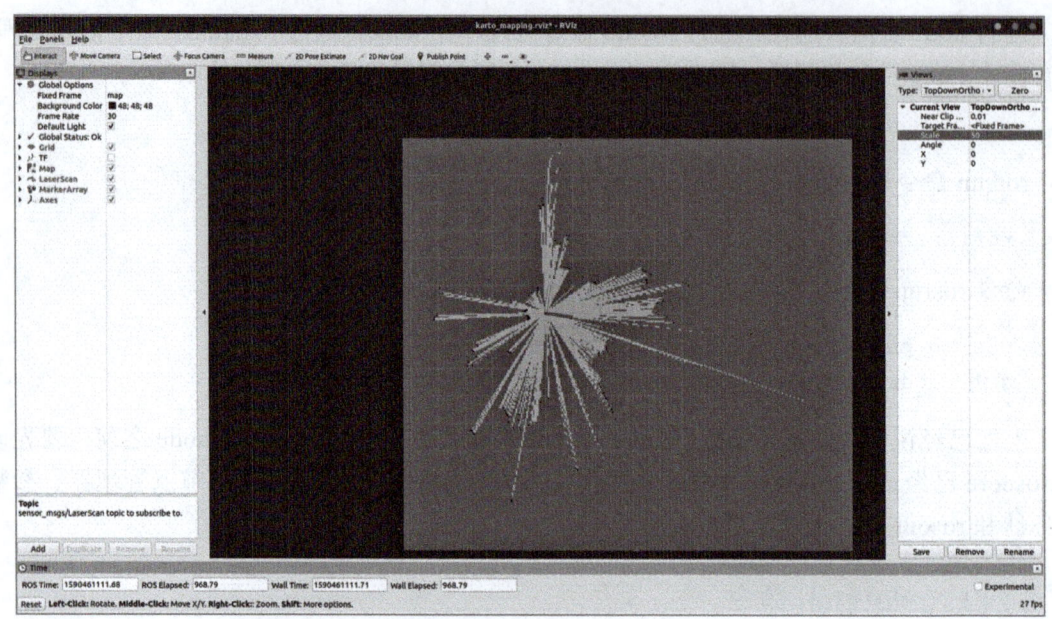

图 8-8　Rviz 界面（1）

（二）Rviz 界面操作

启动 Rviz 方式有两种：

- 直接启动。

```
rviz
```

或者：

```
rosrun rviz rviz
```

- 以插件形式通过 rqt 启动。

```
rosrun rqt_rviz rqt_rviz
```

或先启动 rqt，再在 GUI 中手动加载 Rviz 插件。启动后默认的 Rviz 界面如图 8-9 所示。

菜单栏中，File 下拉菜单命令用于加载保存配置文件；Panels 下拉菜单命令用于管理面板。

各面板功能简介如下。

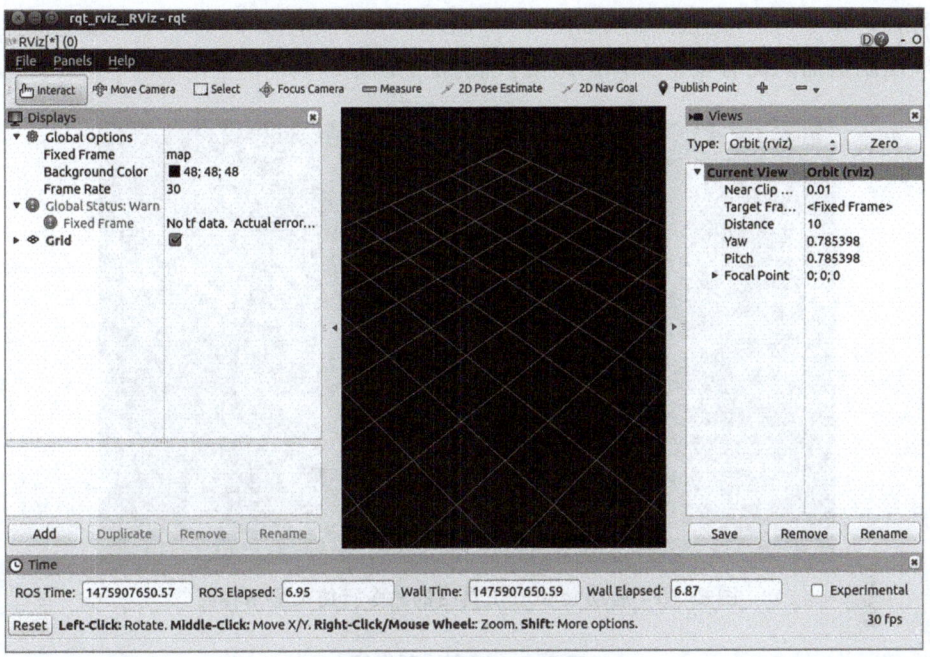

图 8-9　Rviz 界面（2）

- **Tools** 面板：包括交互、移动、测量等，以及一些插件，如 2D Nav Goal 和 2D Pose Estimate。
- **Displays** 面板：其中的树形列表为已添加配置的显示项及其参数，树形列表下面是管理按钮，可以添加、删除、重命名显示项。
- **3D** 模拟环境的图形显示面板：以可视化方式显示添加的插件信息。
- **View** 面板：用于配置和控制三维视图的工具面板，可以调节视角、缩放比例和其他视觉设置。
- **Time** 面板：显示时间、帧率等参数。

当需要进行数据可视化时，假设需要的数据以对应的消息类型发布，在 Rviz 中使用相应的插件订阅消息即可实现显示。首先，需要添加显示数据的插件。单击 Rviz 界面左侧下方的"Add"按钮，Rviz 会将默认支持的所有数据类型的显示插件罗列出来，在列表中选择需要的数据类型插件，然后在"DisplayName"里填入一个唯一的名称，用来识别显示的数据。例如显示激光传感器的数据，可以添加 LaserScan 类型的插件，命名为 Laser_base 进行显示。

五　Teleop 控制机器人

在机器人建图过程中，需要控制机器人在实验场地移动。通常使用 Teleop 工具发布速度控制命令控制机器人运动。

启动 teleop 工具所使用的命令为：

```
roslaunch cruzr_tutorials teleop.launch
```

启动后，命令行终端显示结果如图 8-10 所示。在该终端界面中，可以通过键盘上的特定按键来控制机器人的移动。具体的键盘控制说明见表 8-1。

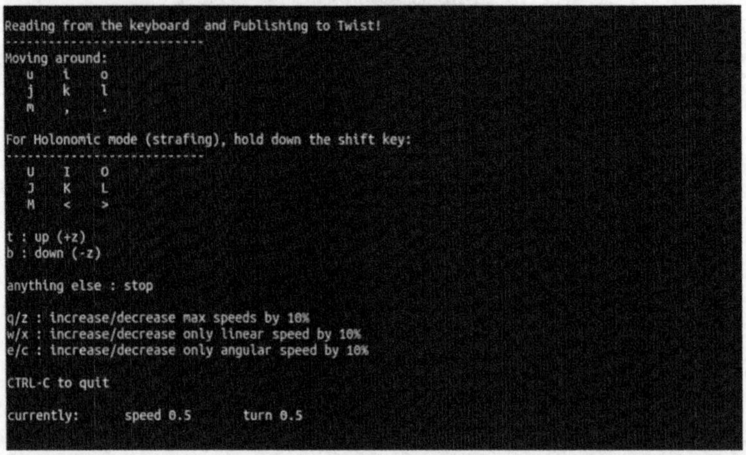

图 8-10　启动 teleop 工具后的命令行终端显示界面

表 8-1　键盘控制说明

按键（小写状态）	控制
u	左前方
i	直行
j	左转
k	停止运动
l	右转
m	左后方
,	后退
.	右后方
q/z	提高或降低最大速度 10%
w/x	提高或降低最大线速度 10%
e/c	提高或降低最大角速度 10%

若需要以指定速度运动，可修改默认 speed（最大线速度）和 turn（最大角速度）。例如：设置线速度和角速度为 0.7，可在启动时运行：

```
roslaunch cruzr_tutorials teleop.launch speed:=0.7 turn:=0.7
```

六　KartoSLAM 算法

KartoSLAM 算法基于图优化的思想。该方法以图的方式表示地图，每个节点表示机器人轨迹的一个位置点和传感器测量数据集，每个新节点加入，就会进行计算更新。该算法的主要特点有：算法较轻量级，运行配置难度低，使用里程计进行位姿预测，适合轮式机器人，基于图优化，具有回环检测功能，能在较大场景使用。

KartoSLAM 算法的 ROS 版本采用的稀疏点调整（the Sparse Pose Adjustment，SPA）与扫描匹配和闭环检测相关。地标（landmark）越多，内存需求越大，然而图优化方式相比其他方法在大环境下制图优势更大，在某些特定情况下，KartoSLAM 算法效果更突出，因为它仅包含位姿图（pose graph），求得位姿后再求地图。

KartoSLAM 算法采用了 SLAM 传统的软实时（soft real-time）的运行机制，每有一帧数据输入即进行处理，其基本流程主要包含运动更新、扫描匹配、回环检测、后端优化。其框架如图 8-11 所示，主要分为前端和后端：前端包括扫描匹配，以提供估计的姿势并将地图构造为图形；后端是非线性全局优化过程，以消除机器人重访同一位置时累积的错误。

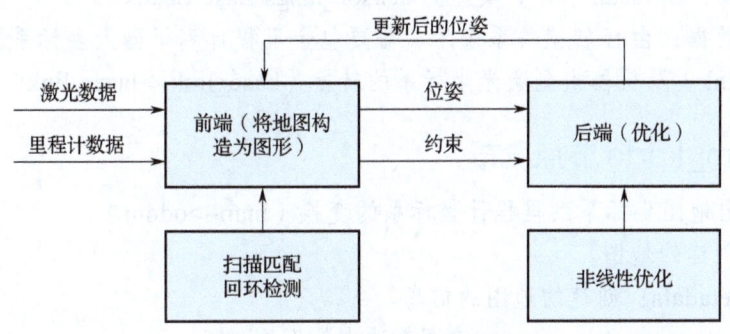

图 8-11　KartoSLAM 算法框架

1. 运动更新

KartoSLAM 算法利用里程计数据和激光数据对机器人位姿进行更新。

2. 扫描匹配

以里程计估计的位置为中心的一个矩形区域，用以表示最终位置的可能范围，在匹配时，遍历搜索区域，获取响应值最高的位置。

3. 回环检测

回环检测是找到机器人本身回到过已访问的场景的过程，并为后端优化提供约束。

4. 后端优化

用图的方式来表示机器人测量的历史记录，且图中节点表示由相关扫描匹配（Correlative Scan Matching（CSM））计算的位姿。利用位姿和约束建立约束方程，使用著名的 Levenberg-Marquardt（LM）方法作为框架，通过迭代求得一组机器人位姿的线性解。

七　KartoSLAM 节点介绍

KartoSLAM 算法在 ROS 中的节点表示为 /slam_karto，其通信架构如图 8-12 所示。

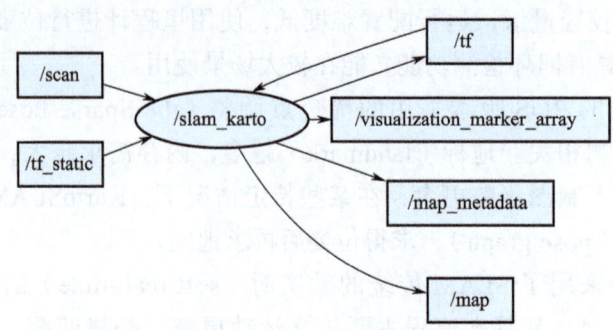

图 8-12 /slam_karto 通信架构

（一）/slam_karto 节点订阅

- 激光数据：由 /scan 表示，类型为 sensor_msgs/LaserScan。
- 里程计数据：由 tf 转换关系表示，需要包含里程计到机器人坐标系的转换（odom->base_link）及机器人到激光坐标系的转换（base_link->laser_link）等。

（二）/slam_karto 节点发布

- /tf：输出地图坐标系到里程计坐标系的变换（map->odom）。
- /map：创建的地图。
- /map_metadata：创建的地图的信息。
- /visualization_marker_array：建图算法中的图网络。

八 KartoSLAM 节点参数

参数文件 karto_mapper_params.yaml 的参数说明如下，通过载入参数文件可进行参数配置。

```
    use_scan_matching: true  # 设置为 true 时，映射器将使用扫描匹配算法。除非里程计信息非常准确，一般应设置为 true
    use_scan_barycenter: true  # 设置为 true 时，在确定扫描是否远（或近）时，映射器将使用扫描的重心作为扫描的位置
    minimum_time_interval: 5  # 设置两次扫描之间的最小时间
    minimum_travel_distance: 0.2  # 设置两次扫描之间的最小距离
    minimum_travel_heading: 0.174  # 设置两次扫描之间的最小角度（单位为弧度）
    scan_buffffer_size: 70  # 存储的历史激光数据帧的缓冲区大小，用于扫描匹配
    scan_buffffer_maximum_scan_distance: 20.0  # 扫描缓冲区中第一次和最后一次扫描之间的最大距离
    link_match_minimum_response_fifine: 0.6  # 进行链接的最小匹配响应阈值
    link_scan_maximum_distance: 4.0  # 链接扫描的最大距离

    # 回环匹配参数
    do_loop_closing: true  # 开启回环检测
```

```
loop_search_maximum_distance: 8.0 # 回环搜索的最大距离
loop_match_minimum_chain_size: 10 # 搜索回环时候选帧链的最小长度
loop_match_maximum_variance_coarse: 0.6 # 回环链接的最大协方差阈值
loop_match_minimum_response_coarse: 0.4 # 回环链接粗匹配的最小响应
loop_match_minimum_response_fifine: 0.5 # 回环链接精匹配的最小响应

# 激光相关搜索参数 – 扫描匹配部分
correlation_search_space_dimension: 0.3 # 一般扫描匹配时匹配器使用的搜索范围
correlation_search_space_resolution: 0.01 # 一般扫描匹配时匹配器使用的搜索分辨率

# 激光相关搜索参数 – 回环部分
loop_search_space_dimension: 6.0 # 回环时匹配器使用的搜索范围
loop_search_space_resolution: 0.05 # 回环时匹配器使用的搜索分辨率
# 扫描匹配器参数
distance_variance_penalty: 0.2 # 扫描匹配时偏离里程计的距离惩罚，里程计较准确，可使用较小的阈值
angle_variance_penalty: 0.349 # 扫描匹配时偏离里程计的角度惩罚，里程计较准确，可使用较小的阈值
fifine_search_angle_offffset: 0.00349 # 精细搜索时每个方向搜索的角度范围（单位为弧度）
coarse_search_angle_offffset: 0.349 # 粗略搜索时每个方向搜索的角度范围（单位为弧度）
coarse_angle_resolution: 0.0349 # 粗略搜索时每个方向搜索的角度分辨率（单位为弧度）
minimum_angle_penalty: 0.9 # 惩罚乘数的最小值，避免角度得分变得太小
minimum_distance_penalty: 0.5 # 惩罚乘数的最小值，避免距离得分变得太小
use_response_expansion: false
```

参数文件可以对回环搜索、激光匹配等各种参数进行配置。

项目准备

1）检查机器人急停开关，若急停开关关闭，需将其旋开。
2）一台配置有 Ubuntu18.04 +ROS melodic 环境或虚拟机环境的计算机。
3）计算机和机器人 ROS 端处于同一局域网网段，且网络连接正常。
4）实验场地没有影响或遮蔽激光雷达探测的障碍物。

任务实施

一 编译安装 SLAM 源码包

开源 SLAM 算法压缩包 cruzr_edu_open_v1.1.0.tar 已经配置在机器人 /cruzr_open 目录中，其中包含了 KartoSLAM 功能包。在使用该功能包前，首先需要对压缩包进行解压缩，并在机器人端和 PC 端编译成功。

1. 连接机器人端

若初次连接，输入以下命令连接机器人端，根据提示问题输入 yes 继续连接，输入默认密码 aa。

```
ssh cruiser@<ip>
```

连接成功的结果如图 8-13 所示。

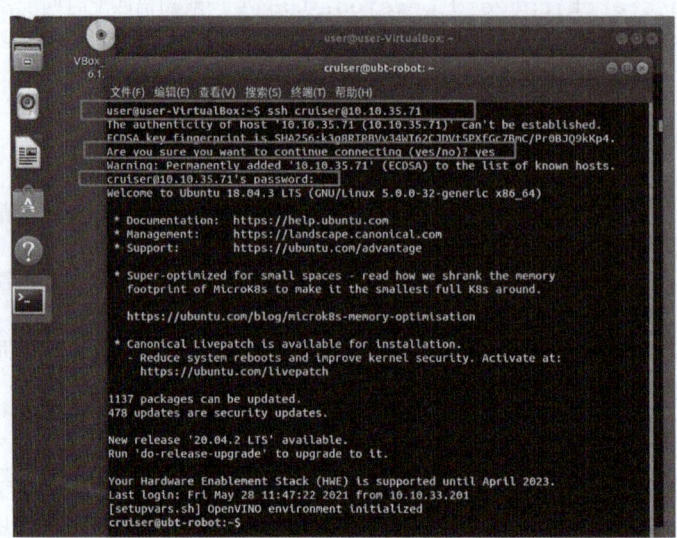

图 8-13　ssh 连接机器人

2. 进入 /cruzr_open 目录

通过 ls 命令可以查看机器人 Cruzr 的文件系统，如图 8-14 所示。

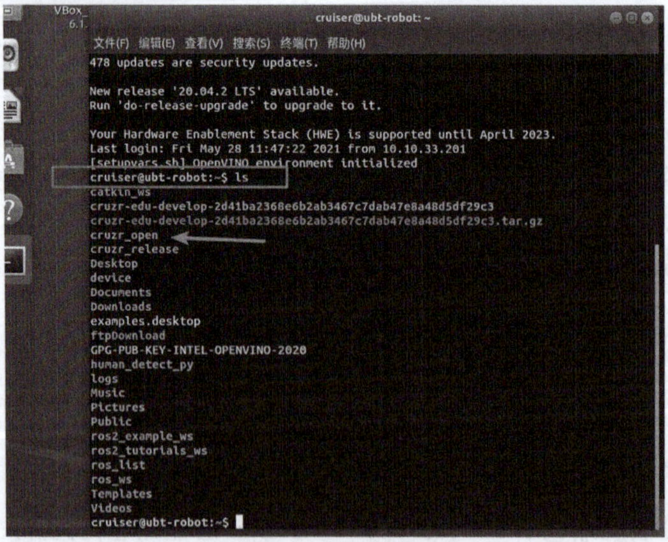

图 8-14　机器人文件系统

进入 /cruzr_open 目录结果如图 8-15 所示。

图 8-15 进入 /cruzr_open 目录

机器人建图导航相关的功能包都放在目录 /cruzr_open 中，进入目录，也可以查看目录下文件结构，能看到压缩包 cruzr_edu_open_V1.1.0.tar。

```
cd /home/cruiser/cruzr_open
ls
```

3. 解压缩

```
tar -xvf cruzr_edu_open_V1.1.0.tar
```

4. 编译

```
catkin_make
```

编译成功后，需要将 /cruzr_open 目录复制到 PC 端（当前目录下，可另选路径）并重新进行编译。在 PC 端开一个终端，并复制目录 /cruzr_open 及目录下所有文件，需要输入机器人密码 aa。

```
scp -r cruiser@<ip>:/home/cruiser/cruzr_open ./
catkin_make
```

二 PC 端和机器人共享 ROS 环境

为了在 PC 端能够获取、查看机器人的节点和传感器数据信息并可视化，需要将 PC 端和机器人端的 ROS 环境共享。

假设机器人（ROS 端）核心板 IP 为 192.168.11.123，PC 端（虚拟机）IP 设置为同一网段的 IP(192.168.11.XX)。

1）PC 端使用 vim 命令行工具编辑 ~/.bashrc 文件，按提示输入密码，如图 8-16 所示。

```
sudo vim ~/.bashrc
```

图 8-16 编辑 ~/.bashrc 文件

2）在文件最后添加主机与从机的配置。

- ROS_MASTER_URI：主机的 IP 和端口，这里设置为机器人的 IP 和端口，机器人的 IP 用 "ubt-robot" 代替，真实 IP 地址会在 /ect/hosts 文件中配置，这样当机器人 IP 变更时，只需要修改一个配置文件，端口号默认为 11311。

- ROS_IP：从机的 IP，这里是本机的 IP，即虚拟机的 IP，通过命令行工具 ifconfig 查看。

进入到文件中后，由于 vim 工具的使用遵循一套规则（这里不做过多介绍），需要进入编辑模式时，按下键盘的 "i" 键，在终端左下角会显示输入的指令，然后就可以编辑文档了，在文档最后加入以下配置，示例如下（见图 8-17）：

export ROS_MASTER_URI=http: //ubt-robot: 11311
export ROS_IP=192.168.11.XX（自己本机的 IP）

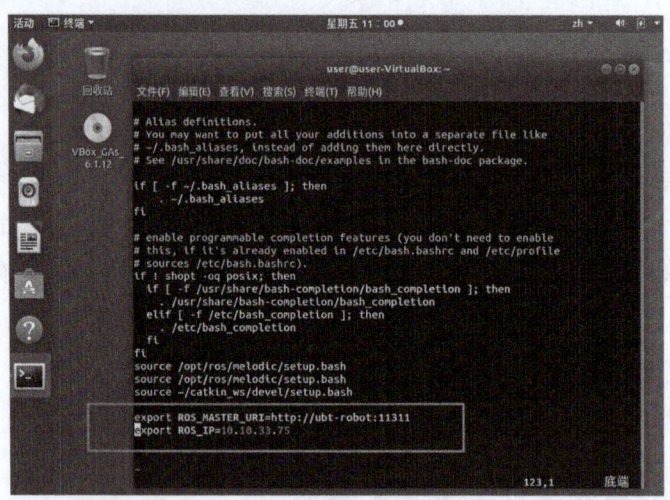

图 8-17　~/.bashrc 文件配置主从机示例

编译完成后，单击键盘中的 "Esc" 键退出编辑模式，然后依次单击 "：wq" 或 "：wq!"，保存文件并退出。如图 8-18 所示。

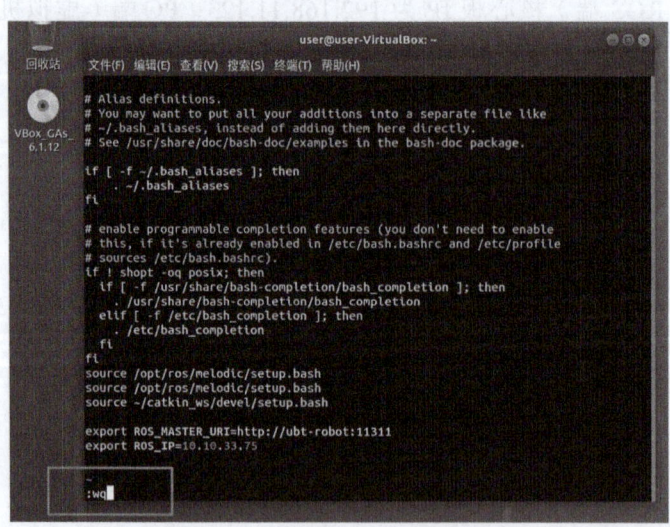

图 8-18　保存退出 vim 编辑文件

可以通过 cat 命令行工具来查看文件是否成功编辑。如图 8-19 所示。

```
cat ~/.bashrc
```

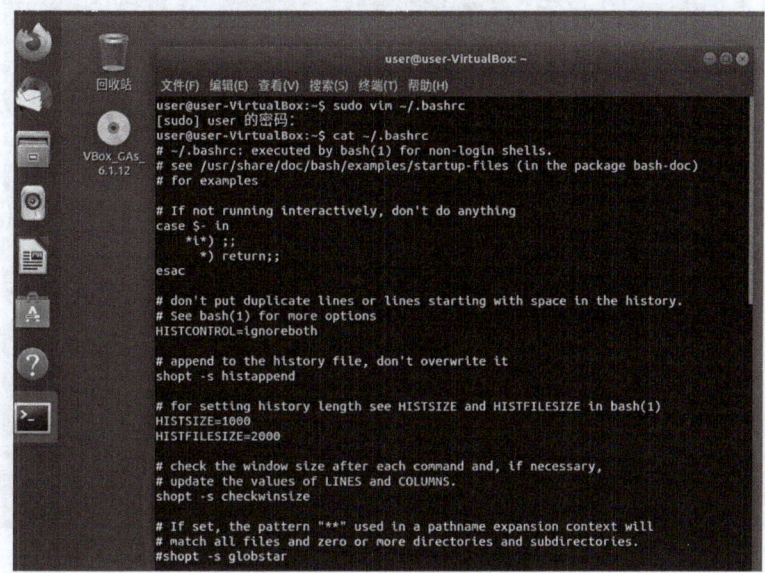

图 8-19　cat 命令查看文件

3）然后，通过同样的操作编辑 /etc/hosts 文件，如图 8-20 所示。在最后添加一行机器人的 IP 和定义的名称"ubt-robot"，机器人的 IP 通过机器人头部屏幕"进入管理界面 – 联网 –ROS IP"查看，示例如下：

```
192.168.11.123 ubt-robot
```

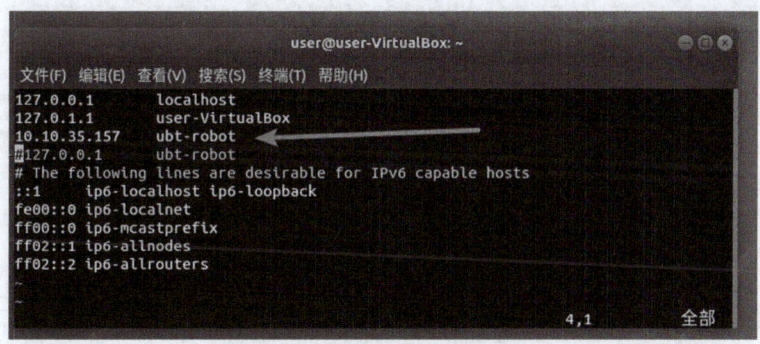

图 8-20　编辑 /etc/hosts 文件

4）重启终端或在当前终端执行以下命令：

```
source ~/.bashrc
```

5）查看是否能 ping 通 ubt-robot，若成功，则执行 rostopic list 命令，查看是否出现机器人端的 topic。若没有 topic，则 ~/.bashrc 文件中 ROS_MASTER_URI 设置错误。获取机器人话题如图 8-21 所示。

```
ping ubt-robot
rostopic list
```

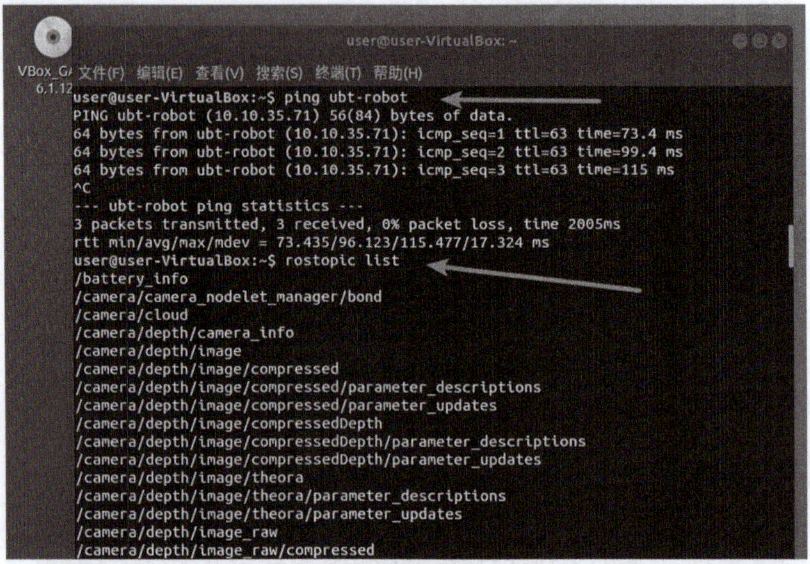

图 8-21 获取机器人话题

6）执行 rostopic echo /odom，查看是否出现机器人的里程计信息。若没有信息输出，检查 hosts 文件是否正确。获取机器人里程计信息如图 8-22 所示。

```
rostopic echo /odom
```

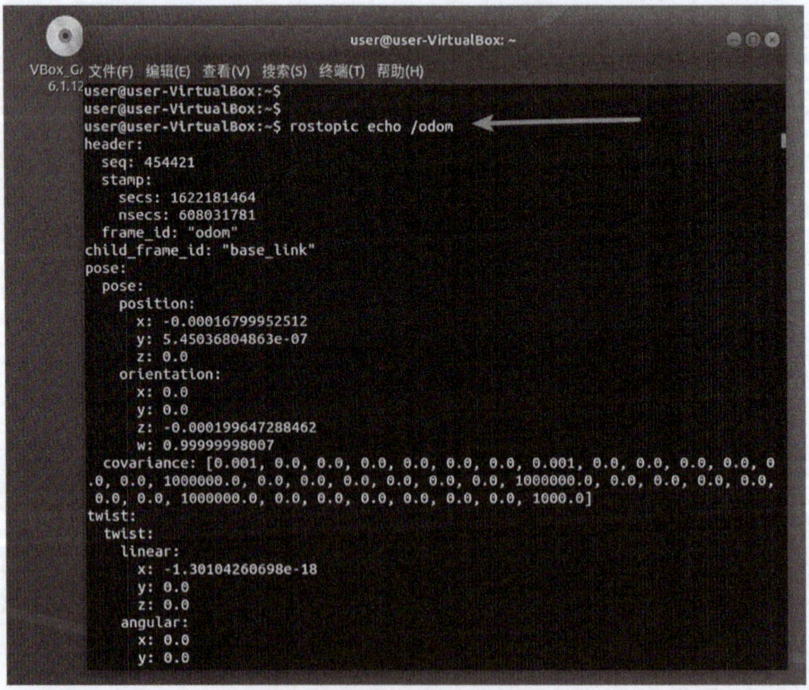

图 8-22 获取机器人里程计信息

三 使用 KartoSLAM 进行环境地图的构建

准备工作做好之后，就可以调用机器人的节点进行地图构建。为了在实体机器人中进行环境地图构建，需要分别启动机器人的底盘驱动节点、激光雷达节点、slam_karto 节点。此外，还须启动可视化界面 Rviz 查看激光数据信息，其中机器人的传感器节点在机器人开机后已自动启动。

1）进入目录 / ftpDownload，并查看目录下文件。如图 8-23 所示。

```
cd ftpDownload/
ls
```

图 8-23　目录 / ftpDownload

2）配置 slam 算法环境。

由于机器人 Cruzr 拥有两套 slam 算法，一套为自带 USLAM 算法，一套为开源算法 KartoSLAM，当要使用开源算法进行建图时，需要将 slam_algorithm.sh 文件中第八行的 slam_algorithm="uslam" 代码注释掉。可通过 vim 工具进行编辑，如图 8-24 所示。

图 8-24　编辑 slam_algorithm.sh 文件

在相应代码前加入"#"即可，如图 8-25 所示。

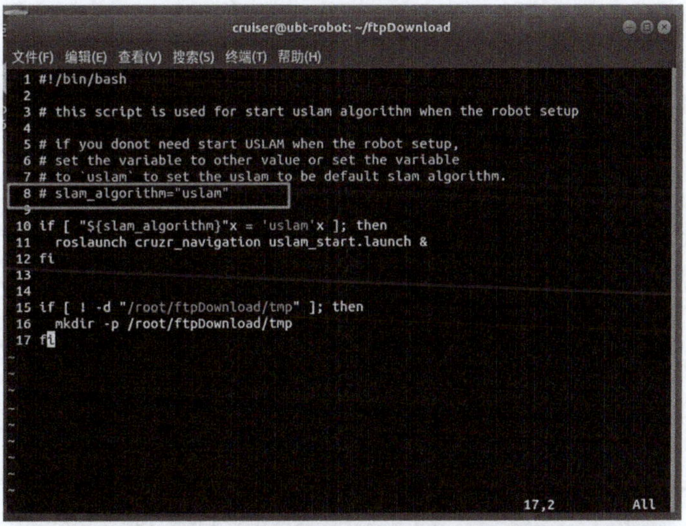

图 8-25　注释 slam_algorithm.sh 文件

3）配置完成后，在机器人端，同样进入目录 /cruzr_open，配置工作环境，如图 8-26 所示。

```
cd /home/cruiser/cruzr_open/
source devel/setup.bash
```

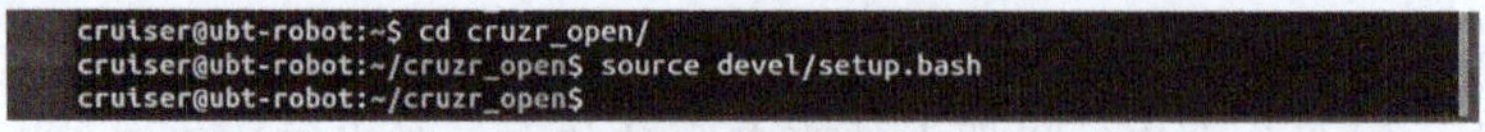

```
cruiser@ubt-robot:~$ cd cruzr_open/
cruiser@ubt-robot:~/cruzr_open$ source devel/setup.bash
cruiser@ubt-robot:~/cruzr_open$
```

图 8-26　配置工作环境

4）运行 cruzr_tutorials 功能包中的 launch 文件开启 KartoSLAM 算法建图，如图 8-27、图 8-28 所示。

```
roslaunch cruzr_tutorials karto.launch
```

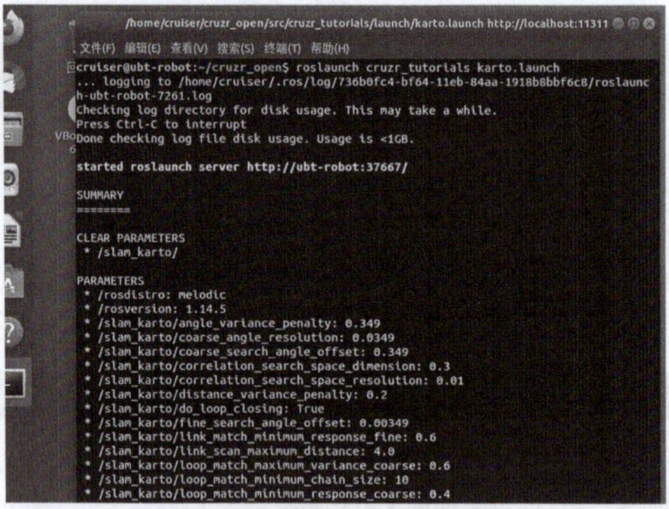

```
/home/cruiser/cruzr_open/src/cruzr_tutorials/launch/karto.launch http://localhost:11311
文件(F) 编辑(E) 查看(V) 搜索(S) 终端(T) 帮助(H)
cruiser@ubt-robot:~/cruzr_open$ roslaunch cruzr_tutorials karto.launch
... logging to /home/cruiser/.ros/log/736b0fc4-bf64-11eb-84aa-1918b8bbf6c8/roslaunch-ubt-robot-7261.log
Checking log directory for disk usage. This may take a while.
Press Ctrl-C to interrupt
Done checking log file disk usage. Usage is <1GB.

started roslaunch server http://ubt-robot:37667/

SUMMARY
========

CLEAR PARAMETERS
 * /slam_karto/

PARAMETERS
 * /rosdistro: melodic
 * /rosversion: 1.14.5
 * /slam_karto/angle_variance_penalty: 0.349
 * /slam_karto/coarse_angle_resolution: 0.0349
 * /slam_karto/coarse_search_angle_offset: 0.349
 * /slam_karto/correlation_search_space_dimension: 0.3
 * /slam_karto/correlation_search_space_resolution: 0.01
 * /slam_karto/distance_variance_penalty: 0.2
 * /slam_karto/do_loop_closing: True
 * /slam_karto/fine_search_angle_offset: 0.00349
 * /slam_karto/link_match_minimum_response_fine: 0.6
 * /slam_karto/link_scan_maximum_distance: 4.0
 * /slam_karto/loop_match_maximum_variance_coarse: 0.6
 * /slam_karto/loop_match_minimum_chain_size: 10
 * /slam_karto/loop_match_minimum_response_coarse: 0.4
```

图 8-27　启动 kartoslam 算法（1）

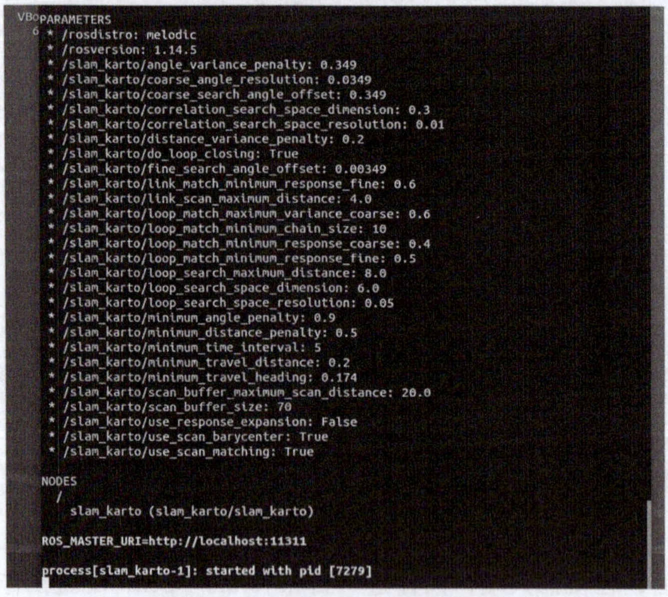

```
PARAMETERS
 * /rosdistro: melodic
 * /rosversion: 1.14.5
 * /slam_karto/angle_variance_penalty: 0.349
 * /slam_karto/coarse_angle_resolution: 0.0349
 * /slam_karto/coarse_search_angle_offset: 0.349
 * /slam_karto/correlation_search_space_dimension: 0.3
 * /slam_karto/correlation_search_space_resolution: 0.01
 * /slam_karto/distance_variance_penalty: 0.2
 * /slam_karto/do_loop_closing: True
 * /slam_karto/fine_search_angle_offset: 0.00349
 * /slam_karto/link_match_minimum_response_fine: 0.6
 * /slam_karto/link_scan_maximum_distance: 4.0
 * /slam_karto/loop_match_maximum_variance_coarse: 0.6
 * /slam_karto/loop_match_minimum_chain_size: 10
 * /slam_karto/loop_match_minimum_response_coarse: 0.4
 * /slam_karto/loop_match_minimum_response_fine: 0.5
 * /slam_karto/loop_search_maximum_distance: 8.0
 * /slam_karto/loop_search_space_dimension: 6.0
 * /slam_karto/loop_search_space_resolution: 0.05
 * /slam_karto/minimum_angle_penalty: 0.9
 * /slam_karto/minimum_distance_penalty: 0.5
 * /slam_karto/minimum_time_interval: 5
 * /slam_karto/minimum_travel_distance: 0.2
 * /slam_karto/minimum_travel_heading: 0.174
 * /slam_karto/scan_buffer_maximum_scan_distance: 20.0
 * /slam_karto/scan_buffer_size: 70
 * /slam_karto/use_response_expansion: False
 * /slam_karto/use_scan_barycenter: True
 * /slam_karto/use_scan_matching: True

NODES
  /
    slam_karto (slam_karto/slam_karto)

ROS_MASTER_URI=http://localhost:11311

process[slam_karto-1]: started with pid [7279]
```

图 8-28　启动 kartoslam 算法（2）

可以看到，命令行中打印了该算法使用的配置文件 karto_mapper_params.yaml 的参数信息，以及开启的节点 slam_karto，这些都与 launch 文件相对应。launch 文件代码如下，主要实现调用 slam_karto 节点，调用 karto_mapper_params.yaml 参数文件，通过载入该参数文件可进行参数配置。

```
<launch>
<node pkg="slam_karto" type="slam_karto" name="slam_karto" output="screen">
<remap from="scan" to="cruzr_scan"/>
<rosparam command="load" fifile="$(fifind cruzr_tutorials)/param/karto_mapper_params.yaml" />
</node>
</launch>
```

5）回到 PC 端，打开新的终端（同样需要 /cruzr_open 配置工作环境），进入 cruzr_tutorials 功能包中的 /rviz 目录，启动 Rviz 可视化工具，实时观察创建的地图，如图 8-29 所示。

```
roscd cruzr_tutorials/rviz
rviz -d karto_mapping.rviz
```

图 8-29 启动 Rviz 界面

这里 Rviz 界面加载了一个已经配置好的 Rviz 界面文件 karto_mapping.rviz，如图 8-30 所示。

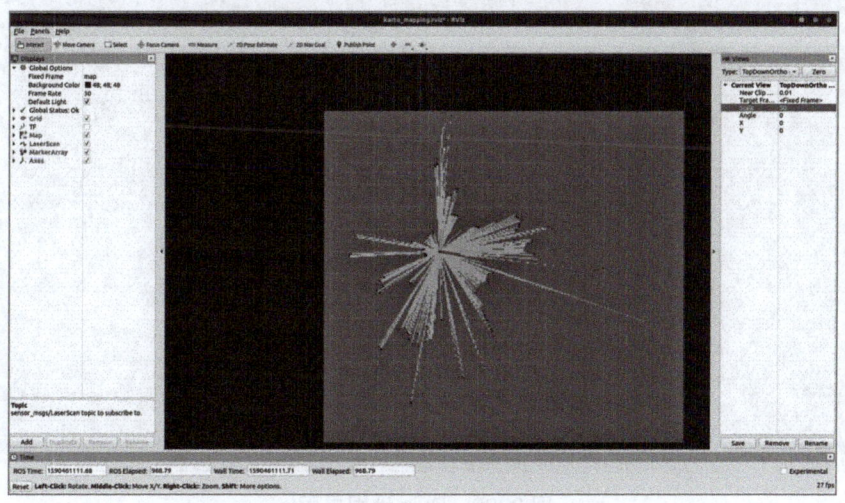

图 8-30　Rviz 界面

如图 8-31 所示，该 Rviz 界面的 Display 显示模块主要添加了以下内容：

- 机器人坐标系显示：TF。
- 地图显示：Map，话题为 /map。
- 激光数据显示：LaserScan，话题为 /Scan。

此外，还添加了其他用于地图显示的元素和机器人话题。

6）控制机器人移动。这里控制机器人底盘移动的方式有两种：①通过机器人 teleop 节点；②通过机器人头部屏幕的"手推模式"。

在不太空旷的场景里，建议通过第二种方式更安全方便。

第一种方式的开启命令是 roslaunch cruzr_tutorials teleop.launch，可以启动 cruzr_tutorials 功能包中的机器人 teleop 节点，使用键盘控制机器人运动。

调节线速度为 0.7，角速度为 0.5，调节命令为：roslaunch cruzr_tutorials teleop.launch speed：=0.7 turn：=0.5。

7）控制机器人移动进行建图。使用键盘或手推模式控制机器人运动，Rviz 中的地图将实时更新，如图 8-32 所示，在主界面中，可以观察当前机器人的以下信息。

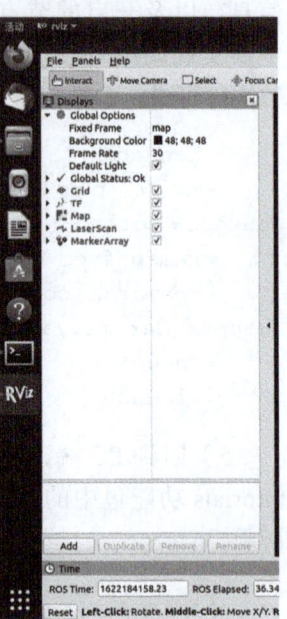

图 8-31　Display 模块

- TF 坐标系关系：图中红绿相间的部分代表机器人的坐标系，可放大查看。
- 激光数据：红点表示激光当前扫描的地方。
- KartoSLAM 算法创建的地图：白色区域代表激光已扫到的区域。
- KartoSLAM 算法关键帧信息和路径：蓝色线条代表机器人走过的路径。

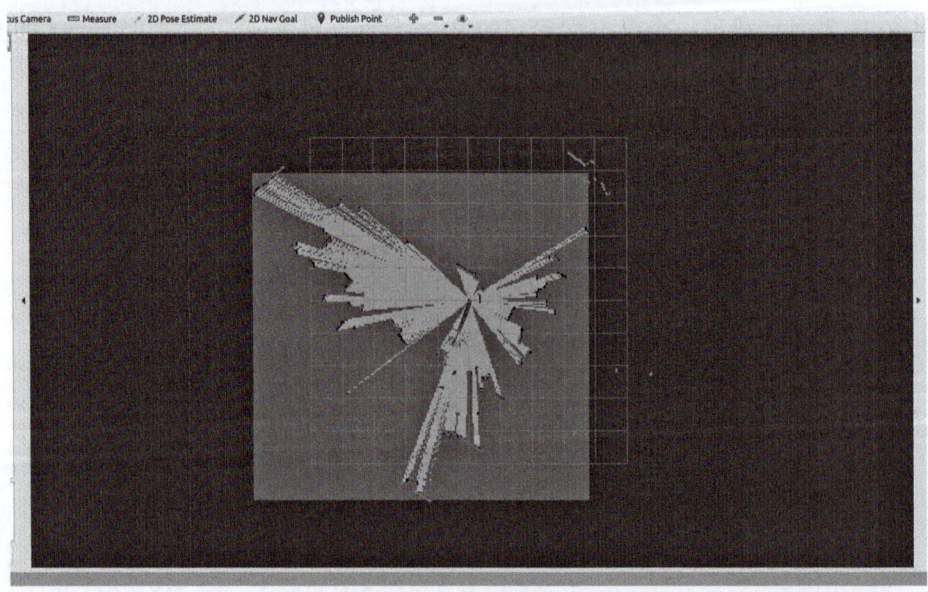

图 8-32　Rviz 地图界面

机器人继续移动后,地图的白色区域会扩大,如图8-33所示。地图信息表示如下描述。

- 白色:已扫描的无障碍区域。
- 黑色:已扫描的障碍区域,如墙壁、柜子等。
- 灰色:未扫描的区域。

图8-33 地图更新情况

当进行较大场景建图时,由于激光雷达累计误差的影响,走重复路径时机器人的位姿可能有一定的偏差,需要等待回环检测进行修正,以降低建图误差。走重复路径未产生回环时,建议降低行走速度,尽量沿原路径进行行走以提高回环检测的效率。产生回环后,优化后的地图会闭合,则可以继续进行新区域的建图。图8-34和图8-35所示展示了回环前和回环后的地图差异。

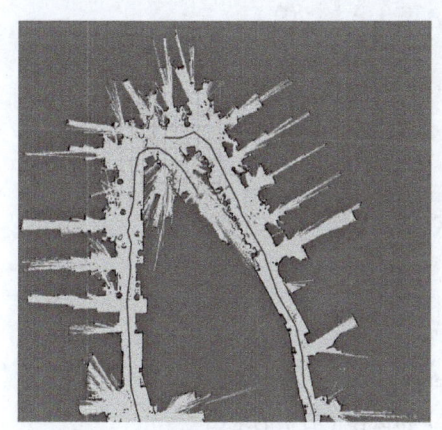
图8-34 回环检测优化前地图

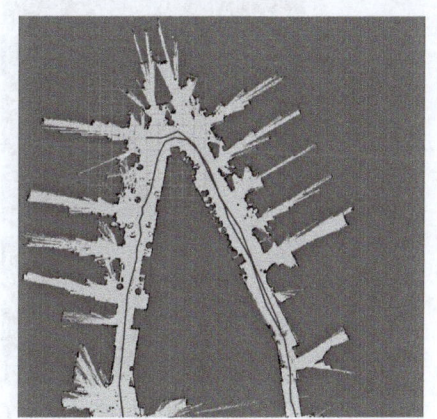
图8-35 回环检测优化后地图

8)建图完成。扫描完一块区域后,示例如图8-36所示。可以保存地图用于后续导航。

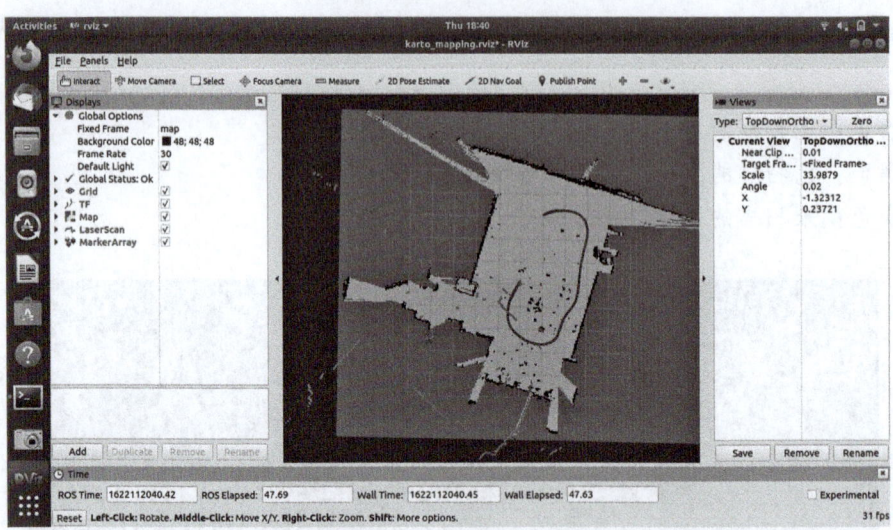

图 8-36 扫图完成示例

四 保存并优化地图文件

建图闭环完成后，就可以保存地图并进行编辑，处理掉地图中存在的噪点，以免影响后续机器人导航的效果。

1）在 Rviz 中观察到地图结构完整，完成建图任务后，保存地图，示例如下：

```
rosrun map_server map_saver -f <地图名称>
```

如图 8-37 左侧为 Rviz 上显示的扫描完整的地图，右侧为保存的地图。

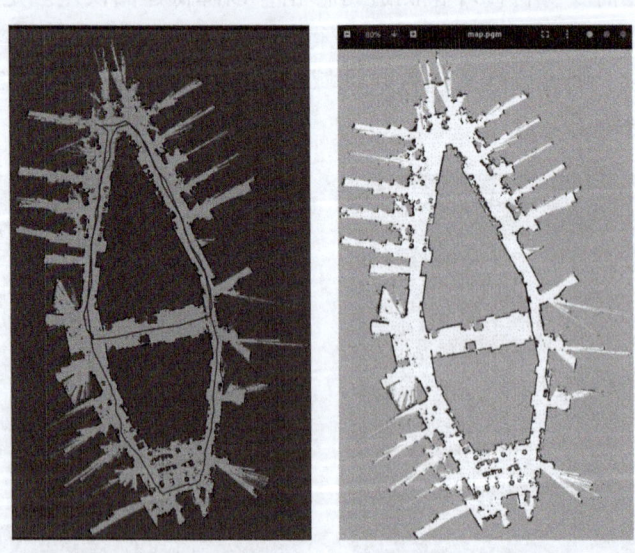

图 8-37 扫图完成时（左）和保存（右）的地图

如设定地图名称为 map，则保存命令为 rosrun map_server map_saver –f map。

该命令会在当前执行目录下生成 map.pgm 和 map.yaml 两个文件：map.pgm 为地图图

片，map.yaml 记录地图名称、分辨率、起始坐标等地图信息。

地图信息如图 8-38 所示。

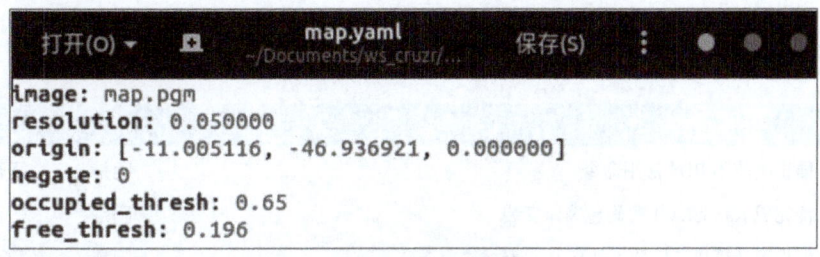

图 8-38 地图信息

2）编辑优化地图。

此时建图过程已经完成，由于地图中会出现部分噪点和障碍物，若直接使用该地图进行导航，可能造成导航行为异常，所以这里建议使用绘图工具擦拭地图和障碍物，或使用地图处理工具清除微小的噪点。使用地图处理工具能够去除地图中的孤立噪点（较大的噪点和障碍物无法自动去除）。

使用方法为：

```
rosrun cruzr_tutorials map_process <输入地图名称> <输出地图名称>
```

注意地图名称不包括地图的后缀。

如保存地图时名称为 map，修改后的地图命名为 mapedit，则运行命令 rosrun cruzr_tutorials map_process map mapedit。

执行命令后，程序对地图进行噪点的去除，并在当前目录下保存新的地图及其信息文件，去除噪点后的地图如图 8-39b 所示。可见地图中较小的噪点被去除，但一些固定的小型障碍物依然保留在地图上。

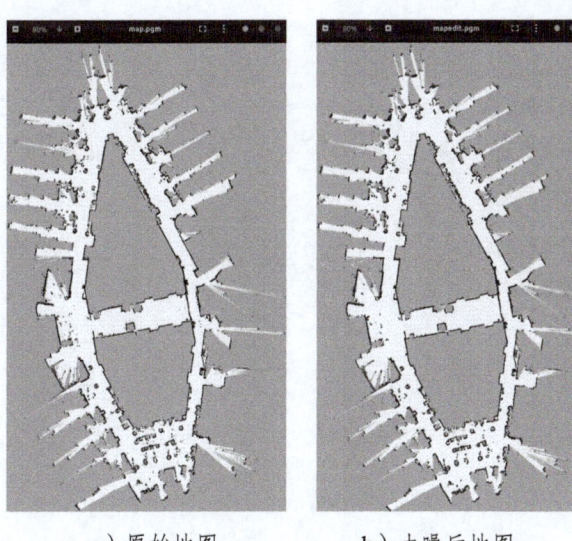

a）原始地图　　　b）去噪后地图

图 8-39 地图处理前后对比

若需要在地图上清除其余障碍物，需要使用绘图工具（如 Windows 下的画图，Linux 下的 GIMP）用白色涂抹去除。

任务评价

班级		姓名		学号		日期		
自我评价	1. 能正确使用 ROS 常用命令					□是	□否	
	2. 能完成 KartoSLAM 源码包编译安装					□是	□否	
	3. 能设置计算机和机器人共享 ROS 环境					□是	□否	
	4. 能了解并调用 ROS KartoSLAM 功能包的 slam_karto 节点					□是	□否	
	5. 能控制机器人进行扫图					□是	□否	
	6. 能使用可视化界面 Rviz 查看建图过程和激光数据信息					□是	□否	
	7. 能保存扫描完成的地图文件					□是	□否	
	8. 能够读懂机器人所建地图的含义，并对保存的地图文件进行编辑优化					□是	□否	
	9. 在完成任务时遇到了哪些问题？是如何解决的？							
	10. 能独立完成工作页的填写					□是	□否	
	11. 能按时上、下课，着装规范					□是	□否	
	12. 学习效果自评等级				□优	□良	□中	□差
	总结与反思：							
小组评价	1. 在小组讨论中能积极发言				□优	□良	□中	□差
	2. 能积极配合小组完成工作任务				□优	□良	□中	□差
	3. 在查找资料信息中的表现				□优	□良	□中	□差
	4. 能够清晰表达自己的观点				□优	□良	□中	□差
	5. 安全意识与规范意识				□优	□良	□中	□差
	6. 遵守课堂纪律				□优	□良	□中	□差
	7. 积极参与汇报展示				□优	□良	□中	□差
教师评价	综合评价等级：							
	评语：							
					教师签名：		日期：	

任务拓展

更换或设计一个特征更复杂或面积更大的室内场景，制定扫图路线，构建地图。

项目小结

本项目主要学习了移动机器人在机器人操作系统 ROS 环境中常用的 SLAM 功能包 KartoSLAM 的应用，熟悉了可视化界面 Rviz 的界面功能，了解了 KartoSLAM 的节点和节点参数，掌握了移动机器人扫图的步骤和注意事项；学习了配置计算机与机器人共享 ROS 环境，调用扫图程序，使用键盘控制器控制机器人进行合理扫图，并对构建的地图进行编辑优化。

项目 9
让机器人自主导航

项目导入

移动机器人在了解自身周边的环境信息并确定自身在环境中的具体位置后,便需要确定第三个问题:规划自身从当前位置到目标位置的路线,并沿着规划路线运动。

导航技术是指移动机器人通过传感器感知环境信息和自身状态,实现在有障碍的环境中面向目标的自主运动,该技术是移动机器人的核心技术之一。本项目主要在项目 8 的基础上,确定机器人在已建地图中的实时位置,并规划一条从起始点到目标点的无碰路线,并使机器人沿着规划路线运动。这也就是机器人的自主导航问题。移动机器人路径规划示意图如图 9-1 所示。

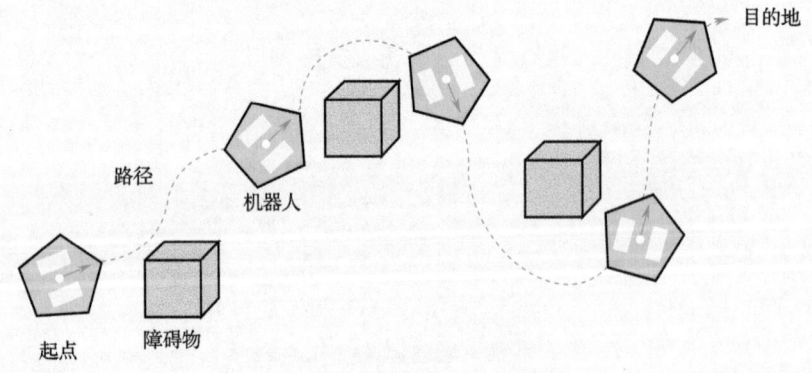

图 9-1 移动机器人路径规划示意图

项目任务

本项目需基于 Ubuntu18.04 ROS melodic 环境,让机器人应用 Navigation 导航功能包进行机器人的定位和导航,具体任务包含:

1)配置机器人导航应用的工作环境。
2)配置 ROS Navigation 导航功能包。
3)启动 ROS Navigation 导航功能包。
4)使用可视化工具 Rviz 进行重定位。
5)使用可视化工具 Rviz 进行导航测试。

学习目标

知识目标

1) 了解移动机器人定位与导航的概念。
2) 了解移动机器人全局规划与局部规划的常用算法。
3) 熟悉 ROS Navigation 导航功能包的基本框架 move_base、参数文件和参数配置。
4) 熟悉 AMCL 节点及其服务，订阅、发布的话题。
5) 掌握移动机器人定位和导航的实现步骤。

能力目标

1) 能配置参数并调用 ROS Navigation 导航功能包。
2) 能调用 move_base 节点进行机器人路径规划和导航控制。
3) 能配置 ROS Navigation 导航功能包中的全局规划器和局部规划器的参数。
4) 能配置 ROS Navigation 导航功能包中的代价地图的参数。
5) 能在可视化工具 Rviz 中进行机器人局部重定位和全局重定位。
6) 能在可视化工具 Rviz 中进行机器人导航测试。

知识链接

一 移动机器人定位

定位被称为"提供移动机器人自主能力的最基本问题"，对于导航而言，是最基本也是至关重要的一个环节。若无法正确定位机器人的当前位置，那么基于错误的起始点，后续规划的驶向目的地的路径也必定是错误的。通常而言，移动机器人定位就是确定相对于给定地图环境的机器人位姿（位置和姿态），经常被称为位置估计。移动机器人定位被看作是解决坐标变换问题，地图以全局坐标系描述，独立于机器人位姿。定位是建立地图坐标系与机器人局部坐标系一致性的过程。

二 移动机器人导航

导航技术是移动机器人的核心技术之一，指移动机器人通过传感器感知环境信息和自身状态，实现在有障碍的环境中面向目标的自主运动。在复杂环境下，实现导航的三要素为：①我在哪；②我要去哪；③如何去。前面已经讨论了前两个要素涉及的问题：建图与定位，而第三个问题是指机器人如何规划出一条路径，既要能从出发点达到目标点，又要避开行程中所出现的障碍物。

（一）定位导航流程

移动机器人定位与导航的流程如下：
1) 首先获得相关的地图信息（map）和机器人目标点位姿（goal）。

2）获取传感器数据，如激光数据（scan）与里程计数据（odom）。

3）从初始位置到目标位置的角度考虑，调用全局路径规划器（global planner），规划出一条大致可行的路线。

4）在地图中出现了未知障碍物的情况下，调用局部路径规划器（local planner），并根据代价地图（costmap）的信息，规划局部避障的路线。

5）发送规划的路线数据到机器人底层控制，让机器人沿着路线运动。

定位与导航框架主要算法模块及算法见表 9-1。

表 9-1　定位与导航框架主要算法模块及算法

算法模块	默认算法	可扩展的算法
定位	AMCL	robot_pose_ekf，…
全局路径规划	Dijkstra	A*，BFS，…
局部路径规划	TEB 算法	DWA 算法…
避障	Costmap	RGBD、超声、红外…

（二）全局路径规划

全局路径规划（global path planning）是在已知的环境中，给机器人规划一条路径，路径规划的精度取决于环境获取的准确度。全局路径规划可以找到最优解，但是需要预先知道环境的准确信息，且环境中的障碍物是静态的。

其优点在于，它能够离线计算出最优路径，是一种事前规划（即机器人运动前规划路径），因此对机器人系统的实时计算能力要求不高。其缺点在于，虽然规划结果是全局的、较优的，但是对环境模型的错误及噪声鲁棒性差，且由于机器人运动规划的内在复杂性，全局规划方法速度慢，如果环境模型在动态变化，则无法处理。

下面介绍三种典型的全局路径规划方法：Dijkstra 算法、BFS 算法和 A* 算法。

1. Dijkstra 算法

Dijkstra 算法从初始节点开始，访问图中的节点，迭代检查待检查节点集中的节点，并把和该节点最靠近的、尚未检查的节点加入待检查节点集。检查的过程就是计算当前节点与初始点的距离，如此迭代计算从初始节点开始向外扩展，直到到达目标节点，这样就能保证找到一条最短路径。

如图 9-2 所示，粉色的节点是初始点，蓝色的是目标点，而类菱形的有色区域则是 Dijkstra 算法扫描过的区域。颜色最浅的区域是离初始点最远的，因而形成探测过程（exploration）的边境（frontier）。

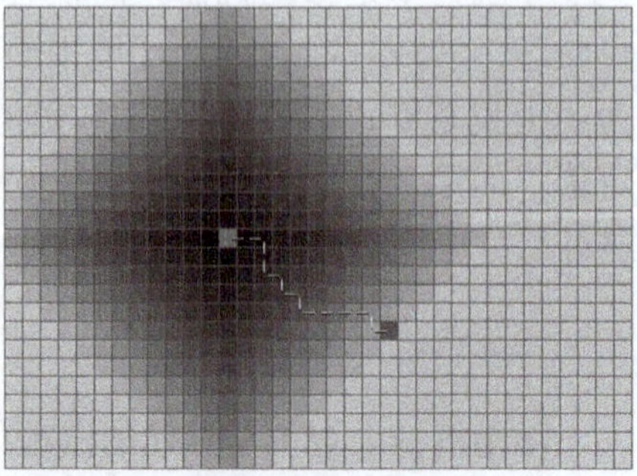

Dijkstra 算法是一种经典的广度优先的状态空间搜索算法，即算法会从初始点开始一层一层地搜索整个自由空间直到到达目标点。根据它的特点，Dijkstra 算法最大优势在于不需要预先探明地图，但是由于它遍

图 9-2　Dijkstra 算法规划路径示例

历计算的节点非常多，计算时间长、数据量大，所以效率低。

2. BFS 算法

最佳优先搜索（BFS）算法基于贪心策略。贪心策略指求解问题时，总是做出在当前看来最好的选择，即不从整体最优考虑。其算法流程与 Dijkstra 算法类似，但是它能够评估（称为启发式的）任意节点到目标点的代价。与选择离初始节点最近的节点不同的是，它选择离目标最近的节点。

BFS 算法不能保证找到一条最短路径，然而它比 Dijkstra 算法更快，因为它用了一个启发式函数（heuristic function）快速地导向目标节点。如图 9-3 所示，越浅的节点代表越高的启发式值（移动到目标的代价高），而越深的节点代表越低的启发式值（移动到目标的代价低）。从图中也能很明显地看出两种算法扫描的区域范围差别。

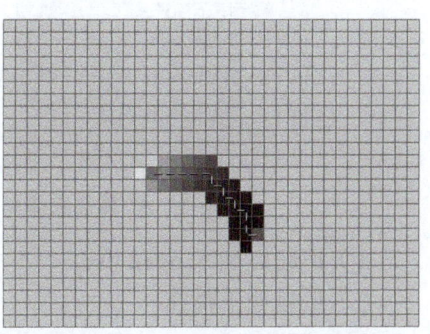

图 9-3　BFS 算法规划路径示例

然而，在上述无障碍物的简单环境中，Dijkstra 和 BFS 算法虽然均能表现较好，但在复杂环境中，比如环境存在 U 形障碍物，二者性能往往均不如人意。Dijkstra 算法运行得较慢，但确实能保证找到一条最短路径（见图 9-4a），而 BFS 运行得较快，但是它找到的路径明显不是一条好的路径（见图 9-4b）。

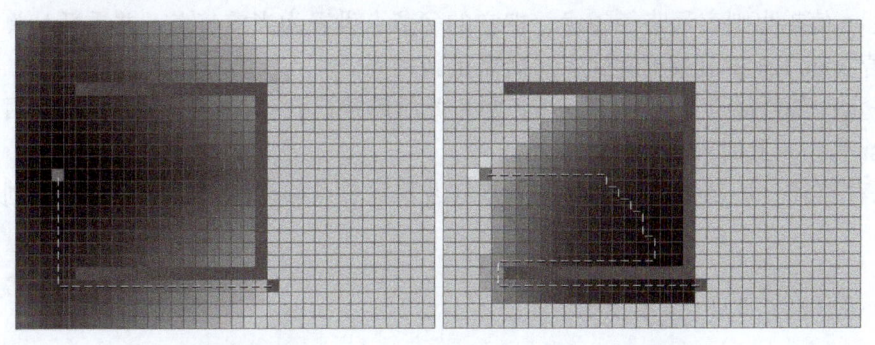

a）Dijkstra 算法　　　　　　　　b）BFS 算法

图 9-4　规划路径对照示例

3. A* 算法

A* 算法结合前二者优点，作为一种启发式搜索算法被提出，利用问题拥有的启发式信息来引导搜索，减少搜索范围、降低问题复杂度，达到搜索出图中指定节点对之间的最小代价路径。在复杂情况下，如上述 U 型障碍物环境中，它也能找到一条有效的最短路径（见图 9-5）。

A* 算法运用两个列表：open list 和 close list，open list 包含待检测的节点，记录路径中可能会经过的，或可能不经过的节点；close list 包含已检测过的节点，记录路径沿途经过的节点。每个节点 n 记录三个数据：从初始点到当前节点 n 的实际代价 g(n)，从当前点 n

到目标点的启发式估计代价 h(n)（一般采用欧氏距离或曼哈顿距离计算）以及从初始点经由当前节点 n 到达目标节点的估计代价 f(n)。算法步骤如下。

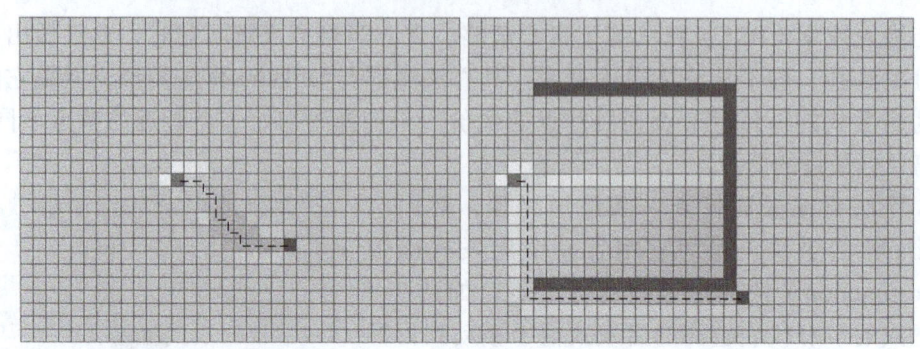

图 9-5　A* 算法在简单环境（左）和复杂环境（右）中的路径规划示例

1）把起点加入 open list。

2）重复如下操作：

①遍历 open list，查找 f(n) 值最小的节点，把它作为当前要处理的节点；

②把该节点移到 close list；

③遍历当前节点的 8 个相邻节点，若它不可抵达或者它在 close list 中则忽略；若它不在 open list 中则将它加入，并且把当前节点设置为它的父节点，记录该节点三个数据值；如果它已在 open list 中，则检查这条路径（即经由当前节点到达该节点）是否更好，用 g 值作参考：g 值越小则表示路径越优，把它的父节点设置为当前节点，并重新计算它的 g 值和 f 值。若 open list 中是按 f 值排序，则需重新排序。

3）停止：若目标点加入到 open list 中（此时路径已找到）则停止；若查找目标点失败且 open list 为空（此时没有路径）也停止。

4）保存路径。从目标点开始，每个节点沿着父节点移动至初始点，便是规划后的最优路径。

（三）局部路径规划

局部路径规划（local path planning）允许环境信息完全未知或部分可知，能够达到在机器人运动时规划路径。其侧重于考虑机器人当前的局部环境信息，让机器人具有良好的避障能力，通过传感器对机器人的工作环境进行探测，以获取障碍物的位置和几何性质等信息。

这种规划需要搜集环境数据，并且对该环境模型的动态更新能够随时进行校正。局部规划方法将对环境的建模与搜索融为一体，要求机器人系统具有高速的信息处理能力和计算能力，对环境误差和噪声有较高的鲁棒性，能对规划结果进行实时反馈和校正。但是由于缺乏全局环境信息，容易陷入局部最优，甚至可能找不到正确路径或完整路径。

全局路径规划和局部路径规划并没有本质上的区别，很多适用于全局路径规划的方法经过改进也可以用于局部路径规划，而适用于局部路径规划的方法同样经过改进后也可以适用于全局路径规划。两者协同工作，机器人可更好地规划从起始点到终点的行走路径。

下面介绍两种局部路径规划算法：TEB 算法和 DWA 算法。

1. TEB 算法

TEB 算法全称为 Timed Elastic Band。Elastic Band（橡皮筋）定义为连接起始点与目标点的路径，且该路径可以变形，而变形的条件就是将所有约束当作橡皮筋的外力。在具体算法中，起始点、目标点状态由用户/全局规划器指定，中间插入 N 个控制橡皮筋形状的控制点（机器人姿态），同时，为了显示轨迹的运动学信息，在点与点之间定义时间间隔（Time Interval），对应着机器人需要从当前位姿运动到下一个位姿的时间。

TEB 算法的核心思想，是通过加权多目标优化模型，考虑各种约束的目标函数，来调整与优化机器人位姿和时间间隔，即获取最优路径（点）。

它的目标约束函数主要涉及：

- 跟踪全局路径
- 避开障碍物约束
- 速度和加速度约束
- 机器人自身的运动学限制

TEB 算法在 ROS 中的具体控制流程如图 9-6 所示。

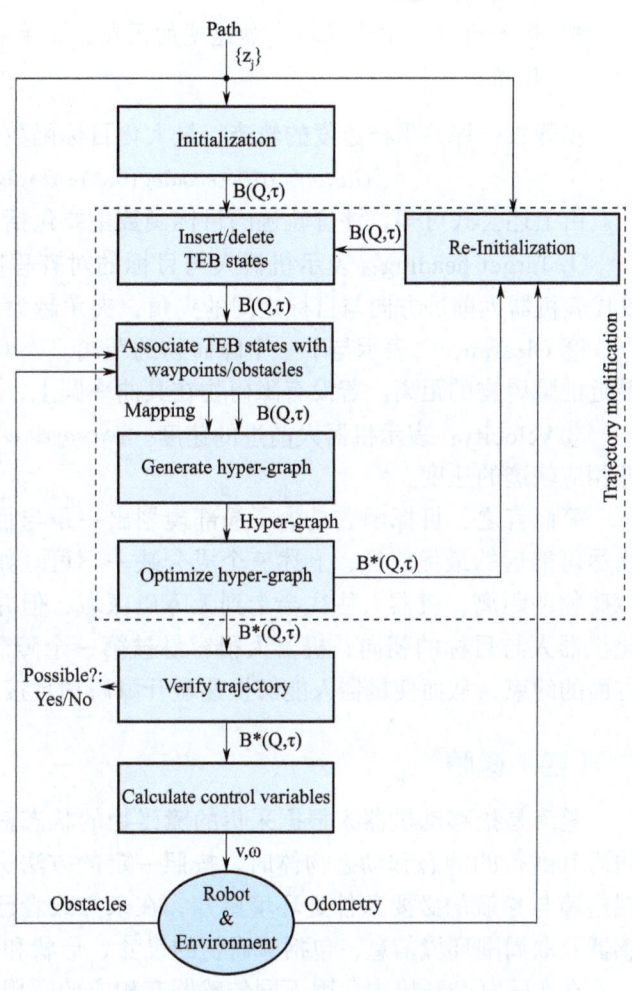

图 9-6　TEB 控制流程

2. DWA 算法

DWA（动态窗口）算法全称为 Dynamic Window Approach，其原理主要是在速度空间采样多组速度（一组速度（v, w）由线速度与角速度组成），并模拟机器人在这些速度下一定时间内的运动轨迹。在得到多组轨迹后，通过一个目标函数对这些轨迹评估，选取最优轨迹对应的速度来驱动机器人运动。DWA 算法的优点是计算复杂度较低，考虑了速度和加速度的限制，只有安全的轨迹会被考虑，且每次采样的时间较短，因此轨迹空间较小。其算法步骤如下。

步骤一：在速度搜索空间内根据以下三点进行降采样。

- 圆弧轨迹：DWA 算法仅考虑圆弧轨迹，该轨迹由采样速度决定，这些速度构成一个二维速度搜索空间。
- 允许速度：能够保证安全轨迹的速度才能被允许，即机器人能够在碰到最近的障碍物之前停止。
- 动态窗口：由于机器人加速度的限制，只有在短时间内能加减速达到的速度才会被保留。

步骤二：评估采样速度的轨迹，最大化目标函数值

$$G(v,\omega) = \sigma(\alpha * heading(v,\omega) + \beta * dist(v,\omega) + \gamma * velocity(v,\omega))$$

由上述公式可知，评价轨迹的目标函数主要包括三个方面。

① Target heading：表示机器人与目标的对齐程度。$heading(v,\omega)$ 用 $180-\theta$ 来表示，其中 θ 代表机器人前进方向与目标之间的夹角，夹角越大，代价值越小。

② Clearance：表示与下一个障碍物的距离。$dist(v,\omega)$ 代表距离机器人轨迹曲率圆相交的最近的障碍物的距离。若没有障碍物在其曲率圆上，该值设为一个很大的常数。

③ Velocity：表示机器人前进的速度。$velocity(v,\omega)$ 用于评估机器人在相应路径上的进展，即相应轨迹的速度。

简而言之，目标函数是为了局部规划出一条与目标越来越接近，速度较快，且与障碍物尽可能远的最优路径，上述三个成分缺一不可。如果仅仅最大化机器人速度和机器人与障碍物的距离，机器人往往会走到无障碍区域，但并无意识朝向目标前进；如果仅仅最大化机器人与目标的朝向，机器人很容易被第一个障碍物困住。所以 DWA 算法考虑上述三方面的约束，从而使机器人能够快速避开障碍物且接近目标。

（四）避障

避障是指移动机器人根据采集的障碍物的状态信息，在行走过程中通过传感器感知到妨碍其通行的静态和动态物体时，按照一定的方法进行有效的避障，最后达到目标点。实现避障与导航的必要条件是环境感知，在未知或者已知部分位置的环境下避障需要通过传感器获取周围环境信息，包括障碍物的尺寸、形状和位置等信息。

在实际复杂环境中，因不同传感器有相应的适用范围、适用场景，因此常用到多种传感器相互弥补对方的盲区和失效场景实现机器人自主避障。而为收集和处理不同传感器的数据信息，代价地图在机器人感知避障中成为了重要载体。

代价地图（costmap）用于描述环境中的障碍物信息，是利用激光雷达、声呐、红外测距等探测传感器的数据来建立和更新的二维或三维地图。如图 9-7 所示，红色单元格表示代价地图中的障碍物，蓝色单元格表示通过机器人内切圆半径膨胀出的障碍物，红色多边形表示机器人的占地面积（机器人轮廓的垂直投影）。为了避免碰撞，机器人位置不能和红色部分有交叉，且机器人中心位置不能与蓝色部分有交叉。

图 9-7　代价地图

图 9-8 所示为代价地图（Master Map）的生成流程。

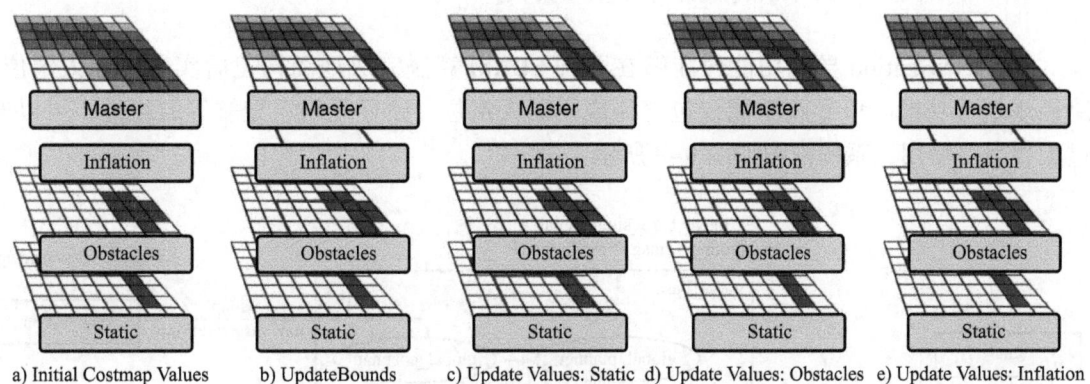

图 9-8　代价地图生成流程

在图 9-8a 中，初始的分层代价地图（layered costmap）分为三层和主图：静态地图层（Static Map Layer）、障碍物层（Obstacles Layer）、膨胀层（Inflation Layer）以及主图（Master Map）。

如图 9-8a 所示，静态地图层和障碍物层拥有它们自己的栅格地图，而膨胀层并没有。更新代价地图的过程中，第一步是从底层（静态层）开始按顺序调用 UpdateBounds 方法，即通过传递给每层一个边界框（bounding box）表示前一层需要更新的地图区域（初始时为一个空白框）。如图 9-8b 中障碍物层，为了确定新的更新区域，障碍物层利用新的传感器数据更新自己的栅格地图。然后第二步，每层依次调用 UpdateValues 方法，即更新主图边界框内的区域，从静态地图层开始（见图 9-8c），然后是障碍物层（见图 9-8d），最后是膨胀层（见图 9-8e）。

通过上述流程可以知道基础的代价地图由三层组成。

（1）静态地图层　为了做全局规划，机器人需要一个"超越"其传感器的地图，以了解墙壁和其他静态障碍物的位置。静态地图可以优先用 SLAM 算法生成，也可以从架构图中创建。在构建代价地图流程中，每次检查待更新区域时（即调用 UpdateBounds 方法），由于静态地图层是基本不变的，它一直是代价地图的底层，所以它将其值直接复制到主图中。

（2）障碍物层　该层从高精度传感器（例如激光传感器和 RGB-D 相机）动态地收集数据，并将其放置在二维网格中。传感器和传感器测量区域之间的空间被标记为空白（free），传感器测量的区域被标记为占用（occupied）。在每次调用 UpdateBounds 时，边界框可扩展以适应所有新数据。

（3）膨胀层　膨胀层在前两层地图上进行膨胀，膨胀过程在每个致命障碍周围插入一个缓冲区，机器人肯定会发生碰撞的地点被标记为致命代价（lethal cost），而紧邻的区域具有很小的非致命代价（non-lethal cost）。这些值确保机器人不会与致命障碍物碰撞，并且不希望它们过于接近。由于该层特点，在调用 UpdateBounds 时，将增加前一个边界框，以确保新的致命障碍被膨胀的同时，在前一个边界框外的、旧的致命障碍可能会膨胀到连该边界框的部分仍然起作用。

三 ROS Navigation 功能包介绍

ROS Navigation 导航功能包能够在开源 SLAM 算法完成地图构建后实现机器人定位、路径规划等功能。该导航功能包包含完成机器人定位、路径规划、导航等的组件，可以通过配置直接使用，系统框图如图 9-9 所示。

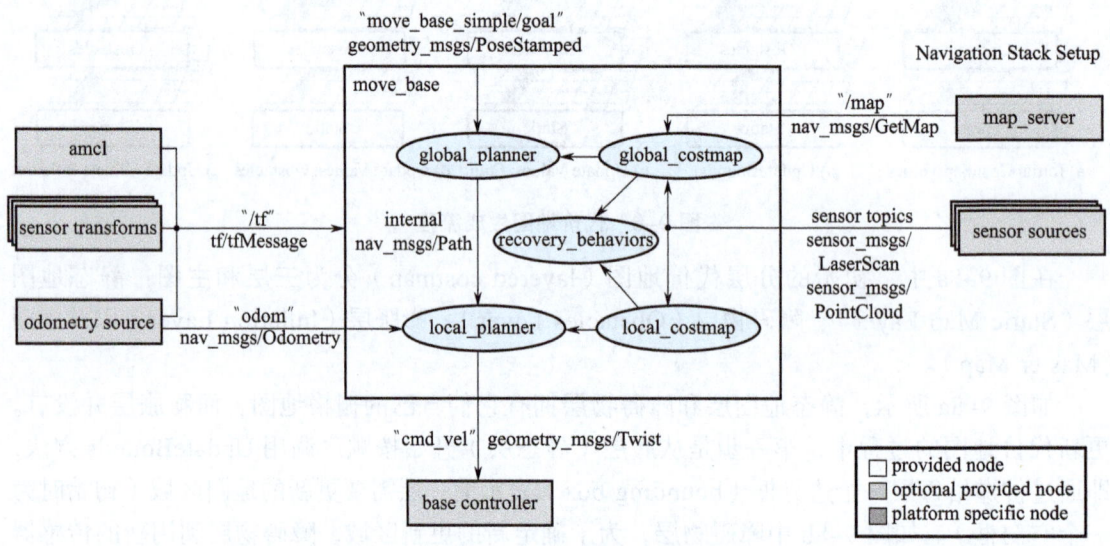

图 9-9 ROS Navigation 功能包框架

图 9-9 中，move_base 节点是导航过程运动控制中的核心节点，在导航任务中处于核心位置，其他 package 都是它的插件。包括下列三种：base_local_planner、base_global_planner 和 recovery_behaviors。

1）base_local_planner 局部规划器：为局部代价地图，记录机器人附近的障碍物信息，通常由传感器实时刷新，用于局部路径规划。可选算法插件有两个。

- base_local_planner：实现了 Trajectory Rollout 和 DWA 两种局部规划算法。
- dwa_local_planner：实现了 DWA 局部规划算法，可以看作是 base_local_planner 的改进版本。

2）base_global_planner 全局规划器：为全局代价地图，记录整个地图上的障碍物信息，用于生成全局路径。可选算法插件有 3 个。

- parrot_planner：实现了较简单的全局规划算法。
- navfn：实现了 Dijkstra 和 A* 全局规划算法。
- global_planner：重新实现了 Dijkstra 和 A* 全局规划算法，可以看作 navfn 的改进版。

3）recovery_behaviors 恢复策略：当机器人无法规划出导航路径时采取的策略，如清除局部代价图，尝试转圈寻找路径等。它包含：

- clear_costmap_recovery：实现了清除代价地图的恢复行为。
- rotate_recovery：实现了旋转的恢复行为。
- move_slow_and_clear：实现了缓慢移动的恢复行为。

move_base 接收用户发布的导航目标 move_base_simple/goal，输出实时运动控制信号 cmd_vel 下发给底盘控制器以实现机器人的运动控制。

图 9-9 中灰色部分是可选节点，左侧灰色部分为 amcl 节点，能够利用粒子滤波算法为机器人导航提供全局位置信息。右侧灰色部分为 map_server 节点，通过调用创建好的地图为导航提供全局环境信息。

图 9-9 中蓝色部分是必须提供的信息，而且它依赖于给定的平台，否则系统无法工作。上述信息包括每个机器人需要适配的组件，包括机器人模型相关的 tf 信息、里程计 odom 信息、激光传感器信息 scan 等。

四 AMCL 功能包

（一）蒙特卡洛定位算法

如果想计算一个矩形中的一个不规则图形的面积，可以通过拿一堆豆子，均匀地洒在矩形上，通过统计在不规则形状内的豆子数和矩形内的豆子数，得到不规则形状的大致面积。基于这种方法的一种流行的定位算法，称为蒙特卡洛定位（Monte Carlo Localization）。在机器人定位问题中，机器人处于地图的任一位置都是有可能的，蒙特卡洛定位使用粒子来表达一个位置的置信度（belief）。粒子越多，机器人处于这个位置的可能性越高。

图 9-10 给出了一个在真实的办公室环境中应用蒙特卡洛定位的示例。图 9-10a 中，机器人从起点移动约 5m 后，机器人位置仍全局不确定，粒子分布在自由空间的大部分区域。图 9-10b 中，即使机器人到达了左上角的位置，它的置信度仍集中在 4 个可能的位置。最后在图 9-10c 中，机器人移动了约 55m 后，它自身的位置才得到了确定。

蒙特卡洛定位能解决全局定位问题，但是不能从机器人绑架中或全局定位失效中恢复。因为该方法在获取机器人位置的过程中，不在最可能位姿处的粒子会逐渐消失。在某个时刻，只有单一位姿的粒子"存活"，如图 9-10c，但如果这个位姿碰巧是错误的，算法并不能恢复。当粒子数很小，并且

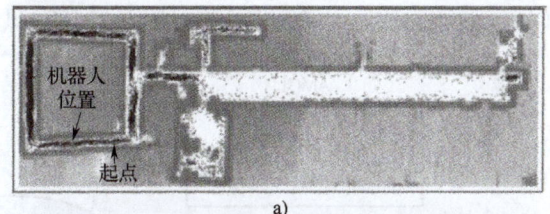

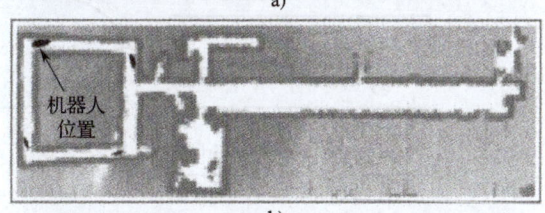

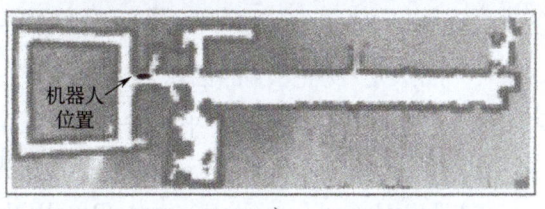

图 9-10 办公环境中蒙特卡洛定位示例

粒子扩散到整个范围较大的区域时，这个问题就特别重要了。

（二）AMCL 算法介绍

AMCL（Adaptive Monte Carlo Localization）即自适应蒙特卡洛定位（缩写中字母 A 也可以理解为 augmented），它在蒙特卡洛方法基础上添加自适应的粒子数调整和随机撒粒子机制，当它发现粒子们的平均分数突然降低了（意味着正确的粒子在某次迭代中未"存活"），就注入随机粒子，在运动模型中产生一些随机状态，从而解决了机器人的绑架问题。AMCL 算法原理图如图 9-11 所示。

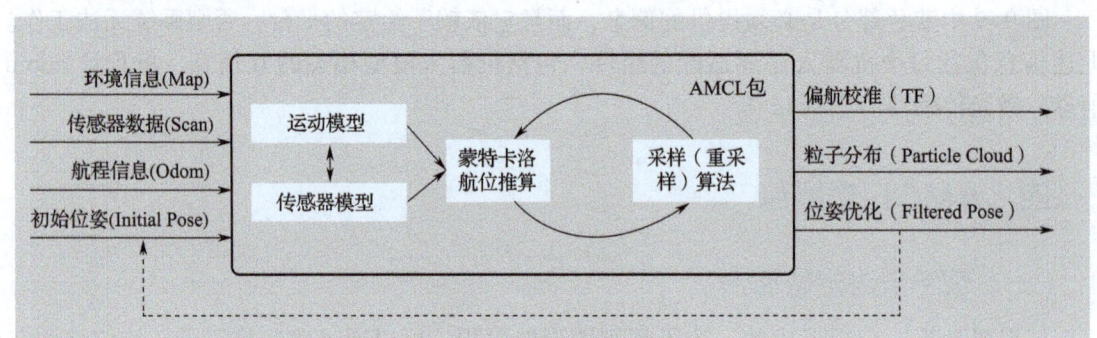

图 9-11　AMCL 算法原理图

（三）AMCL 功能包介绍

AMCL 功能包的通信架构如图 9-12 所示，与 SLAM 的架构类似，主要的区别在于它以 /map 作为输入，而非输出。所以 AMCL 只负责定位，不负责建图。

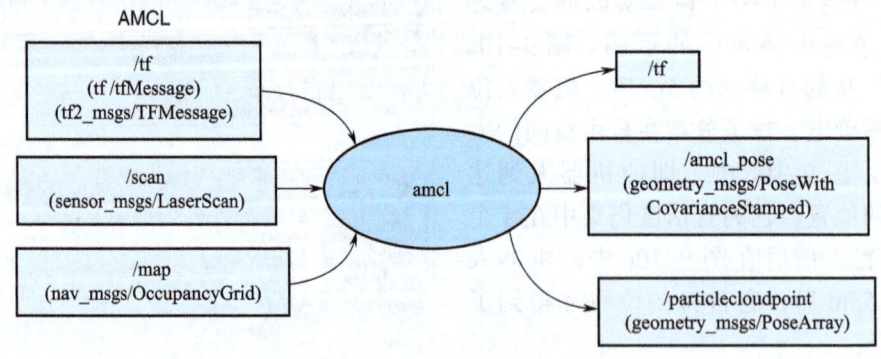

图 9-12　AMCL 功能包通信架构

1. AMCL 节点订阅的话题

1）/tf（tf/tfMessage）：坐标转换。

2）/scan（sensor_msgs/LaserScan）：激光数据。

3）/initialpose（geometry_msgs/PoseWithCovarianceStamped）：初始位置。

4）/map（nav_msgs/OccupancyGrid）：地图信息。

2. AMCL 节点发布的话题

1）/amcl_pose（geometry_msgs/PoseWithCovarianceStamped）：机器人在地图中的位姿估计，包括估计方差。

2）/particlecloudpoint（geometry_msgs/PoseArray）：滤波器估计的位置。

3）/tf（tf/tfMessage）：发布从 odom 到 map 的转换位置。

3. AMCL 节点的服务

1）Global_localization（std_srvs/Empty）：初始化全局定位，所有粒子完全随机分布在地上。

2）Request_nomotion_update（std_srvs/Empty）：手动更新粒子并发布更新后的粒子。

3）Static_map（nav_msgs/GetMap）：AMCL 调用此服务接收地图，用于基于激光扫描的定位。

五 导航功能包参数文件配置

（一）AMCL 节点参数

AMCL 节点进行机器人的定位，其参数配置位于 amcl.yaml 文件中，主要对激光模型、里程计模型、粒子数目等参数进行配置。

```
odom_frame_id: odom
base_frame_id: base_link
use_map_topic: true
tf_broadcast: true

# 粒子滤波更新参数
min_particles: 500  # 最小粒子数目
max_particles: 5000  # 最大粒子数目
kld_err: 0.05  # 真实分布和估计分布之间的最大误差
update_min_d: 0.20  # 执行更新前需要平移的距离
update_min_a: 0.20  # 执行更新前需要旋转的角度
resample_interval: 1  # 重采样前需要的滤波器更新次数
transform_tolerance: 0.5  #tf 变换发布推迟的时间
gui_publish_rate: 50.0  # 可视化路径发布频率

# 初始位姿及协方差
initial_pose_x: 0.0
initial_pose_y: 0.0
initial_pose_a: 0.0
initial_cov_xx: 0.5*0.5
initial_cov_yy: 0.5*0.5
initial_cov_aa: (π/12)*(π/12)
```

```
# 激光模型参数
laser_max_range: 25.0  # 激光最大扫描距离
laser_max_beams: 180   # 更新滤波器时使用多少个均匀分布的激光束
laser_z_hit: 0.95
laser_z_short: 0.05
laser_z_max: 0.05
laser_z_rand: 0.05
laser_sigma_hit: 0.2
laser_lambda_short: 0.1
laser_likelihood_max_dist: 1.2  # 在地图上进行障碍物膨胀的最大距离
laser_model_type: likelihood_fifield  # 激光模型

# 里程计模型参数
odom_model_type: diffff  # 里程计模型，diffff 为差分机器人
# 里程计噪声
odom_alpha1: 0.2
odom_alpha2: 0.2
odom_alpha3: 0.2
odom_alpha4: 0.2
odom_alpha5: 0.2
```

（二）move_base 节点参数

Move_base 节点进行机器人路径规划与导航控制，通过加载不同配置文件进行插件载入与参数配置。move_base_params.yaml 设置 move_base 的参数。

```
base_global_planner: "global_planner/GlobalPlanner"  # 全局规划器可选 navfn/NavfnROS, global_planner/GlobalPlanner, carrot_planner/CarrotPlanner 等
base_local_planner: "teb_local_planner/TebLocalPlannerROS"  # 局部规划器可选 teb_local_planner/TebLocalPlannerROS, dwa_local_planner/DWAPlannerROS 等

controller_frequency: 10.0  # 控制循环的频率
controller_patience: 3.0    # 允许多长时间的无效控制

planner_frequency: 6.0      # 全局路径规划器运行频率
planner_patience: 3.0       # 允许多长时间的无效规划

conservative_reset_dist: 3.0  # 当在地图中清理出空间时，距离机器人几米远的障碍将会从 costmap 清除
oscillation_timeout: 15.0   # 执行修复操作之前，允许的震荡时间是几秒
oscillation_distance: 0.1
```

（三）全局规划器的参数

global_planner_params.yaml 为全局规划器的参数配置，和 move_base 选择的全局规划器类型对应。另外，全局规划器可选插件还有 navfn 和 carrot_planner。

```
GlobalPlanner:  # 全局规划器类型
use_quadratic: true  # 使用二次近似，设置为false，使用更简单的计算
use_dijkstra: true  # 使用dijkstra算法，设置为false，使用A*算法
use_grid_path: false  # 沿着栅格边界创建路径，设置为false，使用梯度下降的方法
allow_unknown: false  # 是否允许路径规划器在未知空间创建路径规划
default_tolerance: 0.5  # 路径规划器目标点的公差范围
lethal_cost: 253  # 致命状态的代价值
neutral_cost: 60  # 中间状态的代价值
cost_factor: 3.0  # 代价因子
publish_potential: false
```

（四）局部规划器的参数

teb_local_planner_params.yaml 为局部规划器参数配置，和 move_base 选择的局部规划器类型对应。另外，局部规划器可选插件还有 dwa_local_planner。

```
TebLocalPlannerROS:  # 局部规划器类型
odom_topic: odom
map_frame: map

# Robot
acc_lim_x: 0.2  # 机器人的最大线加速度
acc_lim_theta: 0.8  # 机器人的最大角加速度
max_vel_x: 0.5  # 机器人的最大平移速度
max_vel_x_backwards: 0.100001  # 机器人后退时的最大平移速度
max_vel_theta: 1.2  # 机器人的最大角速度
min_turning_radius: 0.0  # 四驱动机器人的最小转向半径（差速驱动机器人设置为零）
footprint_model:  # 足迹模型
  type: "point"

# 目标点容忍误差
xy_goal_tolerance: 0.15  # 允许的机器人到目标位置的距离误差
yaw_goal_tolerance: 0.2  # 允许的机器人到目标位置的角度误差
free_goal_vel: false  # 是否允许让机器人以最大速度到达目标

# 轨迹配置
dt_ref: 0.3  # 期望的轨迹时间分辨率
dt_hysteresis: 0.1  # 自动调整时间分辨率的调整范围
min_samples: 3  # 最小样本数（应大于2）
global_plan_overwrite_orientation: True  # 覆盖由全局规划器提供的局部子目标的方向
global_plan_viapoint_sep: 0.2  # 该值为正，从全局路径中提取的过路点，该值定义每两个连续过路点之间的最小间隔，该值为负数，禁用
max_global_plan_lookahead_dist: 1.0  # 考虑优化的全局规划子集的最大长度（累积欧氏距离）

# 障碍物相关
```

```yaml
    min_obstacle_dist: 0.35 # 与障碍的最小期望距离，需要包括机器人半径
    include_costmap_obstacles: True # 是否考虑到costmap中的障碍
    costmap_obstacles_behind_robot_dist: 1.0 # 考虑机器人后多少米内的障碍物
    costmap_converter_plugin: "" # 转换插件名称，用于将costmap的单元格转换成点/线/多边形。若设置为空字符，则视为禁用转换
    costmap_converter_spin_thread: True #costmap转换器将以不同的线程调用其回调队列
    costmap_converter_rate: 5.0 # 定义costmap_converter插件处理当前costmap的频率

    # 优化参数
    no_inner_iterations: 3 # 每个外循环迭代中调用的实际求解器迭代次数
    no_outer_iterations: 3 # 外部循环次数。每次外部循环迭代会根据时间分辨率dt_ref自动调整轨迹大小，并调用内部优化器，故每个周期迭代的总数是两个值的乘积
    penalty_epsilon: 0.1 # 对于硬约束近似，在惩罚函数中添加安全范围

    # 各种优化权重
    weight_max_vel_x: 2
    weight_max_vel_theta: 1
    weight_acc_lim_x: 1
    weight_acc_lim_theta: 1
    weight_kinematics_nh: 1000
    weight_kinematics_forward_drive: 450
    weight_kinematics_turning_radius: 1
    weight_optimaltime: 1.0
    weight_obstacle: 50
    weight_viapoint: 2

    # 并行规划
    enable_homotopy_class_planning: False # 是否同时计算多条轨迹，需要更多的CPU资源
    enable_multithreading: True # 计算轨迹时开启并行运算
    simple_exploration: False
    max_number_classes: 4 # 考虑到的不同轨迹的最大数量
    selection_cost_hysteresis: 1.0 # 新候选轨迹必须相对于先前选择的轨迹具有多少轨迹成本才能被选中
    selection_obst_cost_scale: 100 # 障碍物成本
    selection_alternative_time_cost: False # 如果为true，时间成本（时间差平方和）由总转移时间（时间差和）替代

      roadmap_graph_no_samples: 15 # 指定为创建路线图而生成的样本数
      roadmap_graph_area_width: 5 # 在起点和目标之间的矩形区域中采样随机关键点/航路点
      h_signature_prescaler: 0.5 # 缩放用于区分同伦类的内部参数，如果在局部costmap中遇到太多障碍物的情况，请勿选择极低值
      obstacle_heading_threshold: 1.0 # 在障碍物航向和目标航向之间指定标量积的值，以便在探索时考虑到障碍物
      visualize_hc_graph: False
```

（五）代价地图的参数

1. costmap_common_params.yaml

代价地图共有参数配置，避免了在全局代价地图和局部代价地图配置文件中重复配置一些相同参数。这里 costmap 为比较简单的方案，它制定了三层；静态地图层、障碍物层与膨胀层。静态地图层主要用于生成全局代价地图，描述全局环境的地图信息；障碍物层描述机器人周围的障碍物信息；膨胀层对障碍物进行膨胀，使机器人和障碍物保持一定的距离。

```yaml
max_obstacle_height: 0.60 # 要插入到costmap中的障碍物的最大高度
robot_radius: 0.35 # 机器人半径
map_type: voxel # 地图类型

obstacle_layer: # 障碍物层激光雷达感知到的障碍
  enabled: true
  max_obstacle_height: 0.6
  track_unknown_space: true # 是否追踪未知区域
  obstacle_range: 2.5 # 引入障碍物到代价地图的传感器读数的最大范围
  raytrace_range: 3.0 # 机器人追踪的距离，若激光数据为空，机器人清除其前面多少米的空间
  publish_voxel_map: false
  max_beams: 1440
  observation_sources: scan #costmap传感器数据来源
  scan:
    data_type: LaserScan # 传感器数据类型
    topic: scan # 传感器topic名称
    marking: true # 是否用于标记障碍物
    clearing: true # 是否用于清除障碍物
    min_obstacle_height: 0.05
    max_obstacle_height: 0.3
    inf_is_valid: true

inflflation_layer: # 膨胀层
  enabled: true
  cost_scaling_factor: 20.0 # 比例因子，用于确定膨胀半径到内切半径之间的代价
  inflflation_radius: 0.6 # 膨胀半径

static_layer: # 静态地图层
  enabled: true
  map_topic: "map"
```

2. global_costmap_params.yaml

全局代价地图配置。一般全局代价地图需包含静态地图层和膨胀层，障碍层可按需要加入。加入障碍层，能够将地图上不存在的临时障碍物加入全局地图，进行动态的全局路径规划，但临时障碍物清除后需要手动清除局部地图外的障碍物；不加入障碍层，临时障碍物

只在局部地图进行显示,能实现避障,但若临时障碍物堵死全局路径,无法重新规划路径。

```
global_costmap:
global_frame: map
robot_base_frame: base_link
update_frequency: 5.0 #更新频率
publish_frequency: 5.0 #发布频率
static_map: true #使用静态地图
rolling_window: false #是否使用动态的窗口,使用静态地图时设为false
transform_tolerance: 0.5
plugins: #定义需要引入的各层配置
-{ name: static_layer, type: "costmap_2d::StaticLayer" } #静态地图层
# -{ name: obstacle_layer, type: "costmap_2d::ObstacleLayer"} #障碍层
-{ name: inflflation_layer, type: "costmap_2d::InflflationLayer" } #膨胀层
```

3. local_costmap_params.yaml

局部代价地图配置。局部代价地图配置和全局代价地图相似,主要区别在于全局代价地图使用静态地图作为初始化。局部代价地图是以机器人为中心的小范围地图。

```
local_costmap:
global_frame: map
robot_base_frame: base_link
update_frequency: 8.0
publish_frequency: 5.0
static_map: false
rolling_window: true #局部地图以机器人为中心创建局部地图
width: 2.6 #局部地图宽度
height: 2.6 #局部地图高度
resolution: 0.05 #局部地图分辨率
transform_tolerance: 0.5
plugins:
-{ name: static_layer, type: "costmap_2d::StaticLayer"}
-{ name: obstacle_layer, type: "costmap_2d::ObstacleLayer"}
-{ name: inflflation_layer, type: "costmap_2d::InflflationLayer"}
```

➡ 项目准备

1)检查机器人急停开关,若急停开关被按下,需将其旋开。
2)一台配置有 Ubuntu18.04 +ROS melodic 环境或虚拟机环境的计算机。
3)计算机和机器人处于同一局域网网段,且网络连接正常。
4)实验场地没有影响或遮蔽激光雷达探测的障碍物。
5)实验场地已扫描的可用地图文件。
6)预习知识链接中的内容,重点在 ROS 导航功能包的通信架构以及各参数文件的配置信息。

任务实施

一 配置机器人导航应用的工作环境

在 PC 端和机器人端运行程序时,都需要对它们的工作环境进行配置(/devel/setup.bash 配置文件),并根据需求判断是否配置 PC 端和机器人端共享 ROS 环境(/~./bashrc 和 /ect/hosts 配置文件)。

二 配置 ROS Navigation 导航功能包

导航功能包由功能包 cruzr_tutorials 中的 navigation.launch 文件启动,launch 文件如下:

```
    <launch>
    <arg name="map_fifile" default="$(fifind cruzr_tutorials)/maps/default.yaml"/>
    <node pkg="map_server" name="map_server" type="map_server" args="$(arg map_fifile)"/>

    <node pkg="amcl" type="amcl" name="amcl">
    <remap from="scan" to="cruzr_scan"/>
    <rosparam fifile="$(fifind cruzr_tutorials)/param/amcl.yaml" command="load" />
    </node>

    <node pkg="move_base" type="move_base" respawn="false" name="move_base" output="screen">
    <remap from="cmd_vel" to="cmd_vel_chassis"/>
    <rosparam fifile="$(fifind cruzr_tutorials)/param/costmap_common_params.yaml" command="load"
    ns="global_costmap" />
    <rosparam fifile="$(fifind cruzr_tutorials)/param/costmap_common_params.yaml" command="load"
    ns="local_costmap" />
    <rosparam fifile="$(fifind cruzr_tutorials)/param/local_costmap_params.yaml" command="load" />
    <rosparam fifile="$(fifind cruzr_tutorials)/param/global_costmap_params.yaml" command="load" />
    <rosparam fifile="$(fifind cruzr_tutorials)/param/move_base_params.yaml" command="load" />
    <rosparam fifile="$(fifind cruzr_tutorials)/param/global_planner_params.yaml" command="load" />
    <rosparam fifile="$(fifind cruzr_tutorials)/param/teb_local_planner_params.yaml" command="load"
    />
    </node>
    </launch>
```

该文件会启动 amcl、move_base 和 map_server 节点，并加载相关的插件和配置文件。根据知识链接中的各节点文件参数进行参数调整。

三 启动 ROS Navigation 导航功能包

在建图完成的基础上就能启动导航功能包，加载所需的当前环境的地图文件，并打开可视化界面 Rviz 进行激光数据、代价地图信息、机器人位置、定位粒子群、导航规划路径等信息的观察。

1. ssh 连接机器人

开启一个终端，连接命令为 ssh cruiser@<ip>，连接成功后，机器人端目录显示为 cruiser@ubt-robot。

2. 使用 teleop 工具控制机器人

在上一个项目中提到，优先用手推模式能方便快捷地控制机器人移动进行建图，但在导航的过程中，由于需要让机器人自己进行重定位和导航的任务，手推模式会禁止机器人移动，所以在这里使用机器人 teleop 工具来控制机器人。

使用命令 roslaunch cruzr_tutorials teleop.launch 在机器人端开启 teleop 工具，使用键盘来控制机器人的移动。

3. 准备机器人端地图文件

如果保存地图是在 PC 端，那就需要将地图文件复制到机器人端来开启导航程序，这里可以通过以下方式快速进入机器人文件系统。

如图 9-13 所示，打开文件夹，在左侧菜单单击 "Other Locations"。

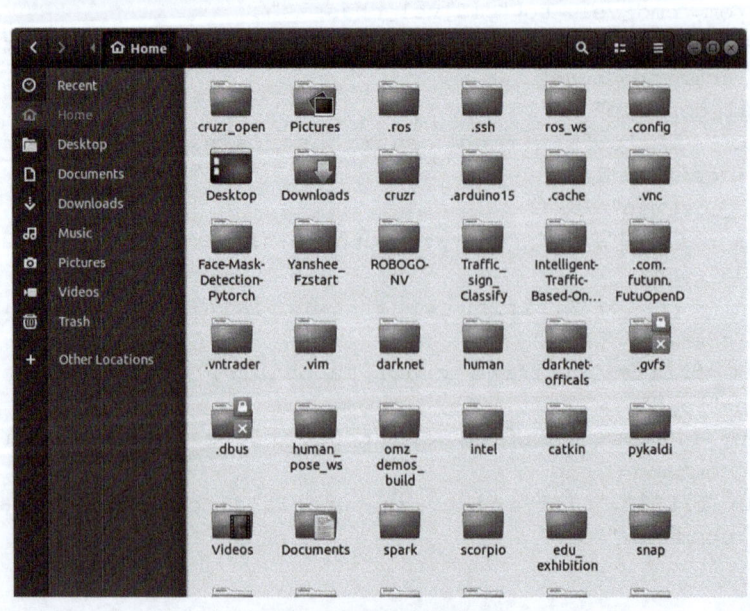

图 9-13 文件夹界面

如图 9-14 所示，界面右下角会出现一行"Connect to Server"和一个输入框，这里就可以输入机器人的名称然后连接进入其文件系统。在输入框中输入"sftp：//ubt-robot/"。

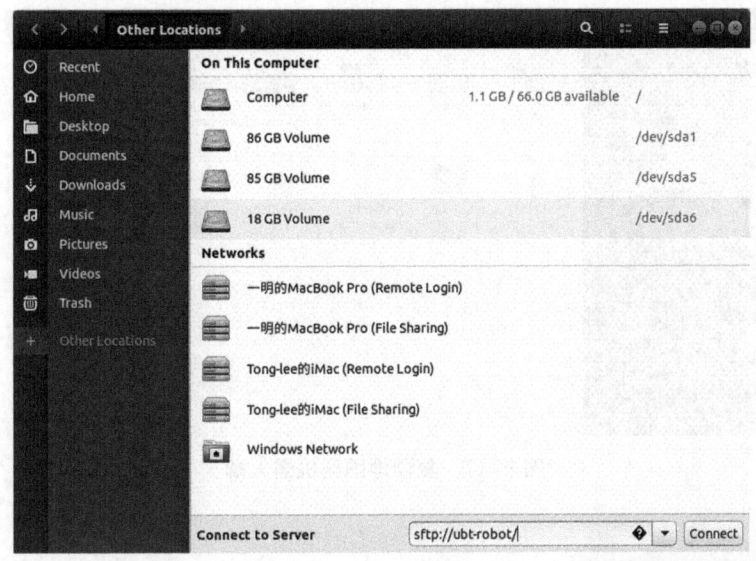

图 9-14　连接机器人

在弹出窗口中输入用户名 cruiser 和默认密码 aa，如图 9-15 所示。

连接成功后，就能看到文件夹左侧菜单出现了一个名为"ubt-robot"的磁盘，如图 9-16 所示。然后就可以直接复制 PC 端的文件到机器人端了。

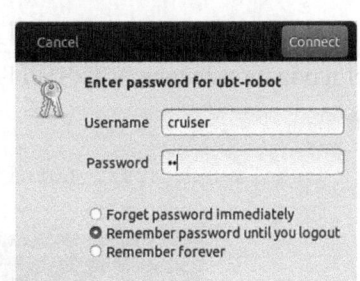

图 9-15　机器人用户名和密码连接

图 9-16　机器人文件磁盘

把已保存的需要使用的地图都复制到目录 /cruzr_open 中，由于加载地图时需要输入绝对路径，所以地图放置的位置不受限制。如图 9-17 所示。

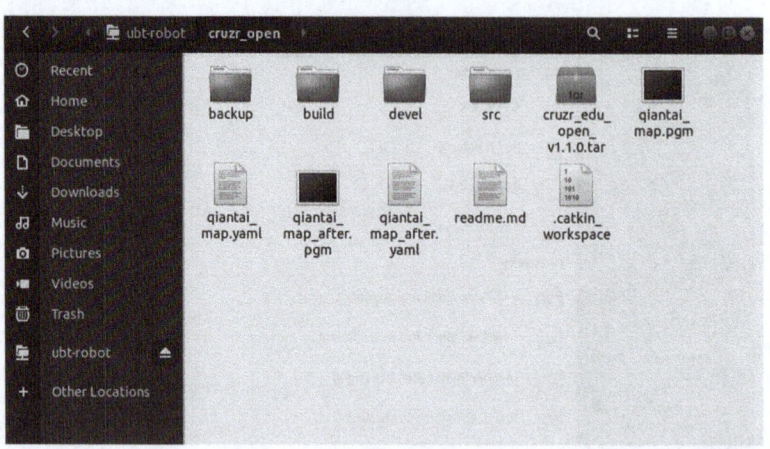

图 9-17　复制地图到机器人端

4．在机器人端开启 navigation 启动文件（见图 9-18）

选择已建图并保存的地图文件来进行导航，这里对应的参数为 map_file，在上述提到的 navigation.launch 文件中可以看到，填写的路径为地图信息文件（后缀为 yaml）的绝对路径。

```
roslaunch cruzr_tutorials navigation.launch map_file:=<地图绝对路径>
```

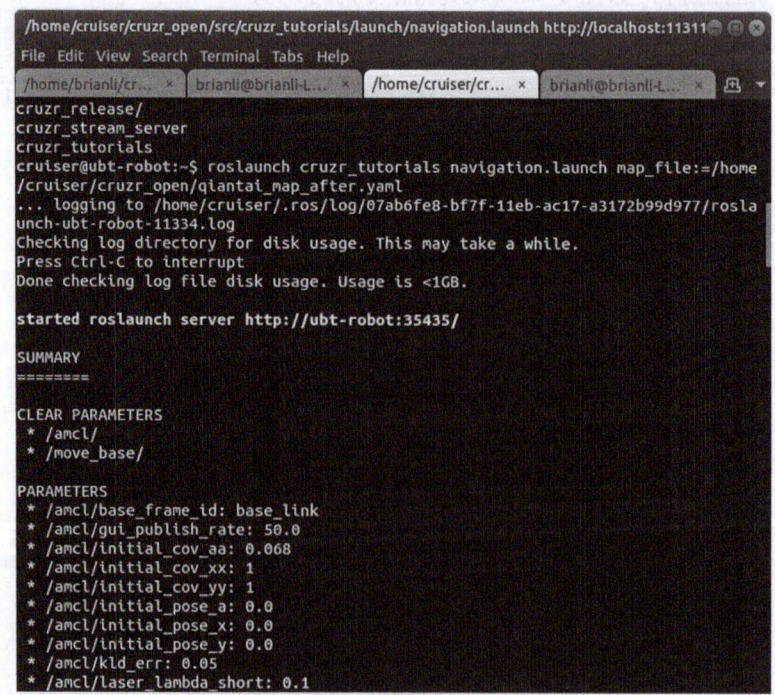

图 9-18　开启导航启动文件

5. PC 端启动 Rviz 进行观察（见图 9-19）

```
roscd cruzr_tutorials/rviz
rviz -d navigation.rviz
```

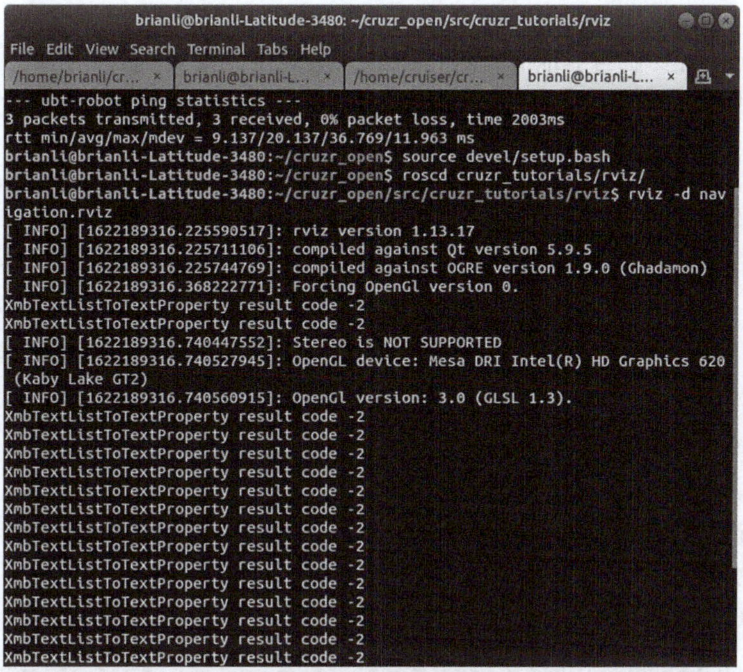

图 9-19　开启 Rviz

启动的 navigation.rviz 界面已配置了所需的显示信息，如图 9-20 所示，默认显示静态地图、全局代价地图、局部代价地图、机器人位置、激光信息、导航规划路径、定位粒子群等消息，可在左侧选择进行开启和关闭显示。

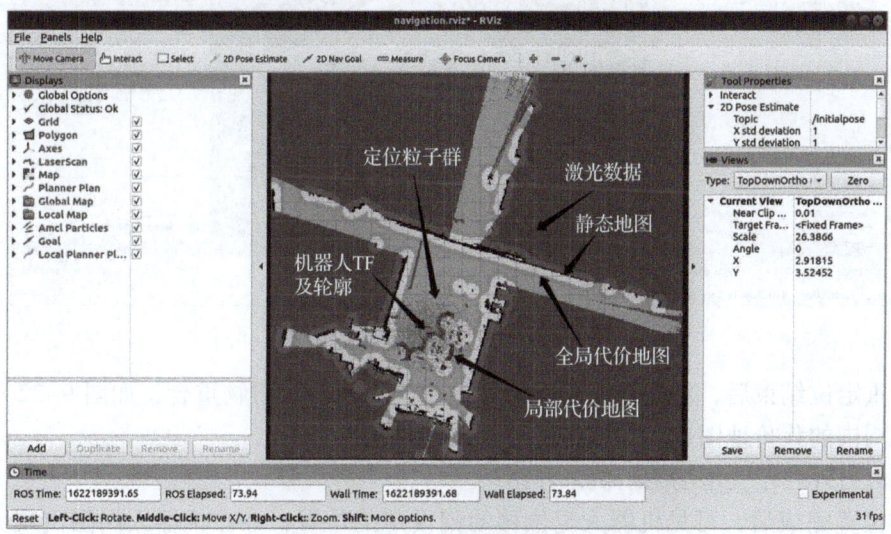

图 9-20　Rviz 界面显示的信息

初始状态下，机器人没有进行定位，激光数据和地图无法重合，需要进行局部重定位或全局重定位操作。

四 使用可视化工具 Rviz 进行重定位

在导航之前，需要在当前地图上进行机器人重定位，使实时的激光数据与地图障碍物信息匹配。在可视化界面 Rviz 中进行重定位的方式有两种：局部重定位和全局重定位。

1. 局部重定位

局部重定位的操作如下。

- 首先判断初始状态下机器人位姿是否准确，比如判断机器人的真实位置与在地图中的位置是否差异很大，并且图中目前激光数据是否与地图中的障碍物重合。
- 单击界面上方的"2D Pose Estimate"进行定位：大概找到一个机器人所在的真实位置，在地图中按下鼠标并往机器人正面朝向的方向拖出箭头，这就确认了机器人的位姿。
- 然后就会看到界面中的定位粒子群收敛，激光数据变动。

另外，界面右上角可设置定位误差。如图 9-21 所示。定位误差设置越大，定位粒子群分布越分散，较小的误差需要手动设定的局部定位和真实定位较近，较大的误差可以允许设定定位离真实值较远，但容易导致粒子群收敛错误。

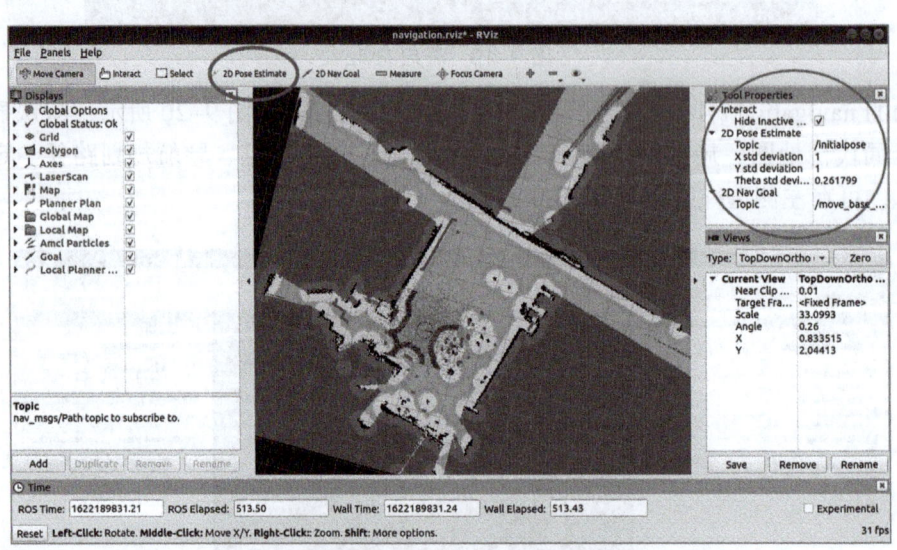

图 9-21 机器人局部重定位前

局部重定位结束后，就能观察到机器人的激光数据与障碍物重合，如图 9-22 所示，并且机器人周围的代价地图也与周围临近的障碍物吻合。

下面以另外一个大型场景示例来介绍。

设定位置完成后，可见机器人定位移动到设定的位置，并在机器人周围出现大量较分散的粒子群，如图 9-23 中绿色散点。观察激光和周围地图是否相似，若定位在正确位置附近,可使用teleop操作机器人小幅度运动(如慢速旋转),粒子群随机器人运动会逐渐收敛。若粒子群逐渐收敛到正确位置,激光数据和地图重合程度高,如图9-24中的红色区域,则局部重定位成功,否则重新指定机器人位置,重复重定位操作。

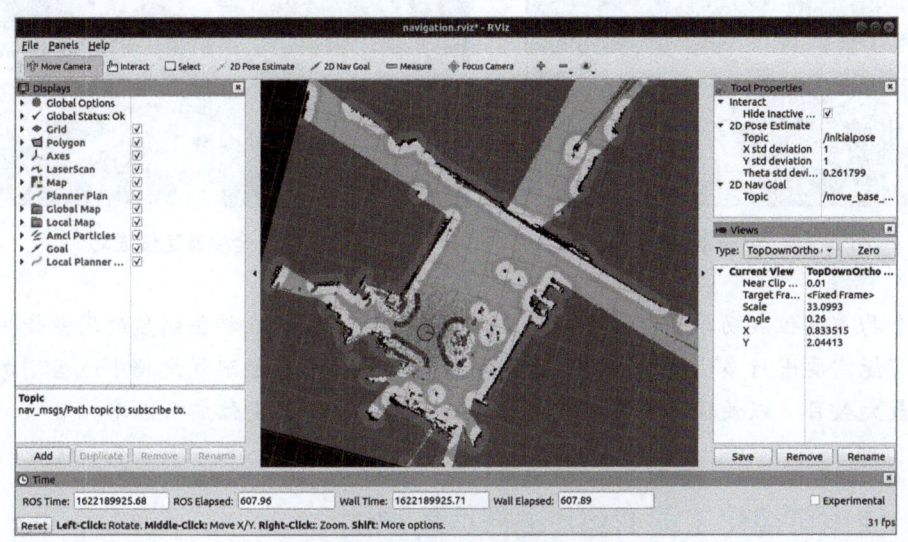

图9-22 机器人局部重定位后

图9-23 局部重定位设定位置后

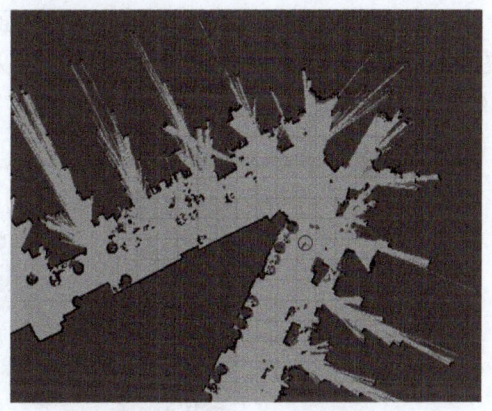

图9-24 局部重定位成功

2. 全局重定位

全局重定位是另一种定位方式,这种方式不需要预先给机器人在地图上定一个大概的位置,可以直接用命令行来启动定位。

在机器人端开一个终端,发布全局重定位服务可完成调用全局重定位功能,执行:

```
rosservice call /global_localization "{}"
```

这里同样用上一个示例来看,执行命令后,粒子随机均匀分布在地图中,如图9-25所示,使用teleop遥控机器人运动,若粒子群逐渐收敛到正确位置,激光数据和地图重合程度高,如图9-26所示,则全局重定位成功,否则重新执行命令。

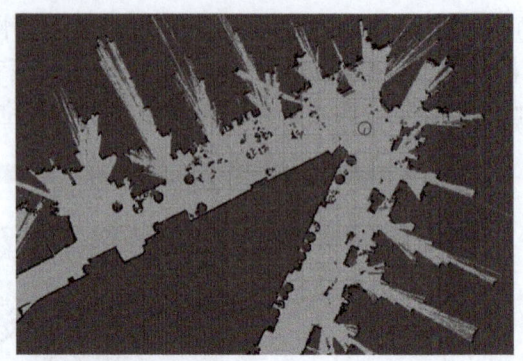

图 9-25　全局重定位前　　　　　　图 9-26　全局重定位成功

> **注意**　全局重定位成功率受环境和粒子分布影响较大，建议在特征明显的场景使用，并可能需要进行多次才能成功。若地图较大，需要在参数配置文档中适当增加粒子最大数目，以便提高全局重定位时的粒子密度，提高定位成功概率。

五　使用可视化工具 Rviz 进行导航测试

机器人定位成功后，就可以在当前位置开始单点导航了。

与局部重定位操作类似，单击 Rviz 界面上方的 "2D Nav Goal"，如图 9-27 所示，在地图上设置导航目标点位置及方向，机器人会自动规划路线并开始导航。导航过程如图 9-28 所示。

图 9-27　在 Rviz 上进行导航

通过可视化工具 Rviz 观察规划的全局路径、局部路径、全局代价地图和局部代价地图，以及激光雷达的数据信息。全局路径由全局路径规划器计算，为当前机器人位置到目标点的最优路径。局部路径由 TEB 局部路径规划器计算，根据局部和全局代价地图不断动态调整，为后续一系列时间点机器人将要执行的速度规划。

图9-29所示是在一张地图的导航前、导航过程中和导航后的状态。

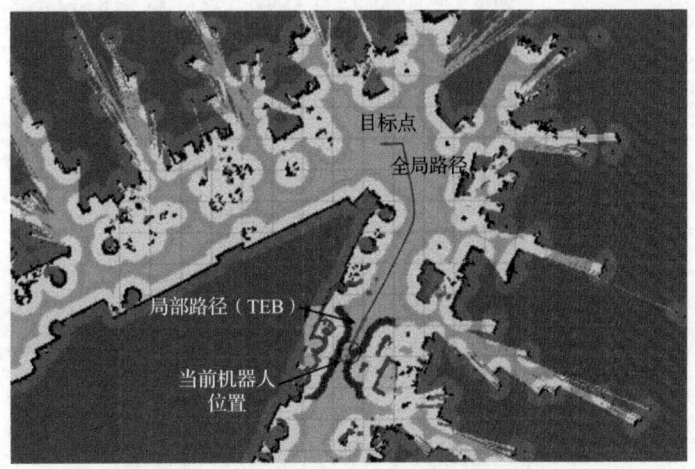

图9-28 Rviz界面显示的机器人导航过程

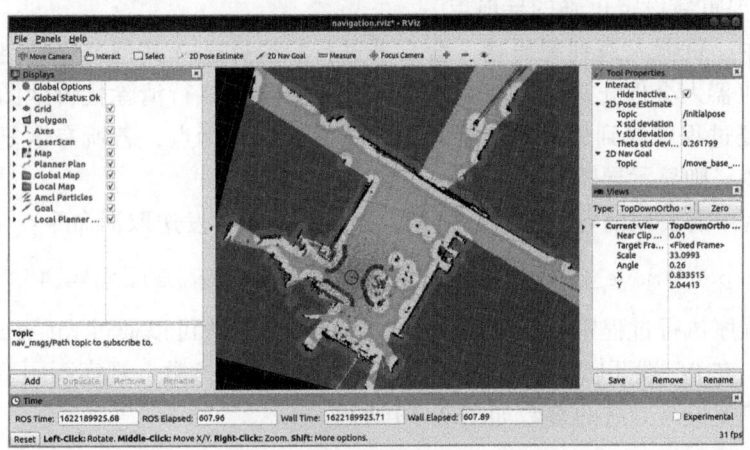

a) 导航前

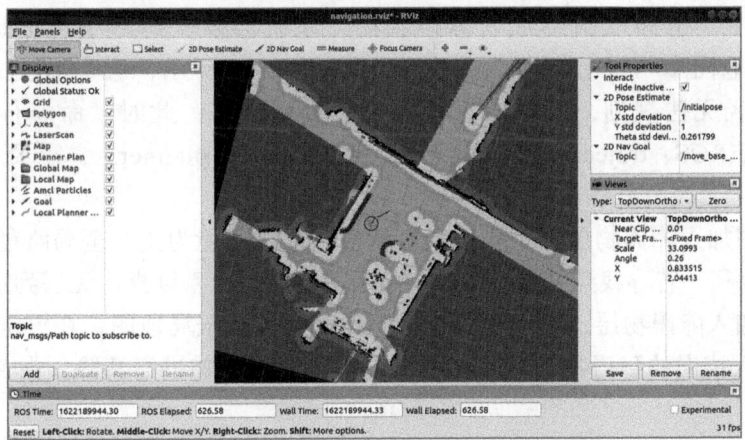

b) 导航中

图9-29 机器人导航前、中、后的状态

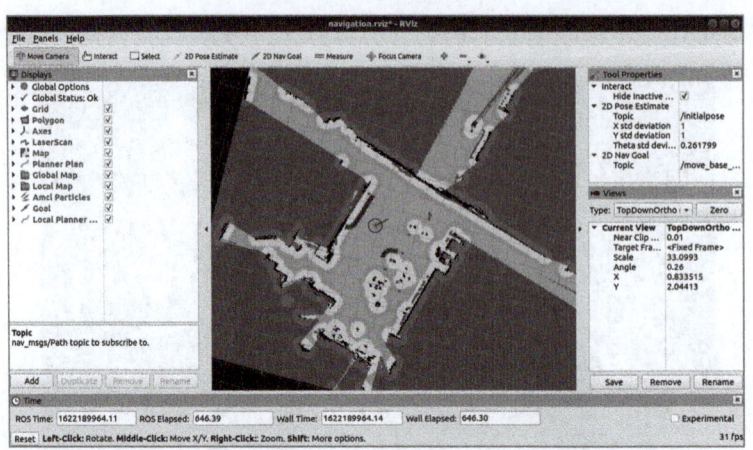

c）导航后

图 9-29　机器人导航前、中、后的状态（续）

设定目标点后，若无法找到到达目标点的路径，命令行中会显示 [ERROR] Failed to get a plan，此时需要重新设定正确的导航点。

导航过程中，机器人遇到障碍物，会自动进行躲避并选择其他合适的路径。若当前规划无法执行，机器人会停止运动并进入恢复模式，将重复执行清除代价地图、机器人旋转的行为，若恢复过程中找到另外的路径，则继续导航到目标点，若所有恢复流程完成后仍没有有效的规划，则显示导航失败。

若导航过程中需要取消导航，可在机器人端新建终端中发送取消命令：

```
rostopic pub /move_base/cancel actionlib_msgs/GoalID --{}
```

另外，在程序执行过程中，amcl 和 move_base 很多参数可以通过 rqt_reconfigure 工具进行动态调整。在 PC 端开启一个终端，可以通过动态修改参数，观察不同参数对定位和导航的影响。影响定位与导航的参数如图 9-30 所示。

```
rosrun rqt_reconfifigure rqt_reconfifigure
```

默认配置中，全局地图不加入障碍物层，系统会根据建图生成的地图进行全局路径规划，若地图中可通行的路径被堵死，如图 9-31 所示，会导致全局路径正常规划，而局部路径无法规划，使机器人长期处于规划状态，此时，命令行显示 [WARN] TebLocalPlannerROS: trajectory is not feasible. Resetting planner..，需要用户手动停止导航。

若全局地图加入障碍物层，全局路径规划以当前的环境为主，全局路径被堵死后，会寻找新的全局路径，若寻找到其他路径，会绕行其他路径，否则提示无法到达目标点。

全局地图加入障碍物层，由于检测到的障碍都会加入全局地图，在重定位过程中由于定位调整会引入错误的障碍物信息，在导航前需要对障碍物进行清除，在 PC 端开启终端运行：

```
rosservice call /move_base/clear_costmaps "{}"
```

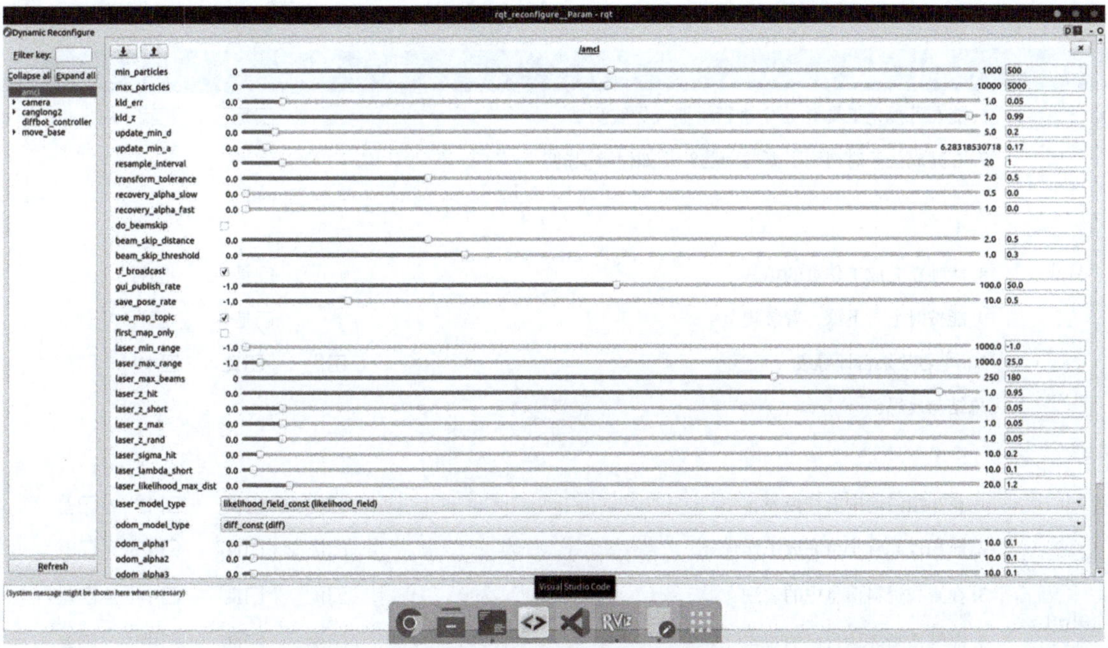

项目 9 让机器人自主导航

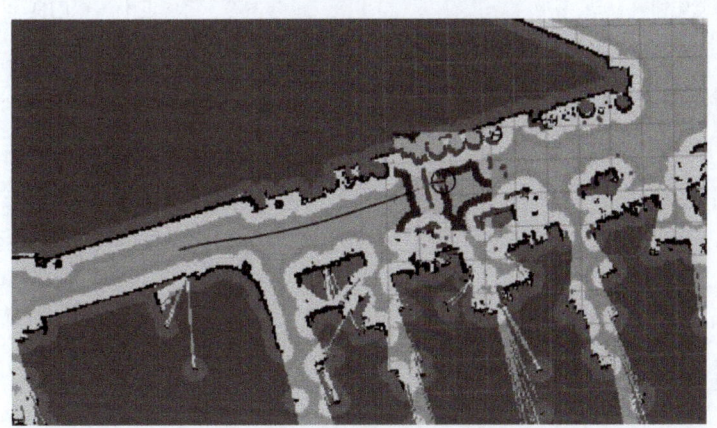

图 9-30 影响定位与导航的参数

图 9-31 局部路径无法规划

任务评价

班级		姓名		学号		日期	
自我评价	1. 能配置参数并调用 ROS Navigation 导航功能包					□是	□否
	2. 能调用 move_base 节点进行机器人路径规划和导航控制					□是	□否
	3. 能配置 ROS Navigation 导航功能包中的全局规划器和局部规划器的参数					□是	□否
	4. 能配置 ROS Navigation 导航功能包中的代价地图的参数					□是	□否
	5. 能在可视化工具 Rviz 中进行机器人局部重定位和全局重定位					□是	□否

(续)

班级		姓名		学号		日期		
自我评价	6. 能在可视化工具 Rviz 中进行机器人导航测试					□是	□否	
	7. 在完成任务时遇到了哪些问题？是如何解决的？							
	8. 能独立完成工作页的填写					□是	□否	
	9. 能按时上、下课，着装规范					□是	□否	
	10. 学习效果自评等级				□优	□良	□中	□差
	总结与反思：							
小组评价	1. 在小组讨论中能积极发言				□优	□良	□中	□差
	2. 能积极配合小组完成工作任务				□优	□良	□中	□差
	3. 在查找资料信息中的表现				□优	□良	□中	□差
	4. 能够清晰表达自己的观点				□优	□良	□中	□差
	5. 安全意识与规范意识				□优	□良	□中	□差
	6. 遵守课堂纪律				□优	□良	□中	□差
	7. 积极参与汇报展示				□优	□良	□中	□差
教师评价	综合评价等级： 评语： 教师签名：　　　　　日期：							

任务拓展

修改 global_planner_params.yaml 文件中的配置参数，分别使用 A* 和 Dijkstra 两种全局规划算法完成机器人自主导航的任务实施。结合任务实施的结果，分析这两种全局规划算法的特点。

项目小结

本项目主要学习了移动机器人在机器人操作系统 ROS 环境中常用的 Navigation 导航功能包的应用，了解了定位导航的全局路径规划、局部路径规划的作用及常用算法，了解了 AMCL 的节点和订阅、发布的话题，掌握了移动机器人定位的步骤和注意事项；学习了配置机器人定位导航的工作环境和参数文件，调用导航功能包，使用可视化工具 Rviz 实现机器人全局重定位、局部重定位、导航应用。

第五部分
机器人语音视觉运动控制技术综合应用

项目 10
让机器人跟踪抱球

📥 项目导入

在现实生活中,机器人通过捕捉观测对象的运动,进而做出正确的自主反应,是机器人的一种常用功能。例如,商场中自动跟随的购物车机器人,室外自动跟随的散步跟随机器人,这些机器人都需要捕捉观测对象的行为和动作,并给予正确反馈。一般来说,这种功能可以通过目标跟踪,经过分析处理后,对机器人进行运动控制来实现。

在体育赛事实时播报机器人的应用中,也有对运动员的跟踪识别应用,如图 10-1 所示。

图 10-1 目标跟踪的应用场景图

📥 项目任务

本项目需要设计一个应用程序,完成以下应用场景的任务。

在距离机器人 1m，与机器人摄像头在相同水平高度的位置，放置一个直径为 10cm 的红色小球，以低速率匀速移动红色小球。

在机器人端，运行机器人跟踪抱球应用程序，完成以下具体功能点：

1）机器人自动对目标物体红色小球进行实时跟踪识别，且使用绿色圆形框将识别到的小球轮廓圈起来。

2）同时机器人自行进行距离判断，实时判断目标物体红色小球的距离和方位。

3）然后对红色小球进行跟踪移动，直到靠近目标物体红色小球，将红色小球抱起，即为完成跟踪抱球任务。

4）期间可按 <q> 键退出此应用程序，中止继续跟踪抱球的任务。

具体的跟踪示意结果如下所示：

1）机器人跟踪抱球的需求示意图如图 10-2 所示。

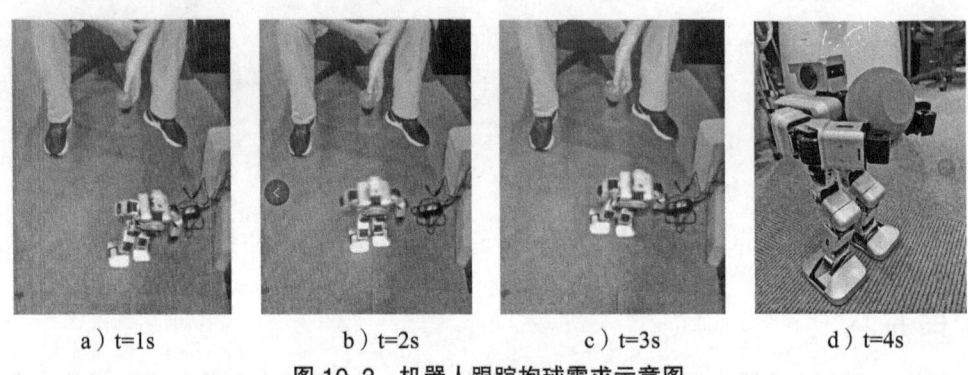

a）t=1s　　　b）t=2s　　　c）t=3s　　　d）t=4s

图 10-2　机器人跟踪抱球需求示意图

2）机器人跟踪抱球时的命令端需求示意图如图 10-3 所示。

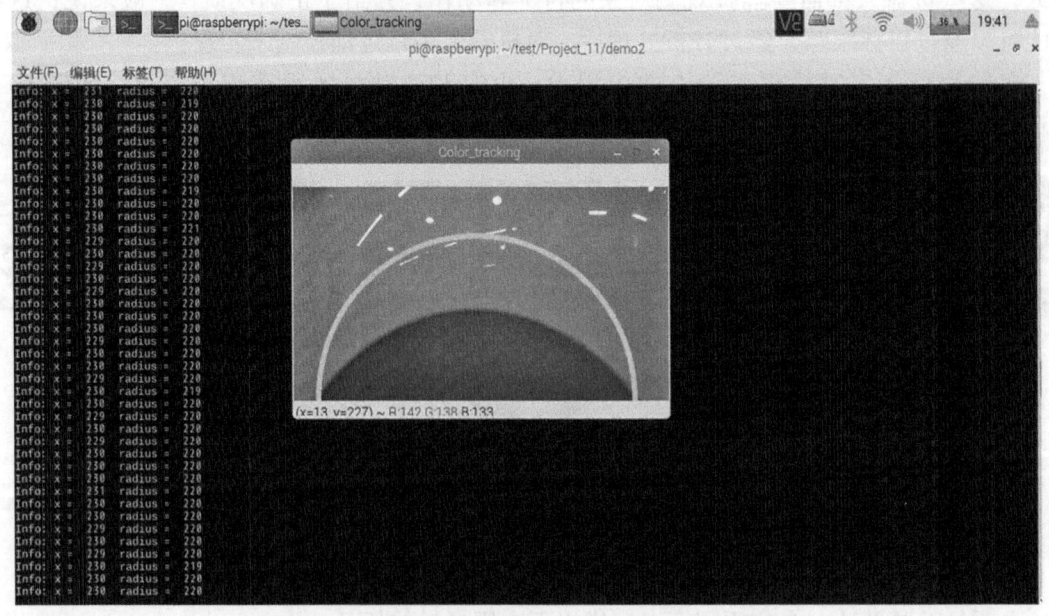

图 10-3　机器人跟踪抱球时的命令端需求示意图

学习目标

知识目标

1) 了解 YanAPI 的基础知识。
2) 理解全局变量和局部变量的区别。
3) 理解多线程协同的原理。
4) 了解机器人摄像头预处理和获取图像的基本知识。
5) 理解机器人动作执行类的各个动作的执行原理。
6) 理解机器人跟踪目标物体的原理和运行机制。

能力目标

1) 能调用 YanAPI 的函数。
2) 能设计多线程程序。
3) 能通过机器人摄像头获取视频帧并保存图像。
4) 能对目标物体实现机器人追踪,并执行机器人动作指令。

知识链接

一 目标跟踪技术

(一) 什么是目标跟踪

运动目标的跟踪是指在一段连续时间内的系列图像中实时地检测并定位感兴趣的运动目标。目标跟踪中常用到的目标特性表达主要包括视觉特征(图像边缘、轮廓、形状、纹理、区域)、统计特征(直方图、各种矩特征)、变换系数特征(傅里叶描绘子、自回归模型)、代数特征(图像矩阵的奇异值分解)等。除了使用单一特征外,也可通过融合多个特征来提高跟踪的可靠性。

目标跟踪是计算机视觉领域的一个重要研究方向,目前广泛应用在体育赛事转播、安防监控和无人机、无人车、机器人等领域。

(二) 目标跟踪的应用

目标识别常用来确定某画面或视频中包含什么物体、各个物体在什么位置、各个物体的轨迹,常用于监控、人机交互和虚拟现实的场景。

1) 人员检测:计算画面中行人的数目,并确定其位置。
行人检测与跟踪识别计数的应用场景图如图 10-4 所示。
应用场景:
a. 区域人员密度过高告警。
b. 区域范围监测告警(越界监测),例如闯红灯、翻墙等事件。适合对入侵行为需要重点防范的场合,比如展馆、监狱、禁区等地。

图 10-4　行人检测与跟踪识别计数的应用场景图

c. 异常行为检测。如目标突然发生剧烈变化的行为。当目标出现异常行为时即可告警。异常行为检测适合在对异常行为需要进行重点防范的场合，比如学校、公共区域等场所。

2）车辆跟踪识别：计算画面中车辆的数目，并确定其位置。

车辆跟踪识别的应用可以和车型识别、车颜色识别、车辆逆流检测等结合，实现对车辆特点的全识别。车辆跟踪识别的应用场景图如图 10-5 所示。

图 10-5　车辆跟踪识别的应用场景图

应用场景：

a. 交通疏散。针对有可能发生拥堵的区域提前进行交通疏散部署。

b. 追踪黑名单车辆。车辆检测可识别车辆类型、车辆颜色等，这些信息均可用来定位黑名单车辆目标。

c. 防车辆套牌方案。车辆识别和车牌识别结合，防止车辆套牌案件发生。

d. 自动或辅助驾驶方案。结合车辆目标识别、场景分割和 SLAM 技术，识别出道路路况，提供智能驾驶所需要的路况信息和车道跟踪等功能。

（三）目标跟踪分类

目标跟踪依据是否依赖于先验知识可以分为以下两种类别：

1）不依赖于先验知识的目标跟踪：此类任务直接从图像序列中检测到运动目标，再进行目标识别分类，最终跟踪感兴趣的运动目标。

2）依赖于先验知识的目标跟踪：首先为运动目标进行特征分析的建模，然后在图像序列中实时找到相匹配的运动目标。

本项目任务属于第 2 类，依赖于红色小球的先验知识进行目标跟踪。

（四）目标跟踪算法简介

1. 不依赖于先验知识的目标跟踪算法

不依赖于先验知识的目标跟踪算法，首先需要解决的问题是从序列图像中将变化运动区域从背景图像中提取出来。而针对背景场景的不同，其算法场景可分为以下两类。

- 静态背景下的运动检测：摄像机不发生移动，被监视目标在摄像机视场内运动，目标相对于固定摄像机运动。
- 动态背景下的运动检测：摄像机发生移动，被监视目标在摄像机视场内也发生运动，目标和摄像机之间发生复杂的相对运动。

静态背景下，常用的简单的目标跟踪方法有两种：

1）背景法：即将一幅图作为模板（称为背景），后面检测到的其他图像与这个背景图之间做差，由此可以检测到运动的物体。这种方法缺点明显，对于环境光不稳定，或者镜头抖动的情况，检测的效果会受到很大影响。

2）差帧法：即将前一帧图像与后一帧图像进行对比，可以更好地找出运动的物体。这种方法缺点很明显，对于运动后又突然停止的景象无法进行识别；但优点也很明显，对于光照的变换，检测基本不受影响。

下面给出一个简单的背景法的代码实例。该实例只检测视频图像中的运动物体，至于检测到的运动物体是什么，不对其进行识别分类处理。

```
import cv2
import numpy as np

camera = cv2.VideoCapture(0)    # 参数 0 表示第一个摄像头
if (camera.isOpened()):         # 判断视频是否打开
    print('Open')
else:
    print('摄像头未打开')

# 测试用，查看视频 size
size = (int(camera.get(cv2.CAP_PROP_FRAME_WIDTH)),
```

```python
                int(camera.get(cv2.CAP_PROP_FRAME_HEIGHT)))
print('size: '+repr(size))

# 构建椭圆结果
es = cv2.getStructuringElement(cv2.MORPH_ELLIPSE, (9, 4))
kernel = np.ones((5, 5), np.uint8)
background = None

while True:
    # 读取视频流
    grabbed, frame_lwpCV = camera.read()

    # 对帧进行预处理,>> 转灰度图 >> 高斯滤波(降噪:摄像头震动、光照变化)
    gray_lwpCV = cv2.cvtColor(frame_lwpCV, cv2.COLOR_BGR2GRAY)
    gray_lwpCV = cv2.GaussianBlur(gray_lwpCV, (21, 21), 0)

    # 将第一帧设置为整个输入的背景
    if background is None:
        background = gray_lwpCV
        continue

    # 对比背景之后的帧与背景之间的差异,并得到一个差分图(different map)
    # 阈值(二值化处理)>> 膨胀(dilate)得到图像区域块
    diff = cv2.absdiff(background, gray_lwpCV)
    diff = cv2.threshold(diff, 25, 255, cv2.THRESH_BINARY)[1]
    diff = cv2.dilate(diff, es, iterations=2)

    # 显示矩形框:计算一幅图像中目标的轮廓
    # opencv3
    #image, contours, hierarchy = cv2.findContours(diff.copy(), cv2.RETR_EXTERNAL, cv2.CHAIN_APPROX_SIMPLE)
    #opencv4
    contours, hierarchy = cv2.findContours(diff.copy(), cv2.RETR_EXTERNAL, cv2.CHAIN_APPROX_SIMPLE)

    for c in contours:
        if cv2.contourArea(c) < 1500:       # 对于矩形区域,只显示大于给定阈值的轮廓(去除微小的变化等噪点)
            continue
        (x, y, w, h) = cv2.boundingRect(c)  # 该函数计算矩形的边界框
        cv2.rectangle(frame_lwpCV, (x, y), (x+w, y+h), (0, 255, 0), 2)

    cv2.imshow('contours', frame_lwpCV)
    cv2.imshow('dis', diff)

    key = cv2.waitKey(1) & 0xFF
    if key == ord('q'):     # 按'q'键退出循环
```

```
        break
# 释放资源并关闭窗口
camera.release()
cv2.destroyAllWindows()
```

在 PC 端的 PyCharm 编辑器下的执行结果如图 10-6 所示。

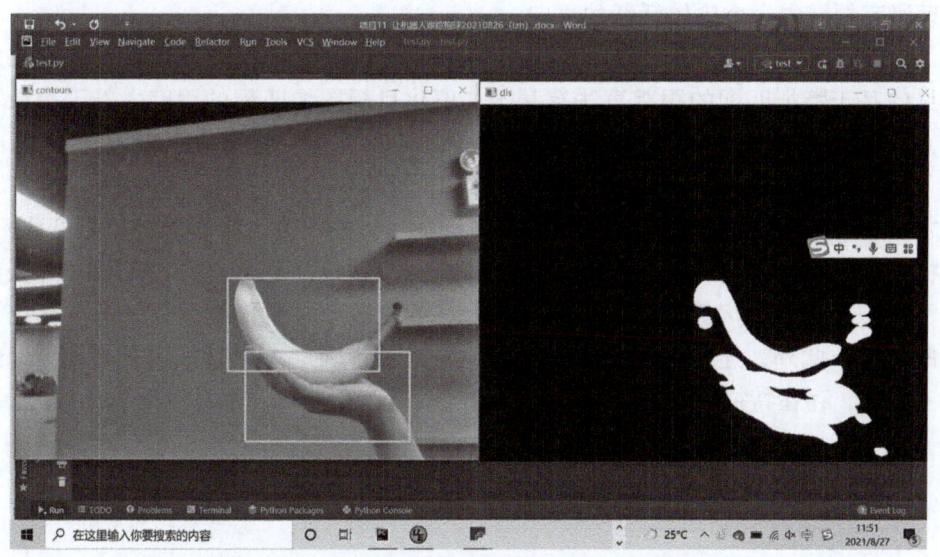

图 10-6　目标检测背景法的代码实例运行结果

从图 10-6 可以得出以下结论：

1）左边的一幅图为实时的视频图像，且识别到画面中的 2 个运动物体：香蕉和手；并分别被 2 个绿色的矩形框标注了起来。

2）右边的一幅图为实时的差值图像，且将画面中的 2 个运动物体的位置点用白色标识了出来。

2. 依赖于先验知识的目标跟踪算法

依赖于先验知识的目标跟踪算法常用的有四种：基于主动轮廓的跟踪、基于特征的跟踪、基于区域的跟踪和基于模型的跟踪。跟踪算法的精度和鲁棒性很大程度上取决于对运动目标的表达和相似性度量的定义，跟踪算法的实时性取决于匹配搜索策略和滤波预测算法。

本项目主要使用的是基于特征的跟踪方法。

该方法不考虑运动目标的整体特征，只通过目标图像的一些显著特征进行跟踪。

运动目标可以由唯一的特征信息或多个特征信息融合作为跟踪特征，搜索到相应的特征集合来实现对运动目标的跟踪。基于特征的跟踪主要包括特征提取和特征匹配两个关键环节。

（1）特征提取　特征提取是指从原始图像中提取图像的描绘特征，理想的图像特征应具备以下特点：

a. 特征应具有直观意义，符合视觉特性；

b．特征应具备较好的分类能力，能区分不同的图像内容；
　　c．特征计算应相对简单，便于快速识别；
　　d．特征应具备图像平移、旋转、尺度变化等不变性。
　　目标跟踪中常用的运动目标特征主要包括颜色、纹理、边缘、块特征、光流特征、周长、面积、质心、角点等。提取对尺度伸缩、形变和亮度变化不敏感的有效特征至今仍是图像处理研究领域中一个比较活跃的方向。
　　（2）特征匹配　特征提取的目的是进行帧间目标特征的匹配，并以最优匹配来跟踪目标。常见的基于特征匹配的跟踪算法有基于二值化目标图像匹配的跟踪、基于边缘特征匹配或角点特征匹配的跟踪、基于目标灰度特征匹配的跟踪、基于目标颜色特征匹配的跟踪等。
　　总之，基于特征的跟踪算法的优点在于对运动目标的尺度、形变和亮度等变化不敏感。即使目标的某一部分被遮挡，只要还有部分特征可以被检测到，就可以完成跟踪任务。但是其对于图像模糊、噪声等比较敏感，图像特征的提取效果也依赖于各种提取算法及其参数阈值的设置。此外，连续帧间的特征对应关系也较难确定，尤其是当每一帧图像的特征数目不一致时，存在特征数目增加或特征减少的情况，会导致误检或者漏检的情况。

二　认识多线程

（一）什么是线程

　　线程（Thread）是操作系统能够进行运算调度的最小单位。它被包含在进程之中，是进程中的实际运作单位。一条线程指的是进程中一个单一顺序的控制流，一个进程中可以并发多个线程，每条线程并行或并发执行不同的任务。
　　一个线程必须有一个父进程。线程不拥有系统资源，只运行必需的一些数据结构；它与父进程的其他线程共享该进程所拥有的全部资源。线程可以创建和撤销线程，从而实现程序的并行或并发执行。一般，线程具有新生、就绪、阻塞、运行、死亡五种基本状态。
　　简而言之，一个程序至少有一个进程，一个进程至少有一个线程。

（二）什么是多线程

　　多线程（multithreading）是指从软件或者硬件上实现多个线程并发或并行执行的技术。具有多线程能力的计算机因有硬件支持而能够在同一时间执行多于一个线程，进而提升整体处理性能。具有这种能力的系统包括对称多处理机、多核心处理器以及芯片级多处理器或同时多线程处理器。在一个程序中，这些独立运行的程序片段即上述的单"线程"（Thread），利用它编程的概念就叫作"多线程处理"。

（三）为何要创建多线程

　　线程是系统对代码的执行过程，如果将系统当作一个员工，被安排执行某个任务的时候，它不会对任何其他的任务做出响应。只有当这个任务执行完毕，才可以重新给它分配任务。每一个程序都有一个主线程，负责执行程序必要的任务。

当处理一个消耗大的任务（如上传或下载图片）时，如果让主线程执行这个任务，它会等到动作完成，才继续后面的代码。在这段时间之内，主线程处于"忙碌"状态，也就是无法执行任何其他功能。体现在界面上就是，用户的界面完全"卡死"。

多线程将原本线性执行的任务分开成若干个子任务同步执行，有效防止了线程"堵塞"，增强用户体验和程序的效率。但是代码的复杂程度会大大提高，对硬件的要求也会相应地提高。

（四）并行和并发

在计算机设计早期，为了响应更多计算性能的需要，单处理器系统发展成为多处理器系统。更现代的、类似的系统设计趋势是将多个计算核放到单个芯片上。无论多个计算核是在多个 CPU 芯片上还是在单个 CPU 芯片上，我们都称之为多核或多处理器系统。

多线程编程提供机制，以便更有效地使用这些多个计算核和改进的并发性。下面以 1 个应用程序 1 个进程，4 个线程为例，说明并行和并发运行机制的区别。

1. 并发

并发是指在同一时间片段内多个任务交替执行。

对于单核系统，并发仅仅意味着线程随着时间推移交错执行，因为处理核只能同一时间执行单个线程。

如图 10-7 所示，在第一个时间段，按照线程 T1、线程 T2、线程 T3、线程 T4 的顺序依次执行完毕；其后又按照线程 T1、线程 T2、线程 T3、线程 T4 的顺序依次执行了第 2 个时间段的计算。这就叫并发。

由于 CPU 的处理频率很高，在一个较小的时间片段中，4 个线程感觉是并行的，实际并非真实的并行。

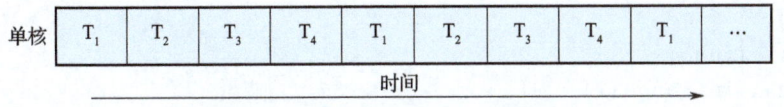

图 10-7 单核系统上的并发执行

2. 并行

并行指在同一时间点同时执行多个任务。

对于单 CPU 多核系统，其存在真实的多线程并行运行的机制，因为系统可以为每个核分配一个单独线程。

如图 10-8 所示，在第一个时间段，按照线程 T1 被分配到处理核心 1 中，线程 T2 被分配到处理核心 2 中，在同一时间点，T1 和 T2 是同时并行处理的，至于起始位置是

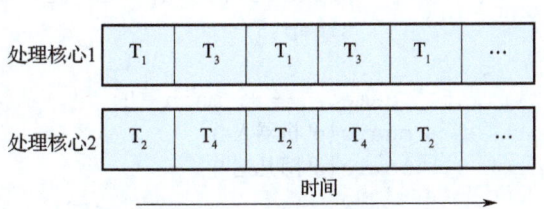

图 10-8 多核系统上的并行执行

否同步暂不做细究考虑。

> **注意** 并行系统可以同时执行多个任务，并发系统也支持多个任务。因此，没有并行，并发也是可行的。

在 SMP（Symmetric Multi Processing）多处理（即多 CPU）和多核（即单 CPU 多核）架构出现之前，大多数计算机系统只有单个处理器。CPU 调度器通过快速切换系统内的线程，以便允许每个线程取得进展，从而提供并行假象。这些进程并发运行，而非并行运行。

随着系统线程数量从几十个到几千上万个，CPU 设计人员通过增加硬件来改善线程性能，提高系统性能。现代 Intel CPU 的每个核经常支持两个线程，而 Oracle T4 CPU 的每个核支持 8 个线程。这种支持使得多个线程被加载到处理核以便进行快速切换。

Python 语言为了设计方便与线程安全，直接设计了一个锁。这个锁要求，任何进程中一次只能有一个线程在执行。因此，并不能为多个线程分配多个 CPU 或者调用单个 CPU 的多核进行并行处理。

所以，Python 中的多线程只能实现并发，而不能实现真正的并行。

（五）单线程和多线程实例

以下实例以在单 CPU 多核的 PC 上 PyCharm 编辑器中运行进行介绍。

1. 单线程实例介绍

在 MS-DOS 时代，操作系统处理问题都是单任务的，以下是单线程的代码示例，以听音乐和看电影视频为例，进行单线程的设计。

```
#coding=utf-8
import threading
from time import ctime,sleep

def music(func):
    for i in range(2):
        print "I was listening to %s. %s" %(func,ctime())
        sleep(1)

def movie(func):
    for i in range(2):
        print "I was at the %s! %s" %(func,ctime())
        sleep(5)

if __name__ == '__main__':
    music(u'机器人')
    movie(u'阿凡达')

    print "all over %s" %ctime()
```

代码说明：

1）先执行听音乐的线程。通过 for 循环来控制音乐，播放两次，每首音乐播放需要 1 秒钟，sleep( ) 来控制音乐播放的时长。

2）后又执行了看电影的线程，每一场电影需要 5 秒钟，通过 for 循环看两遍。

3）实现对 music( ) 函数和 movie( ) 函数的简单的传参处理。

4）在整个电影播放结束后，使用以下指令，查看当前时间。

```
print "all over %s" %ctime()
```

运行结果：

```
I was listening to 机器人. Thu Apr 17 11:48:59 2021
I was listening to 机器人. Thu Apr 17 11:49:00 2021
I was at the 阿凡达! Thu Apr 17 11:49:01 2021
I was at the 阿凡达! Thu Apr 17 11:49:06 2021
all over Thu Apr 17 11:49:11 2021
```

2. 多线程实例介绍

CPU 越来越快，操作系统进入了多任务时代。

Python 提供了两个模块来实现多线程 thread 和 threading，thread 有一些缺点，在 threading 得到了弥补，以下直接讲解 threading。

（1）多线程示例　以下是对上面的单线程改造编写后，得到的多线程的代码示例。仍然以听音乐和看电影视频为例，进行多线程的设计。引入 threading 来同时创建 2 个线程，分别用来播放音乐和看电影视频。

```python
#coding=utf-8
import threading
from time import ctime,sleep

def music(func):
    for i in range(2):
        print "I was listening to %s. %s" %(func,ctime())
        sleep(1)

def movie(func):
    for i in range(2):
        print "I was at the %s! %s" %(func,ctime())
        sleep(5)

threads = []
t1 = threading.Thread(target=music,args=(u'机器人',))
threads.append(t1)
t2 = threading.Thread(target=movie,args=(u'阿凡达',))
threads.append(t2)
```

```
    if __name__ == '__main__':
        for t in threads:
            t.setDaemon(True)
            t.start()

    print "all over %s" %ctime()
```

代码说明：

1）导入线程库。首先导入 threading 模块，这是使用多线程的前提。

2）创建线程。创建了 threads 数组，创建了线程 t1，使用 threading.Thread( ) 方法，在这个方法中调用 music 方法 target=music，args 方法对 music 进行传参。把创建好的线程 t1 装到 threads 数组中。

接着以同样的方式创建线程 t2，并把 t2 也装到 threads 数组中。

接着通过 for 循环遍历数组（数组被装载 t1 和 t2 两个线程）。

3）守护线程。setDaemon(True) 将线程声明为守护线程，必须在 start( ) 方法调用之前设置，如果不设置为守护线程，程序会被无限挂起。子线程启动后，父线程也继续执行下去，当父线程执行完最后一条语句 print "all over %s" %ctime( ) 后，没有等待子线程，直接就退出了，同时子线程也一同结束。

4）开始线程 start( )。开始线程活动。运行结果如下所示。

```
I was listening to 机器人 . Thu Apr 17 12: 51: 45 2021
I was at the 阿凡达 ! Thu Apr 17 12: 51: 45 2021
all over Thu Apr 17 12: 51: 45 2021
```

从执行结果可以看出，子线程（music、movie）和主线程（print "all over %s" %ctime( )）都是同一时间启动，但由于主线程执行完结束，所以导致子线程也终止。

（2）多线程中阻塞函数 join() 的使用实例　继续对上述多线程程序进行调整，加入阻塞函数 join()。

```
    ...
    if __name__ == '__main__':
        for t in threads:
            t.setDaemon(True)
            t.start()

        for t in threads:
             t.join()

    print "all over %s" %ctime()
```

代码说明：

以上只对前面的程序加了个 join( ) 方法，用于等待线程终止。join( ) 的作用是：在子线程完成运行之前，这个子线程的父线程将一直被阻塞。

> **注意** join( )方法的位置是在 for 循环外，也就是说必须等待 for 循环里的两个进程都结束后，才去执行主进程。

运行结果如下所示：

```
I was listening to 机器人. Thu Apr 17 13:04:11 2014   I was at the 阿凡达！
Thu Apr 17 13:04:11 2014

I was listening to 机器人. Thu Apr 17 13:04:12 2014
I was at the 阿凡达！Thu Apr 17 13:04:16 2014
all over Thu Apr 17 13:04:21 2014
```

从执行结果可以看出，music 和 movie 是同时启动的，开始时间为 4 分 11 秒，直到调用主进程为 4 分 21 秒，总耗时为 10 秒。比单线程耗时减少了 2 秒。

三 机器人跟踪抱球方案设计

对项目任务需求进行梳理分析，在智能人形教育机器人的主控制板上运行应用程序完成跟踪抱球功能。整个项目总体框架设计流程图如图 10-9 所示。

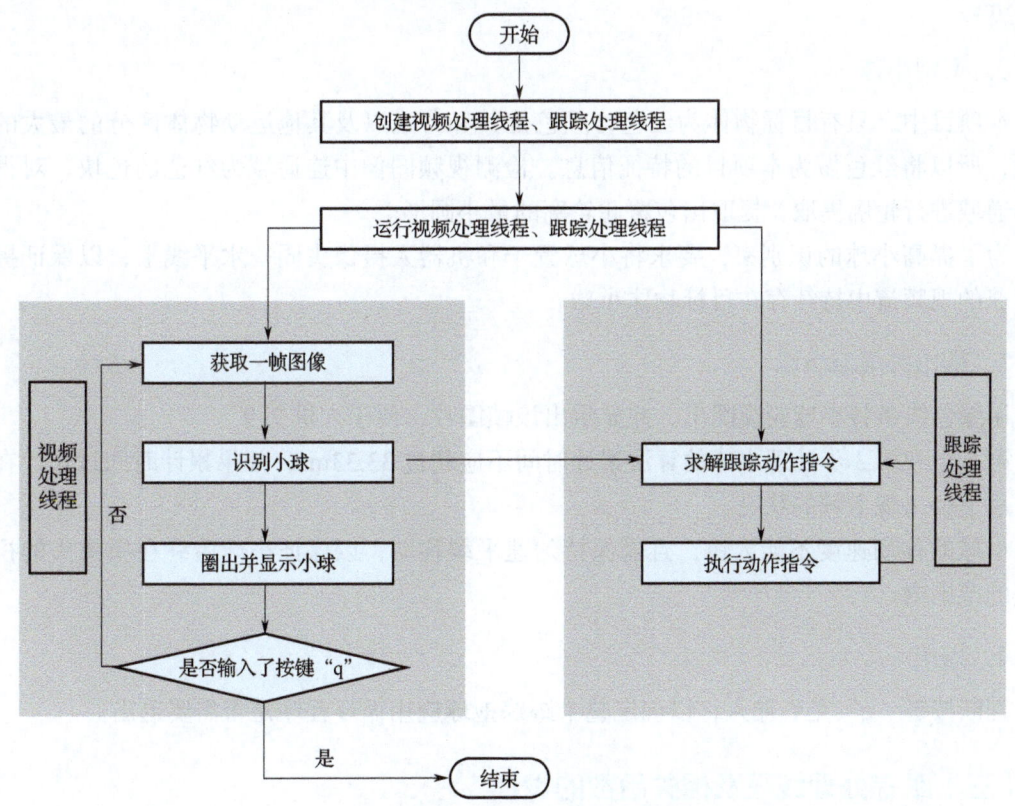

图 10-9 整体项目总体框架设计流程图

从该项目总体框架设计流程图中可以看出，主要需要完成三部分的程序设计和实现：主函数的设计、视频处理线程及相关函数的设计、跟踪处理线程及相关函数的设计。

（一）主函数设计

机器人的主控制板采用树莓派 3B/16G 硬件平台，其主芯片 BCM2837 采用 64 位四核 ARM Cortex A53 架构，1.2GHz 主频，可以支撑四核的并行处理。

本项目需要对图像进行大量计算，CPU 切换频繁，在视频处理线程识别到小球之后，又需对其结果进行跟踪处理，具有强相关性，所以此处选用多线程的策略方式。

主程序主要实现创建和运行两个线程：视频处理线程和跟踪处理线程。

（二）视频处理线程及相关函数的设计

如图 10-9 所示的视频处理线程模块需要实现 4 个功能。

1. 获取一帧图像

本项目的机器人摄像头分辨率为 800 万像素，识别小球需要实时判决，对识别程序的速度要求很高，因此在保证识别率的前提下，需要对图片的计算像素进行降维。

帧分辨率设置为 464×256，采集帧频率设置为 30 帧 / 秒，即对一帧图片的采样周期为 33.33ms。

2. 识别小球

本项目中，只有目标物体为红色，颜色是其和背景以及其他运动物体区分的最大的特征点，所以将红色做为本项目的特征信息。检测视频图像中连通域为红色的色块，对得到的连通域进行轮廓提取，提取出包覆此轮廓的最小圆形。

为了提高小球的识别率，要求将小球置于和机器人摄像头同一水平线上，以保证摄像头捕获的视频流中持续存在目标物体小球。

3. 圈出并显示小球

用绿色线条将小球轮廓圈出，并显示出该帧图片，便于人机交互。

第 2 步和第 3 步处理小球的算法累计时间不应超过 33.33ms，如果累计时间过长，在视频显示上会出现卡顿的状况。

小球的移动速度不能太快，且需保持匀速平缓移动，以保证小球始终在摄像头的视频捕获的范围内。

4. 退出

判断按键"q"是否输入，以确定整个跟踪抱球应用循环程序是否需要退出。

（三）跟踪处理线程及相关函数的设计

如图 10-9 所示的跟踪处理线程模块需要实现 2 个功能。

1. 求解跟踪动作指令

对视频处理线程中识别出的小球信息进行求解，得到跟踪动作指令。

此处涉及两个线程中的信息交互，需要将图片中小球中心点的坐标、小球的半径设置为全局变量，以便两个线程都可以对此全局变量进行设置和获取，但是本项目并不需要对该全局变量的读写保持同步。

2. 执行动作指令

调用机器人运动控制接口，对求解得到的跟踪动作指令进行动作执行。

本项目只需实现红色小球发生缓慢移动之后，机器人迟缓做出响应动作指令反应即可，对反应灵敏度不做要求。

如果需要提高机器人反应灵敏度，对红球的位置变化迅速做出反应，则需要对第 1 步和第 2 步的处理程序进行优化。即第 2 步需随时中断之前未完成的动作，重新执行第 1 步的求解跟踪动作指令，再进行第 2 步的执行跟踪运动指令，并对第 1 步和第 2 步的算法累计时间进行优化降低。

项目准备

硬件条件

1）一台计算机。
2）一台智能人形教育服务机器人（Yanshee），硬件版本 1.0 以上。
3）一个无线键盘和一个无线鼠标。
4）一台 HDMI 显示器。
5）一根 HDMI 数据连接线。
6）一个红色小球，直径 10cm。

软件条件

1）智能人形教育服务机器人（Yanshee）软件系统，软件版本 V2.3.0 以上，安装了 Python 3.5.3 的 32 位的版本，且安装了 OpenCV-Python 3.3.1 以上的版本。

2）计算机安装了 Python 3.9.2 的 32 位的版本，且安装了 OpenCV-Python 4.5.3 以上的版本。

任务实施

一 创建与编写程序

（一）创建程序源代码文件

在 PC 端，创建整个项目程序的源代码文件，命名为 hold_ball.py，如图 10-10 所示。

下面可以打开 Python 自带 IDE 环境或 PyCharm 等软件，编写实现机器人综合场景的程序。

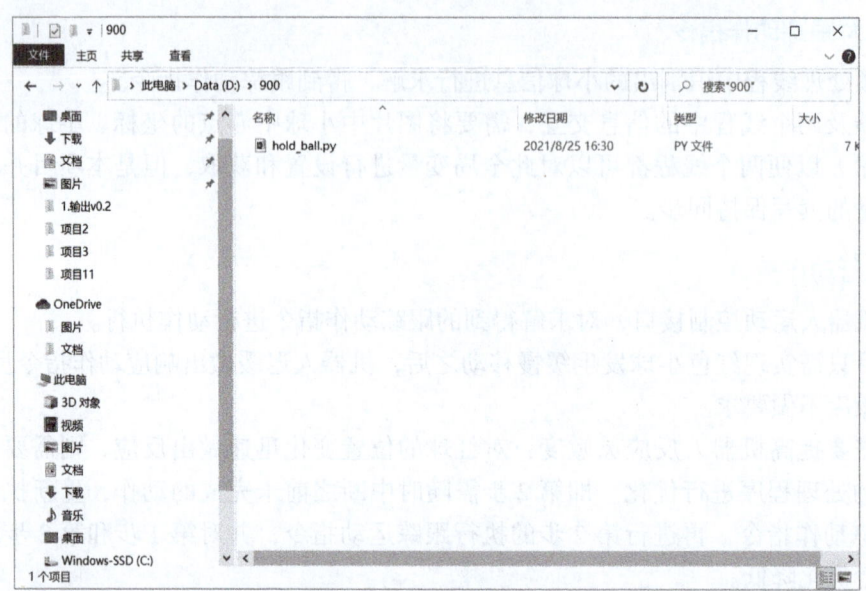

图 10-10　创建整个项目程序的源代码文件 hold_ball.py

（二）编写主函数

编写主函数相关代码，主要有两部分：导入相关库、定义主函数 main( )。

1. 导入相关库

导入所需库 cv2、sys、time、threading、numpy，如图 10-11 所示。

```
8   import cv2
9   import sys
10  import time
11  import threading
12  import numpy as np
```

图 10-11　导入相关库

2. 定义主函数 main（ ）

编写主函数 main( )，其功能设计在知识链接中已讲解，主要代码如图 10-12 所示，该函数的主要功能如下：

1）实现创建和运行两个子线程：视频处理线程 t1（即 camera_thread）和跟踪处理线程 t2（即 track_thread）。创建运行成功后，即有 3 个线程：main 主进程生成的一个主线程，再加此主线程的两个子线程，此主线程即为这两个子线程的父线程。3 个线程会在树莓派的 1 个 CPU 的 3 个核中并行执行。

2）设定守护线程：主线程一旦结束，子线程也会一起结束。即第 222 行和第 226 行。

3）调用 threading 的 join 函数：阻塞线程功能，即在子线程完成运行之前，子线程的父线程将一直被阻塞。此处具体作用为：在视频处理线程和跟踪处理线程完成运行之前，main 主线程将一直被阻塞。代码见第 231 行和第 232 行。

```
214    # 机器人跟踪抱球主函数
215    if __name__ == '__main__':
216        global my_robot
217        my_robot = RobotMotion()
218        time.sleep(1)
219        # 创建视频处理线程
220        t1 = threading.Thread(target=camera_thread, args=())
221        # 设定守护线程,主线程一旦结束,子线程也会一起结束
222        t1.setDaemon(True)
223
224        # 创建机器人跟踪处理线程
225        t2 = threading.Thread(target=track_thread, args=())
226        t2.setDaemon(True)
227        t1.start()
228        t2.start()
229
230        # 阻塞线程功能:在子线程完成运行之前,子线程的父线程将一直被阻塞。
231        t1.join()
232        t2.join()
233
234        print("Exit all task.")
235
```

图 10-12　主函数 main( )

(三)编写视频处理线程相关代码

编写视频处理线程相关代码,主要有六部分:导入相关库、初始化视频处理线程的相关变量、初始化线程间交互的全局变量、定义视频处理线程函数、定义识别小球函数、定义圈出并显示小球函数。

1. 导入相关库

导入视频处理线程相关库,代码如图 10-13 所示。

1)导入 Raspberry Pi 相机的标准库 PiCamera 的矩阵计算设置函数 PiRGBArray。

2)导入 Raspberry Pi 相机的标准库 PiCamera。

```
17    from picamera.array import PiRGBArray
18    from picamera import PiCamera
```

图 10-13　导入视频处理线程相关库

2. 初始化视频处理线程的相关变量

初始化视频处理线程的相关变量,代码如图 10-14 所示,主要变量有:

1)初始化视频画面分辨率大小的变量:resX、resY。

2)设置红色的队列范围:red_min、red_max、red2_min、red2_max。

3)摄像头 camera 初始化,设置分辨率和帧率。

4)设置摄像头捕获的图像格式:rawCapture。

```
24      # 设置画面的大小
25      resX = 464
26      resY = 256
27
28      # 设置红色的队列范围
29      red_min = np.array([0, 128, 46])
30      red_max = np.array([5, 255, 255])
31      red2_min = np.array([156, 128, 46])
32      red2_max = np.array([180, 255, 255])
33
34      # 摄像头初始化,设置分辨率和帧率
35      camera = PiCamera()
36      camera.resolution = (resX, resY)
37      camera.framerate = 30
38      # 设置摄像头捕获的图像队列数据,将Raspberry Pi相机中的帧读取为NumPy阵列,
39      # 使其与OpenCV兼容。避免了从JPEG格式到OpenCV格式的转换
40      rawCapture = PiRGBArray(camera, size=(resX, resY))
```

图 10-14 初始化视频处理线程的相关变量

3. 初始化线程间交互的全局变量

初始化线程间交互的全局变量,代码如图 10-15 所示,主要变量有:

1)初始化识别到的目标物体小球的信息,即全局变量:中心点 x 坐标变量 center_x、中心点 y 坐标变量 center_y,小球的半径变量 radius。视频处理线程函数 camera_thread 对其进行实时写入,将最新的小球位置进行更新;跟踪处理线程函数 track_thread 对其进行实时读取,将最新的小球位置进行读取处理。

2)初始化抱球标志的全局变量 hold_flag:如果 hold_flag 为 false 代表未执行 hold 动作,如果 hold_flag 为 true 代表执行了 hold 动作,会保持抱球动作 4 秒。

3)初始化退出标志的全局变量 release_flag:如果 release_flag 为 false 代表未获取到键盘的按键输入值 "q";如果 release_flag 为 true 代表获取到键盘的按键输入值 "q",视频处理线程、跟踪处理线程和主线程均退出。

```
42      # 线程间信息交互的全局变量初始化
43      center_x = 0
44      center_y = 0
45      radius = 0
46      hold_flag = False
47      release_flag = False
```

图 10-15 初始化线程间交互的全局变量

4. 定义视频处理线程函数

定义视频处理线程函数 camera_thread( ),主要代码如图 10-16 所示,该函数的主要功能如下:

1)获取一帧图像,即对视频流中一帧图像进行获取。

2)识别小球,即对获取到的该帧图像进行图像预处理和目标识别,识别出目标物体小球,此功能比较独立,且代码比较多,对此功能进行独立函数 get_circles 编写实现,此处

即实现 get_circles 函数调用即可。

3）圈出并显示小球，即对识别出的目标物体小球进行标识，用绿色线条将其轮廓圈出，此功能比较独立，且代码比较多，对此功能进行独立函数 draw_frame 编写实现，此处即实现 draw_frame 函数调用即可。

4）按键"q"是否输入的判决。

```
133    # 机器人视频处理线程
134    def camera_thread():
135        # 声明全局变量
136        global center_x, center_y, radius, release_flag
137        print("camera_thread run.")
138        # 抓取视频流
139        for frame in camera.capture_continuous(rawCapture, format="bgr", use_video_port=True):
140            image = frame.array
141            # 识别小球
142            x, y, z = get_circles(image)
143            center_x = x
144            center_y = y
145            radius = z
146            # 圈出并显示小球
147            draw_frame(image, x, y, z)
148            # 清除（截断）目前捕捉的图像，为下一帧图像做准备
149            rawCapture.truncate(0)
150            # 除了按Ctrl+c 在OpenCV的输出图像窗口按q退出程序
151            # 是否输入了按键'q'
152            key = cv2.waitKey(1)
153            if (key & 0xFF) == ord('q'):
154                release_flag = True
155                break
```

图 10-16　定义视频处理线程函数 camera_thread( )

5. 定义识别小球函数

定义识别小球函数 get_circles，主要代码如图 10-17 所示，该函数的主要功能如下：

1）高斯模糊，平滑图像；

2）灰度化图像；

3）二值化图像；

4）腐蚀图像 2 次；

5）膨胀图像 2 次；

6）查找连通域的轮廓；

7）找出面积最大的连通域，并输出该轮廓的最小外接圆的圆心位置和半径。

6. 定义圈出并显示小球函数

定义圈出并显示小球函数 draw_frame，主要代码如图 10-18 所示，该函数的主要功能如下：

1）圈出直径大于 15 个像素点的圆，并用绿色圆形框将圆圈起来；

2）显示整张做了标注的图。

```python
84   # 获得图像中找到颜色的物体，计算出该颜色物体的中心坐标以及半径
85   def get_circles(img):
86       # 高斯模糊，平滑图像
87       blurred = cv2.GaussianBlur(img, (11, 11), 0)
88       # 转为HSV图像
89       hsv = cv2.cvtColor(blurred, cv2.COLOR_BGR2HSV)
90       # 转为掩码图像，此处将在红色区域范围内的像素点置1，其他置0
91       mask1 = cv2.inRange(hsv, red_min, red_max)
92       # 形态学计算，先腐蚀再膨胀位开运算
93       # 图像腐蚀
94       mask1 = cv2.erode(mask1, None, iterations=2)
95       # 图像膨胀
96       mask1 = cv2.dilate(mask1, None, iterations=2)
97       # 查找轮廓
98       cnts1 = cv2.findContours(mask1.copy(), cv2.RETR_EXTERNAL, cv2.CHAIN_APPROX_SIMPLE)[-2]
99
100      mask2 = cv2.inRange(hsv, red2_min, red2_max)
101      mask2 = cv2.erode(mask2, None, iterations=2)
102      mask2 = cv2.dilate(mask2, None, iterations=2)
103      cnts2 = cv2.findContours(mask2.copy(), cv2.RETR_EXTERNAL, cv2.CHAIN_APPROX_SIMPLE)[-2]
104
105      x = 0
106      y = 0
107      z = 0
108
109      x2 = 0
110      y2 = 0
111      z2 = 0
112      if len(cnts1) > 0:
113          c1 = max(cnts1, key=cv2.contourArea)
114          ((x, y), z) = cv2.minEnclosingCircle(c1)
115      if len(cnts2) > 0:
116          c2 = max(cnts2, key=cv2.contourArea)
117          ((x2, y2), z2) = cv2.minEnclosingCircle(c2)
118      # 找出轮廓的最小外接圆的圆心位置和半径
119      if z >= z2:
120          return int(x), int(y), int(z)
121      else:
122          return int(x2), int(y2), int(z2)
```

图 10-17　定义识别小球函数 get_circles( )

```python
125  # 圈出并显示小球
126  def draw_frame(img, x, y, z):
127      # 圈出直径大于15的圆
128      if z > 15:
129          cv2.circle(img, (x, y), z, (0, 255, 0), 5)
130      cv2.imshow('Color_tracking', img)
```

图 10-18　定义圈出并显示小球函数 draw_frame( )

（四）编写跟踪处理线程相关代码

编写跟踪处理线程相关代码，主要有六部分：导入跟踪处理线程相关库、初始化跟踪处理线程相关变量、定义跟踪处理线程函数、定义求解跟踪动作指令函数、定义动作执行类、定义注册回调函数。

1. 导入跟踪处理线程相关库

导入跟踪处理线程相关库，代码如图 10-19 所示：

1）导入机器人 Yanshee 的 YanAPI 库；
2）导入退出的回调函数库 atexit。

```
14    import YanAPI
15    import atexit
```

图 10-19　导入跟踪处理线程相关库

2. 初始化跟踪处理线程相关变量

初始化跟踪处理线程的相关变量，代码如图 10-20 所示，主要变量有：

1）初始化 ip 地址变量 ip_addr；
2）初始化 YanAPI。

```
20    # 本DEMO使用YANSHEE的YanAPI 接口
21    ip_addr = "127.0.0.1"
22    YanAPI.yan_api_nit(ip_addr)
```

图 10-20　初始化跟踪处理线程相关变量

3. 定义跟踪处理线程函数

定义跟踪处理线程函数 track_thread( )，主要代码如图 10-21 所示，该函数的主要功能如下：

1）创建一个 while 循环，对退出标志的全局变量进行判别：如果 release_flag 为 false，继续求解跟踪动作指令函数；如果 release_flag 为 true 代表获取到键盘的按键输入值 "q"，视频处理线程、跟踪处理线程和主线程均退出。

2）调用求解跟踪动作指令函数：对最新的小球位置进行读取处理。

```
194   # 机器人跟踪处理线程
195   def track_thread():
196       global center_x, center_y, radius, release_flag
197       print("track_thread run.")
198       while not release_flag:
199           walk_track(center_x, center_y, radius)
200           time.sleep(1)
```

图 10-21　定义跟踪处理线程函数 track_thread( )

4. 定义求解跟踪动作指令函数

定义求解跟踪动作指令函数 walk_track( )，主要代码如图 10-22 所示，该函数的主要功能如下：

1）对小球的位置进行判断处理。

（resX/2 –ths,resX + ths）为整幅图像中间区域，即（464/2 –75,464/2 + 75），即为机器人的视线的中间区域。

如果抱球标志全局变量 hold_flag 为 false，继续执行以下的判断动作：

①判断图像上的小球的中心坐标位置：在该中间区域左边，机器人就往左走；在该中间区域右边，机器人就往右走；在该中间区域内，机器人则直走。

②在直走的判断下，继续判断图像上的小球的半径：如果图像上的小球半径比较小，代表距离比较远，机器人继续直走；否则机器人就执行抱球动作，并维持抱球动作 4s。

如果抱球标志全局变量 hold_flag 为 true，且图像中的小球半径小于 150，则机器人继续执行求解跟踪。此判断需要执行的场景为：机器人执行抱球动作后，小球又被放置在远处，机器人继续对红色小球进行跟踪。

2）调用动作执行类 RobotMotion 的函数，对求解到的跟踪动作指令进行具体执行。

```python
158    # 机器人求解跟踪动作指令
159    def walk_track(x, y, z):
160        global hold_flag
161        print("info, x = ", x, " radius = ", z)
162        # hold_flag为一个标志，如果为false代表未执行hold动作
163        if not hold_flag:
164            # (resX/2 - ths,resX + ths) 为图像中间区域，即(464/2 - 75,464/2 + 75)
165            # 小球在该区域偏左就往左走，偏右就往右走，在该区域内则直走
166            # ths 为一个阈值
167            ths = 75
168            if resX / 2 - ths > x > 0:
169                print("Turn left")
170                my_robot.left_step(1)
171                my_robot.delay(1)
172            if x > resX / 2 + ths:
173                print("Turn right")
174                my_robot.right_step(1)
175                my_robot.delay(1)
176            if resX / 2 - ths <= x <= resX / 2 + ths:
177                # 如果小球比较小，代表距离比较远，就直走，否则小球比较近了就执行抱起动作。
178                if z < 130:
179                    print("Go forward")
180                    my_robot.forward_step(1)
181                    my_robot.delay(1)
182                else:
183                    hold_flag = True
184                    print("Holding")
185                    my_robot.holding(1)
186                    # 执行hold动作后，保持一定时间
187                    my_robot.delay(4)
188        elif z < 150:
189            my_robot.reset(1)
190            my_robot.delay(1)
191            hold_flag = False
```

图 10-22　定义求解跟踪动作指令函数 walk_track（）

5. 定义动作执行类

定义动作执行类 RobotMotion，主要代码如图 10-23 所示，该函数的主要功能如下：

1）定义抱球的动作执行函数：holding，该动作为源码包中 new_hts 文件夹下的动作文件 hold.hts 的执行动作。

2）定义前进的动作执行函数：forward_step。

3）定义往左转的动作执行函数：left_step。

4）定义往右转的动作执行函数：right_step。
5）定义动作复位函数：reset。
6）定义延时函数：delay。

```python
50    # 动作执行类，执行在new_hts文件夹下的动作文件或者机器人默认的动作文件
51    class RobotMotion:
52        def __init__(self):
53            self.reset(1)
54            time.sleep(1)
55
56        def holding(self, num):
57            # holding 为自己创建的动作
58            res = YanAPI.start_play_motion("hold", "forward", repeat=num)
59            time.sleep(2)
60            print(res)
61
62        def forward_step(self, num):
63            # 可以采用机器人内置动作，也可以采用自己回读编程的动作
64            res = YanAPI.start_play_motion("walk", "forward", repeat=num)
65            time.sleep(1)
66            print(res)
67
68        def left_step(self, num):
69            res = YanAPI.start_play_motion("turn around", "left", repeat=num)
70            print(res)
71
72        def right_step(self, num):
73            res = YanAPI.start_play_motion("turn around", "right", repeat=num)
74            print(res)
75
76        def reset(self, num):
77            res = YanAPI.start_play_motion("reset", "forward", repeat=num)
78            print(res)
79
80        def delay(self, num):
81            time.sleep(num)
```

图 10-23　定义动作执行类 RobotMotion

6．定义注册回调函数

定义注册回调函数 clean( )，主要代码如图 10-24 所示，其主要通过指令：@atexit.register 进行注册，在机器人程序中断或者退出的时候执行 clean 函数，该函数的主要功能如下：

```python
203    # 注册回调函数
204    # 强制使得机器人程序中断或者退出的时候执行恢复动作！
205    @atexit.register
206    def clean():
207        global my_robot
208        # When everything done
209        print("Reset")
210        my_robot.reset(1)
211        time.sleep(1)
212        cv2.destroyAllWindows()
```

图 10-24　定义注册回调函数 clean( )

1）调用动作执行类的复位函数；
2）关闭所有的 OpenCV 的绘图窗口。

二 复制相关文件到机器人端

编写完程序后，用 scp 命令将源码包中 hold.hts 文件和创建编写的程序源代码 hold_ball.py 复制到机器人端，命令如下，密码为 raspberry。

```
scp hold.hts pi@10.10.36.227:/home/pi
scp hold_ball.py pi@10.10.36.227:/home/pi
```

命令端的执行结果如图 10-25 所示。

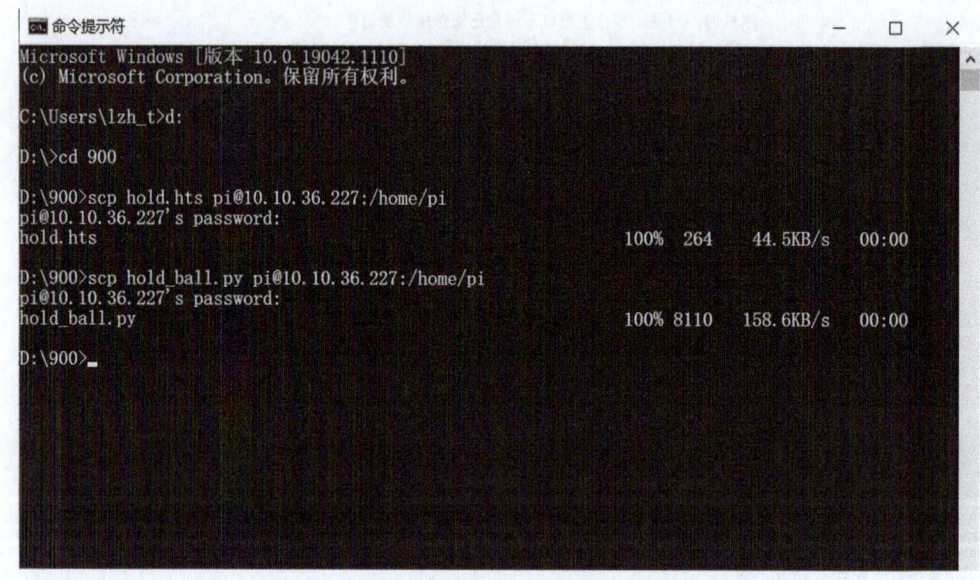

图 10-25　复制相关文件到机器人端的结果图

三 运行程序让机器人跟踪抱球

用 HDMI 线将机器人与计算机显示屏连接，在机器人命令行界面输入以下命令：

```
python hold_ball.py
```

程序执行完的结果如下：
1）机器人跟踪红色小球，直到靠近小球，将球抱住。视频部分截图如图 10-26 所示。
2）在机器人命令端的界面显示如图 10-27 所示。
从上图可以看出，命令端界面实时刷新显示当前的红色小球的位置信息，小球中心点的 x 坐标，小球的半径，如：info: x = 230 radius = 220；命令端界面实时显示识别到的红色小球的图像，并用绿色圆形框将识别到的小球轮廓圈起来。

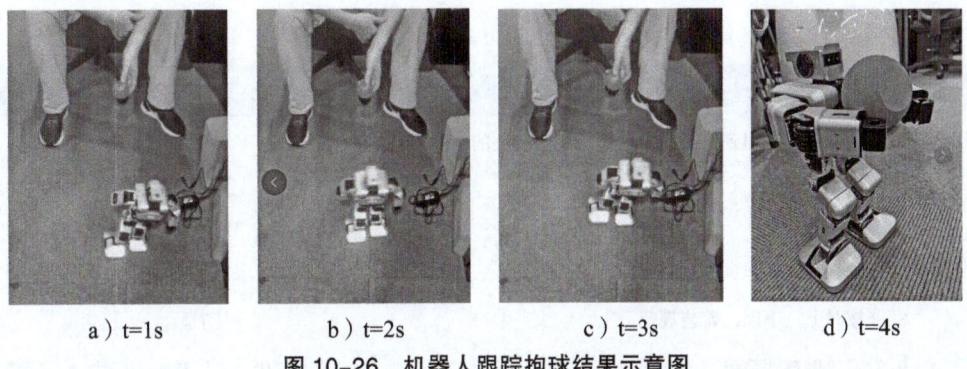

a）t=1s　　　b）t=2s　　　c）t=3s　　　d）t=4s

图 10-26　机器人跟踪抱球结果示意图

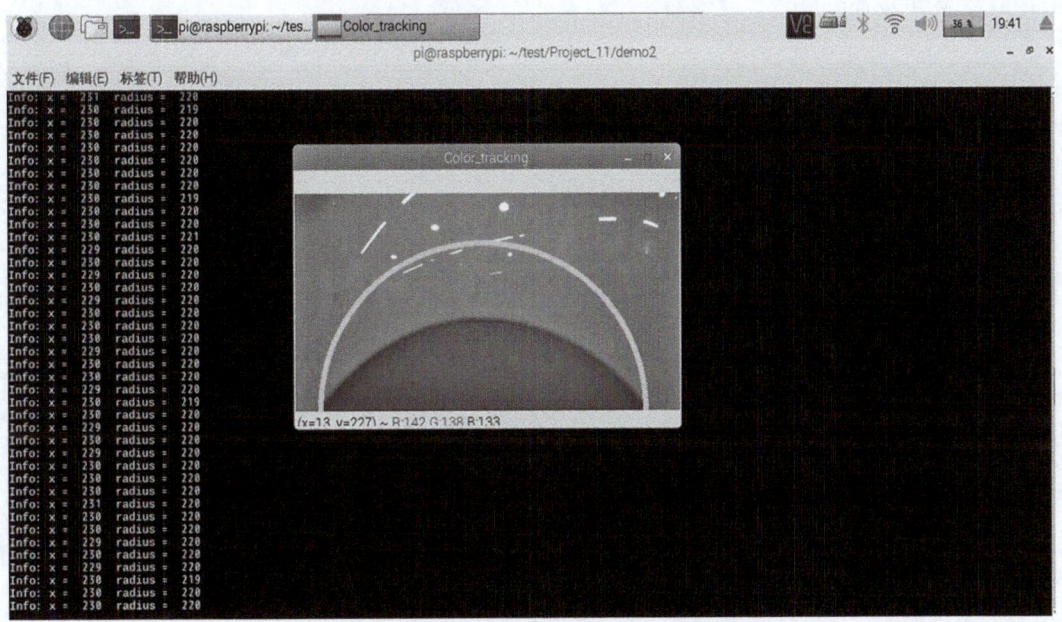

图 10-27　机器人跟踪抱球时的命令端结果显示

任务评价

班级		姓名		学号		日期	
自我评价	1. 能设计多线程程序					□是	□否
	2. 能调用 YanAPI 的函数					□是	□否
	3. 能通过机器人摄像头获取视频帧并保存图像					□是	□否
	4. 能编程实现机器人对目标物体追踪，并执行机器人动作指令					□是	□否
	5. 能编程实现在视频流中识别物体并显示结果					□是	□否

(续)

班级		姓名		学号		日期			
自我评价	6. 在完成任务时遇到了哪些问题？是如何解决的？								
	7. 能独立完成工作页的填写					□是		□否	
	8. 能按时上、下课，着装规范					□是		□否	
	9. 学习效果自评等级				□优	□良		□中	□差
	总结与反思：								
小组评价	1. 在小组讨论中能积极发言				□优	□良		□中	□差
	2. 能积极配合小组完成工作任务				□优	□良		□中	□差
	3. 在查找资料信息中的表现				□优	□良		□中	□差
	4. 能够清晰表达自己的观点				□优	□良		□中	□差
	5. 安全意识与规范意识				□优	□良		□中	□差
	6. 遵守课堂纪律				□优	□良		□中	□差
	7. 积极参与汇报展示				□优	□良		□中	□差
教师评价	综合评价等级： 评语： 教师签名： 日期：								

任务拓展

思考如何在两个线程间进行信号量的同步。

项目小结

本项目主要学习了用 Python 语言实现综合视觉、运控的机器人多线程场景的程序设计。

应熟悉多线程并行编程的设计思路，熟悉 YanAPI 接口的应用方式，掌握在树莓派架构下通过摄像头获取视频帧的方法，能运用多线程的综合应用来加强对操作系统应用程序的开发应用能力。

项目 11
让机器人听令前行识物

项目导入

随着越来越多的机器人进入各种复杂环境,研究人员正努力使它们与人类的互动尽可能地顺畅自然。训练机器人对用户口头指令立即做出反应,例如"拿起杯子,放在右边的黄色盒子里"等,在许多情况下都是理想的,因此它最终将使人类与机器人之间的交互更加直接和直观。然而,这一过程并不简单,它需要机器人不仅理解用户的指令,还要知道如何根据特定的空间关系移动物体。

随着物联网应用场景逐步融入日常生活和工作,运用声音识别和对象检测综合技术来解决应用场景的需求变得更具有迫切性和实用性。非接触式的语音控制和交互体验,可以极大地减少接触式传播风险。不少公共场所的打卡系统,都换成图像识别系统。酒店的客房服务大量使用服务机器人进行语音定制服务和菜品、物品的上门服务。

大量语音识别和对象检测技术的综合应用,塑造了机器人基于自然语言的对话能力,并具有以下基本特性。

1)高质量用户体验:客户面对温和的服务,容易获得高质量的用户体验。

2)安全和低成本:智能语音机器人无需太多人工干预,节省出不菲的成本。

3)可挖掘的数据和工作效率提升:智能语音机器人自动记录客户数据、进行数据挖掘,将获得知识发现和知识更新迭代。

本项目基于时代大背景和当下应用需求,进行智能机器人人机交互场景模拟综合实训。

项目任务

本项目需要设计一个综合应用程序,其实现的机器人场景如下:

1)机器人处于待命状态,当用户发出语音指令"开始"后,机器人开始行动。

2)机器人的第一个任务是向前走 10 步,然后左右转动头部向用户致意。

3)此后,机器人不断抓拍眼前的事物图像,并识别图像中的对象。

4)若识别出的对象不是飞机,则将对象用绿色矩形框出,并发出声音"find XXX"(如:"find person")。

5)用户可按 <q> 键退出程序执行。

学习目标

知识目标

1）了解 YanAPI 接口的定义与功能。
2）了解异步函数的定义，包括 async、await 等关键词的含义。
3）理解 YanAPI 接口调用返回数据的结构。
4）理解全局变量和局部变量的定义和差异。
5）了解利用模型识别图像的结果的数据结构。
6）理解事件循环在异步调用中的作用。
7）了解进程、线程与协程的定义及差异。

能力目标

1）能设计多协程并发程序。
2）能编写 Python 类，并创建实例，使用实例方法。
3）能应用 MobileNet-SSD 模型进行图像识别。
4）能在树莓派架构下通过摄像头获取视频帧。
5）能在视频流中识别物体并显示结果。

知识链接

一 YanAPI 软件开发工具包

SDK（Software Development Kit）就是软件开发工具包，用于辅助开发某一类软件的相关文档、范例和工具的集合。YanAPI 就是一套针对 Python 编程语言的 SDK，是基于 Yanshee 机器人 RESTfulAPI（SDK）开发的。

API（Application Programming Interface），即应用程序接口，是预先定义的接口，开发人员可以直接调用这些接口来应用功能，而无需访问源码，或理解其内部工作机制的细节。YanAPI（SDK）就提供获取机器人状态信息、设计并控制机器人表现的能力等一系列 API，用于开发多种多样的机器人应用。调用 YanAPI 的 Python 编程语言版本要求为 Python 3.5.0 及以上版本。

（一）机器人本体使用 YanAPI 接口

机器人 Yanshee 已内置 YanAPI，内置文件路径为 /usr/lib/python3.5/YanAPI.py，所以当需要在机器人本体运行时，只需要在程序文件开头引入：

```
import YanAPI
```

（二）机器人外部使用 YanAPI 接口

当程序在机器人外部运行时，需首先保证机器人与计算机在同一局域网中，调用 API 前需要使用机器人 IP 地址初始化 SDK，编程示例如图 11-1 所示。

机器人 IP 地址获取方法如下。

- 方法一：通过 Yanshee 移动端 App 连接机器人，在侧边栏【设置】–【机器人信息】中查看 IP 地址。
- 方法二：通过 HDMI 线连接机器人和显示器，打开 Terminal 终端，输入以下指令获取 IP 地址：

```
/**
 *  初始化sdk
 *  @param robot_ip  机器人ip地址
 *  @return 无
 */
def yan_api_init(robot_ip):
```

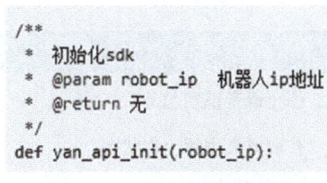

图 11-1　SDK 调用初始化

```
ifconfig wlan0
```

- 方法三：通过 HDMI 线连接机器人和显示器，点击桌面的网络图标，查看 IP 地址。

注意　当程序在机器人本体运行时无需初始化。

（三）YanAPI 接口说明

在调用 YanAPI 时，可以先登录官网，如图 11–2 所示，在官网选择【API】—【YanAPI】选项，单击 YanAPI 说明，找到所需的 API 函数，通过阅读函数说明了解函数的输入和输出数据及其数据形式，进而调用函数获取函数参数设置等信息。

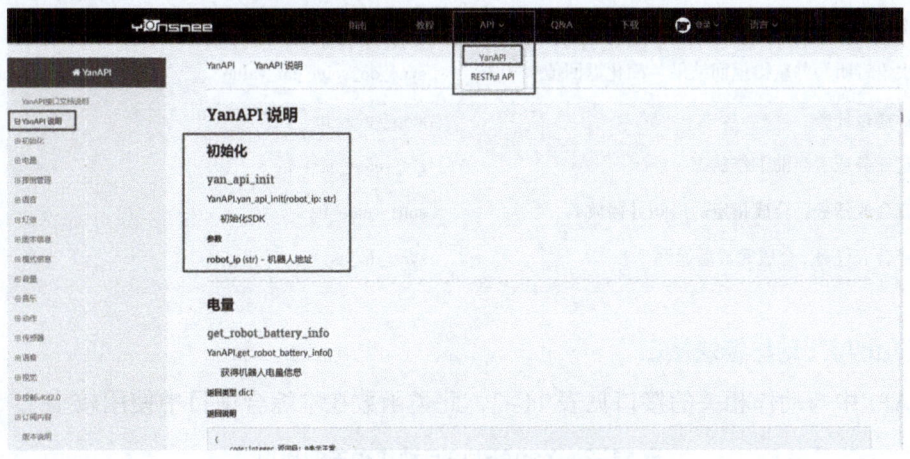

图 11–2　YanAPI 说明

图 11–3 所示的例子是调用函数 get_robot_volume( ) 和 set_robot_volume( ) 获取机器人音量并将其调高 5 个单位。

```
ret = YanAPI.get_robot_volume()
If ret[“code”] == 0:
  volume = ret[“data”][“volume”]
  YanAPI.set_robot_volume(volume + 5)
```

图 11–3　获取并调高机器人音量 5 个单位

1. YanAPI 语音模块接口

YanAPI 中与语音相关的接口见表 11–1，此类函数在本综合项目中使用较多。

表 11-1　YanAPI 中与语音相关的接口

功能	函数名
停止语音识别服务	stop_voice_asr
获取语义理解工作状态	get_voice_asr_state
开始语义理解	start_voice_asr
执行一次语义理解并获得返回结果	sync_do_voice_asr
执行一次语义理解并获得返回结果 – 简化返回值	sync_do_voice_asr_value
获取所有离线语法名称	get_voice_asr_offline_syntax_grammars
删除指定离线语法名称下的所有配置	delete_voice_asr_offline_syntax
获取指定离线语法名称下的所有配置	get_voice_asr_offline_syntax
创建一个新的离线语法名称配置	create_voice_asr_offline_syntax
修改已有离线语法配置中的命令词和对应的返回值	update_voice_asr_offline_syntax
停止语音听写	stop_voice_iat
获取语音听写结果	get_voice_iat
开始语音听写	start_voice_iat
执行一次语音听写并获得返回结果	sync_do_voice_iat
执行一次语音听写并获得返回结果 – 简化返回值	sync_do_voice_iat_value
停止语音播报任务	stop_voice_tts
获取指定任务或者当前工作状态	get_voice_tts_state
开始语音合成任务，合成指定的语句并播放	start_voice_tts
执行语音合成任务，合成完成后返回	sync_do_tts

2. YanAPI 动作模块接口

YanAPI 中与动作相关的接口见表 11-2，此类函数在本综合项目中使用较多。

表 11-2　YanAPI 中与动作相关的接口

功能	函数名
删除动作文件	delete_motion
获取当前动作文件执行状态	get_current_motion_play_state
开始执行动作	start_play_motion
暂停动作执行	pause_play_motion
恢复动作执行	resume_play_motion
停止动作执行	stop_play_motion
开始执行动作，执行完成后返回布尔值	sync_play_motion
上传动作文件	upload_motion
获取动作文件列表	get_motion_list

(续)

功能	函数名
机器人步态动作控制	control_motion_gait
获取机器人步态执行状态	get_motion_gait_state
退出机器人步态执行	exit_motion_gait
机器人步态动作控制，执行完成后返回布尔值	sync_do_motion_gait
获取机器人步态执行状态	get_motion_gait_state
退出机器人步态执行，机器人将站立复位	exit_motion_gait
查询舵机角度值（一次可以查询一个舵机角度值）	get_servo_angle_value
查询舵机角度值（一次可以查询一个或多个舵机角度值）	get_servos_angles
设置舵机角度值	set_servos_angles
设置舵机工作模式	set_servos_mode

二 Python 之面向对象编程

面向对象编程（Object Oriented Programming，OOP）最重要的概念就是类（Class）和实例（Instance）。类是抽象的，比如 Student 类，而实例是根据类创建出来的一个个具体的"对象"，每个对象都拥有相同的方法，但各自的数据可能不同。

类（Class）把数据与功能绑定在一起。创建新类就是创建新的对象类型，从而创建该类型的新实例。和其他编程语言相比，Python 用非常少的新语法和语义将类加入到语言中。Python 的类提供了面向对象编程的所有标准特性：

1）类继承机制允许多个基类；
2）派生类可以覆盖它基类的任何方法；
3）一个方法可以调用基类中相同名称的方法；
4）对象可以包含任意数量和类型的数据；
5）和模块（Module）一样，类在运行时创建，创建后可以修改。

（一）类定义语法

最简单的类定义如下所示：

```
class ClassName:
<statement-1>
.
.
.
<statement-N>
```

在实际应用中，类定义内的语句通常都是函数定义，用于定义类的方法。不过，也可以包含其他类型的语句。

（二）类对象

类对象支持两种操作：属性引用和类的实例化。

1. 属性引用

属性引用使用 Python 中所有属性引用的标准语法：obj.name。有效的属性名称是类对象被创建时存在于类命名空间中的所有名称。例如：

```python
class MyClass:
    """A simple example class"""
    i = 12345
    # 属性 f
    def f(self):
        return 'hello world'
```

在这个例子中，MyClass.i 和 MyClass.f 都是有效的属性引用，将分别返回一个整数和一个函数对象。类属性也可以被赋值，因此可以通过赋值来更改 MyClass.i 的值。__doc__ 也是一个有效的属性，将返回所属类的文档字符串："A simple example class"。

2. 类的实例化

类的实例化类似于调用函数，可以把类对象视为返回该类的一个新实例的不带参数的函数。例如（假设使用上述的类）：

```python
x = MyClass()            # 创建 MyClass 的一个新实例，并赋值给 x
```

创建类的新实例并将此对象分配给局部变量 x。

实例化操作（"调用"类对象）会创建一个空对象。许多类喜欢创建带有特定初始状态的自定义实例。为此，类定义可能包含一个名为 __init__() 的特殊方法，就像这样：

```python
class MyClass:
def __init__(self):
    self.data = []
```

当一个类定义了 __init__() 方法时，类的实例化操作会自动为新创建的类实例发起调用 __init__()。因此在这个示例中，可以通过以下语句获得一个经初始化的新实例：

```python
x = MyClass()
```

当然，__init__() 方法还可以有额外参数以实现更高灵活性。在这种情况下，提供给类实例化运算符的参数将被传递给 __init__()。例如：

```python
# 在 Python 命令行环境中
>>> class Complex:
        def __init__(self, realpart, imagpart):
            self.r = realpart
            self.i = imagpart
>>> x = Complex(3.0, -4.5)
>>> x.r, x.i
(3.0, -4.5)
```

（三）实例对象

实例对象所能理解的唯一操作是属性引用。有两种有效的属性名称：数据属性和方法。

1. 数据属性

数据属性不需要声明，像局部变量一样，它们将在第一次被赋值时产生。例如，如果 x 是上面创建的 MyClass 的实例，则以下代码操作段将打印数值 16，且不保留任何追踪信息。

```
x.counter = 1
while x.counter < 10:
    x.counter = x.counter * 2
print(x.counter)
del x.counter
```

2. 方法

另一类实例属性引用称为方法，方法是"从属于"对象的函数。

在 Python 中，方法这个术语并不是类实例所特有的，其他对象也可以有方法。例如，列表对象具有 append( )、insert( )、remove( )、sort( ) 等方法。不过，这里使用方法一词将专指类实例对象的方法。

实例对象的有效方法名称依赖于其所属的类。根据定义，一个类中所有是函数对象的属性都是定义了其实例的相应方法。在上述示例中，x.f( ) 是有效的方法引用，因为 MyClass.f( ) 是一个函数，而 x.i 不是方法，因为 MyClass.i 不是函数。但是 x.f 与 MyClass.f 并不是一回事，x.f 是一个方法对象，MyClass.f 是一个函数对象。

（四）方法对象

通常，方法在绑定后立即被调用：

```
x.f()
```

在上述 MyClass 示例中，将返回字符串 "hello world"。但是，立即调用一个方法并不是必须的，x.f 是一个方法对象，它可以被保存起来以后再调用。例如：

```
xf = x.f
while True:
    print(xf())
```

将持续打印 "hello world"，直到退出循环。

当一个方法被调用时到底发生了什么？上面调用 x.f( ) 时并没有带参数，但是 f( ) 函数的定义指定了一个参数 "self"。self 即指自己，实际上方法的特殊之处就在于实例对象会作为函数的第一个参数被传入。在示例中，调用 x.f( ) 其实就相当于调用 MyClass.f(x)。总之，调用一个具有 n 个参数的方法就相当于调用再多一个参数的对应函数，隐含的这个参数值为方法所属实例对象，位置在其他参数之前。

(五)继承

在面向对象编程中,当定义一个类的时候,可以从某个现有的类继承,新的类称为派生类,而被继承的类称为基类、父类或超类。一个子类定义的语法如下所示:

```
class DerivedClassName(BaseClassName):
    <statement-1>
    .
    .
    .
    <statement-N>
```

这里 DerivedClassName 指派生类,BaseClassName 指基类。派生类定义的执行过程与基类相同。当构造类对象时,基类会被记住。此信息将被用来解析属性引用:如果请求的属性在类中找不到,搜索将转往基类中进行查找;如果基类本身也派生自其他某个类,则此规则将被递归地应用。

派生类的实例化没有任何特殊之处,DerivedClassName( ) 会创建该类的一个新实例。方法引用将按以下方式解析:搜索相应的类属性,如有必要将按基类继承链逐步向下查找,如果产生了一个函数对象则方法引用生效。

派生类可能会重写其基类的方法。因为方法在调用同一对象的其他方法时没有特殊权限,所以调用同一基类中定义的另一方法的基类方法最终可能会调用覆盖它的派生类的方法。

Python 有两个内置函数可被用于继承机制。

1. isinstance( )

isinstance(object,classinfo) 用于判断一个对象是否是一个已知的类型,示例如下:

```
>>> isinstance(a, list)
True
>>> isinstance(b, Animal)
True
>>> isinstance(c, Dog)
True
```

2. issubclass( )

issubclass(class,classinfo) 用于判断参数 class 是否是参数 classinfo 的子类,示例如下:

```
#!/usr/bin/python
# -*-coding: UTF-8 -*-
class A:
    pass
class B(A):
    pass

print(issubclass(B,A))  # 返回 True
```

(六)多重继承

Python 也支持多重继承,带有多个基类的类定义语句如下所示:

```
class DerivedClassName(Base1, Base2, Base3):
    <statement-1>
    .
    .
    .
    <statement-N>
```

例如要设计一个基于"动物"类、分支为"哺乳"类和"鸟"两大类中的 4 种动物的多重继承关系,定义方式如下:

```
class Animal(object):
    pass

# 大类:
class Mammal(Animal):
    pass

class Bird(Animal):
    pass

# 各种动物:
class Dog(Mammal):
    pass

class Cat(Mammal):
    pass

class Parrot(Bird):
    pass

class Bat(Mammal):
    pass
```

同样可以给动物加上"能跑"或"能飞"的功能,那么只需要再定义 Runnable 和 Flyable 的类:

```
class Runnable(object):
    def run(self):
        print('Running...')

class Flyable(object):
    def fly(self):
        print('Flying...')
```

这样对于 Dog、Cat 两种需要"能跑"的功能,就多继承一个 Runnable:

```python
class Dog(Mammal, Runnable):
    pass

class Cat(Mammal, Runnable):
    pass
```

这样对于 Parrot、Bat 两种需要"能飞"的功能，就多继承一个 Flyable：

```python
class Parrot (Bird, Flyable):
    pass

class Bat(Mammal, Flyable):
    pass
```

对于多数应用来说，在最简单的情况下，可以认为搜索从父类所继承属性的操作是深度优先、从左至右的，当层次结构中存在重叠时，不会在同一个类中搜索两次。因此，如果某一属性在 DerivedClassName 中未找到，则会到 Base1 中搜索它，然后（递归地）到 Base1 的基类中搜索，如果在那里未找到，再到 Base2 中搜索，依此类推。

三 进程、线程与协程

（一）进程和线程

进程（Process）是计算机中运行的程序。线程（Thread）是操作系统能够运算调度的最小单位。大部分情况下，线程被包含在进程之中，是进程中的实际运作单位。一条线程指的是进程中一个单一顺序的控制流，一个进程中可以并发运行多个线程，每条线程并行执行不同的任务。

进程和线程之间的主要区别在于：

- 线程的创建较为容易，进程需要复制其父进程。
- 线程共享创建其的进程的地址空间，而进程使用进程自己的地址。
- 线程可以直接访问进程的数据，进程可以使用其父进程数据的副本。
- 线程可以同其进程中其他线程直接通信，进程与同级进程通信必须使用进程间通信（Inter-Process Communicate, IPC）机制。
- 线程开销较小，而进程开销较大。
- 线程可以控制相同进程的其他线程，进程只能控制其子进程。
- 对于主线程的修改（如：优先级修改）可能会影响其他线程，对于父进程的修改不会影响其子进程。

多进程、多线程相比单线程在速度上整体而言有很大提升。

（二）协程

子例程（Subroutine），是一个大型程序中的某部分代码，它负责完成某项特定任务，而且相较于其他代码，具备相对的独立性。而协程（Coroutine）是计算机程序的一类组件，它推广了协作式多任务的子例程，允许执行被挂起与被恢复。相比子例程而言，协程更一般和灵活，但在实践中使用没有子例程那样广泛。协程更适合于用来实现彼此熟悉的程序组件，如协作式多任务、异常处理、事件循环、迭代器等。

协程类似于线程，但协程是协作式多任务的，而线程是抢占式多任务的。在协程之间切换无需涉及任何系统调用或者任何阻塞调用。

在 Python 中可以使用 multiprocessing 模块和 threading 模块来实现进程和线程。在本项目中，协程与事件循环一起使用。

四 Python 中实现线程编程

（一）threading 模块

Python 的运行本质上是以线程为基本单元的。每个线程最少会有一个主线程，线程也可以创建子线程。

多线程可以用 thread 和 threading 模块。两个模块会有一些冲突，目前 threading 模块拥有更好的线程功能支持。

以 threading 模块为例，该模块提供的类包括 Thread、Lock、Rlock、Condition、[Bounded]Semaphore、Event、Timer、local。

该模块提供的常用方法有以下三种。

- threading.currentThread()：返回当前线程变量。
- threading.enumerate()：返回一个包含正在运行的线程的 list。
- threading.activeCount()：返回正在运行的线程数目。

另外 threading.TIMEOUT_MAX 是 threading 模块提供的常量，可以用来设置线程全局超时时间。

可以用自定义函数的方法，或是自定义类的方法来创建线程。无论是哪种方式，都是通过 threading 模块的 Thread 类进行创建。Thread 类的常用属性有以下几种。

- name：线程名。
- ident：线程标识符。
- daemon：该线程是否是守护线程。

Thread 类的常用方法有以下几种。

- start()：执行线程。
- run()：定义线程方法。
- join(timeout=None)：启动线程终止以前，一直被挂起，除非给出 timeout。
- isAlive：该线程是否存在。
- isDaemon()：该线程是否是守护线程。
- setDaemon(boolean)：改变线程守护标识。

（二）多线程锁机制

线程和线程之间，存在着一个同步机制。默认状态下，多个线程是并发执行的，这样可能会导致数据代码不安全。例如同一个全局变量数据被两个不同线程读取了，分别进行运算，这样就会造成数据混乱。为了解决这个问题，就产生了线程同步机制，包括互斥锁（Lock）、递归锁（Rlock）、条件锁（Condition）等。

1. 互斥锁

互斥锁是最简单的同步机制，为资源设定一个状态：锁定和非锁定。某个线程要改动数据，必须先将该数据锁定，让其他线程不能对其修改。直到更改完毕，将数据状态修改为非锁定，其他线程便可以再次锁定该数据。该技术保证了每次只有一个线程进行写入操作，保证了多线程下的数据正确性。该技术要避免死锁情况的出现（两个或以上的进程竞争资源而互相等待）。

2. 递归锁

为了解决互斥锁死锁的情况，就有了递归锁技术。递归锁指一个线程可以多次申请同一把锁，但是不会死锁，这样就可以解决死锁问题。递归锁内部维护着一个 Lock 和 counter 变量，counter 记载请求的次数，资源便可以多次被请求。递归锁可以被连续请求 N 次，而互斥锁只可以被请求一次。

3. 条件锁

条件锁是比互斥锁和递归锁更高级的锁。该锁内部有一个锁对象（RLock），可以在创建条件锁对象的时候，把锁对象作为参数传入。条件锁内部常用方法如下。

- acquire( )：线程锁住。
- release( )：释放线程锁。
- wait(timeout)：线程挂起。
- notify(n=1)：通知其他线程，运行挂起的线程。
- notifyAll( )：通知所有线程。

锁的局限性在于只修改一个线程的数据。而信号量（Semaphore）则可以同时修改一定数量的进程。

如果程序其他线程需要通过判断某个线程的状态从而决定自己下一步的操作，这时候可以用 threading 模块提供的 Event 对象。如果想每隔一段时间调用一个函数，可以用 Thread 类中的子类 Timer（定时器）。

Python 还有一个 Queue 模块来实现进程间的通行，实现多生产者、多消费者队列。当信息必须安全地在多线程之间交换时，它在线程编程中就特别有用。模块实现了三种类型的队列。

- 先进先出队列（FIFO）：第一个加入的任务，第一个取出。
- 后进先出队列（LIFO）：最后加入的任务，第一个取出。
- 优先级队列（Priority）：最小值第一个被取出。

五 MobileNet+SSD 模型简介

机器学习或深度学习一般都可以分为两个部分：特征提取与分类。

在传统的机器学习方法中，特征提取需要依据图像以及检测目的抓取其特征，如偏重物体轮廓的 HOG 特征，注重明暗对比的 Haar 特征等。特征被描述之后送入机器学习算法进行分类，如利用 SVM、Adaboost 等算法来判断物体的分类。机器学习目标检测简图如图 11-4 所示。

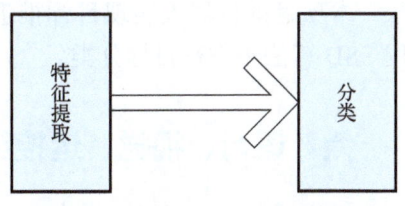

图 11-4 机器学习目标检测简图

在深度学习中，特征提取需要由神经网络来完成，如 VGG、MobileNet、ResNet 等，这些特征提取网络往往被称为主干网络（Backbone）。通常来讲在 BackBone 后面接全连接层（FC）来执行分类任务。但 FC 对目标的位置识别较弱。经过算法的发展，当前主要以特定的功能网络来代替 FC 的作用，如 Mask-Rcnn、SSD、SSDlite、YOLO 等。

本项目采用 MobileNet 进行特征提取，再使用 SSD 进行分类。

1. MobileNet 网络结构

MobileNet 是 2017 年提出的一种非常轻量级的特征提取网络，这种网络结构的特点是模型小、计算速度快，适合部署到移动端或者嵌入式系统中，是为移动和嵌入式设备提出的高效模型。

卷积操作会占用绝大多数的存储和计算资源，但 MobileNet 使用了一个高效的卷积网络架构，通过两个超参数直接构建非常小、低延迟、易满足嵌入式设备要求的模型。

本项目是在资源有限的机器人中实现目标推理检测，所以采用 MobileNet 网络结构来进行特征提取。

2. SSD 分类算法

SSD 全称 Single Shot MultiBox Detector，是一种目标检测分类算法。

什么是目标检测呢？深度学习中的目标检测任务（Detection）是指检测出图片中的物体位置，一般需要进行画框。图 11-5 中把人、羊，还有狗都框出来了，具体来说，网络需要输出框的坐标。

图 11-5 目标检测候选框

主流的深度学习目标检测分类算法大致可以分为两类：

1）Two-Stage 方法，如 R-CNN 等。其目标检测分两步，第一步是框出物体，第二步是确定这个物体的分类。

2）One-Stage 方法，如 Yolo、SSD 等。其目标检测为均匀地在图片不同位置进行密集抽样，抽样时采用不同尺度和长宽比进行分类，整个过程只需一步，其相应的运行速度要远远优于 Two-Stage 方法。

One-Stage 算法的帧率在保证 map 的前提下，普遍高于 Two-Stage，更适合在移动端或嵌入式系统中部署。

本项目的机器人实现目标推理检测，需要更快、更迅速地做出实时目标检测，所以采用 SSD 算法来进行目标分类。

六 语音、视觉、运控综合应用程序设计

为实现机器人集多种感知、能力的综合应用，需要设计程序的多协程。下面以本项目的机器人场景为例，分析机器人集语音、视觉、运控能力的综合应用的程序设计思路。

（一）多协程的协同实现

通过项目任务描述的机器人场景，整个程序的核心涉及三个协程：

- 第一个协程是任务启动协程，即机器人听到"开始"后，往前行走、致敬。
- 第二个协程是图像帧采集协程，即采集机器人摄像头的视频流图像帧，为后续物体识别做准备。
- 第三个协程是对象识别协程，即进行实时视频流图像帧的物体识别，在视频流中标记视频的物体，并让机器人语音播报物体的名称。

这三个协程的协同关系如图 11-6 所示。

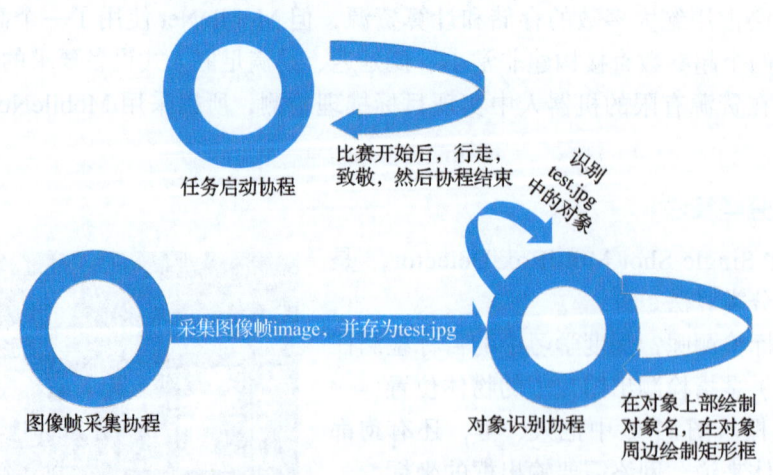

图 11-6　三个协程的协同关系

协程通过函数主动让出 CPU 时间给其他协程，协程之间通过全局变量来沟通。根据机器人场景得知，任务启动协程在用户发出"开始"指令之后很快结束，图像帧采集协程和对象识别协程可能会运行较长时间，具体取决于用户是否发出退出指令。可以定义图像帧采集协程采集图像帧 image 并把它写入 test.jpg 文件，在对象识别协程获得 CPU 时间后，对象识别协程会识别 test.jpg 文件中的对象并进行后处理，如图 11-6 所示。当用户通过键盘按下 <q> 键后，整个程序结束执行。

（二）程序整体处理流程

程序整体处理流程如图 11-7 所示，创建 RobotMotion 类的对象 my_robot 并启动事件循环 new_loop，而三个协程分别提交到事件循环 new_loop，从而实现三个协程，即任务启动协程（task_thread）、图像帧采集协程（camera_thread）、对象识别协程（objectdetection_thread）的并发协作执行。

程序运行过程的时序图如图 11-8 所示。

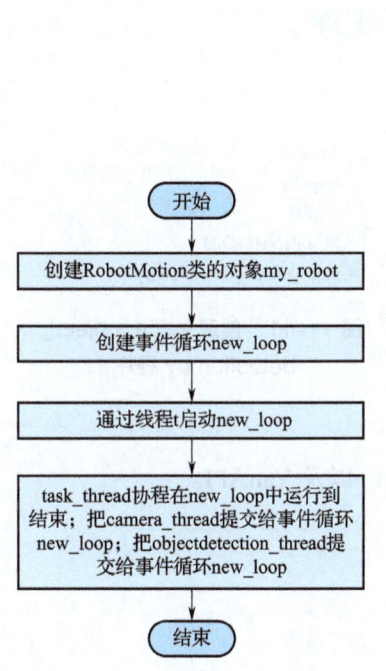

图 11-7　程序整体处理流程

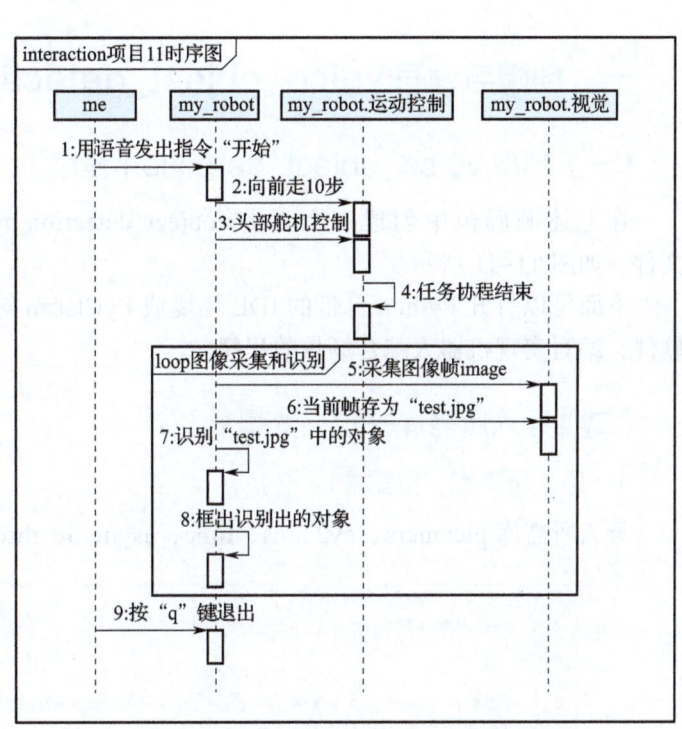

图 11-8　项目 11 程序运行过程的时序图

项目准备

1）一台装有 Python IDE 环境（推荐 PyCharm 软件）的计算机。

2）计算机中的 Python 环境已配置多种常用模块，如 NumPy、sys、cv2、time、picamera、threading 等。

3）一台智能人形教育服务机器人（Yanshee）。

任务实施

首先确认已给的 demo1 源码包，如图 11-9 所示，其中 images 文件夹中包含一个程序调用摄像头视频流所需的 test.jpg 图片，model 文件夹包含了已训练好的模型 MobileNetSSD，如图 11-10 所示。另外，源码包还包含一个脚本文件 MobileNetSSD20，该脚本文件用于调用模型 MobileNetSSD 识别目标图片中的物体。

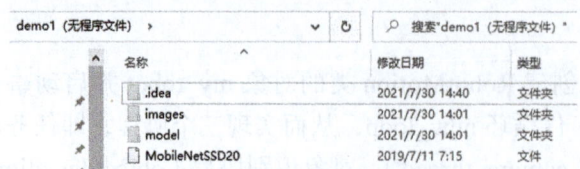

图 11-9　demo1 源码包

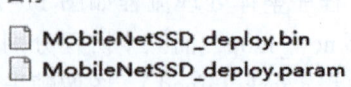

图 11-10　已训练好的模型 MobileNetSSD

接下来需要编写一个程序来调用源码包内的资源。

一　创建与编写 voice_object_detection 程序

（一）创建 voice_object_detection 程序

在上述源码包中创建一个 voice_object_detection.py 文件，如图 11-11 所示。

下面可以打开 Python 自带的 IDE 环境或 PyCharm 等软件，编写实现机器人综合场景的程序。

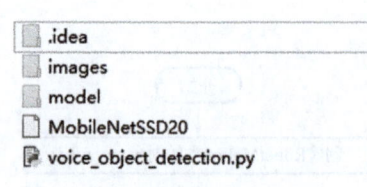

图 11-11　创建 voice_object_detection.py 程序

（二）导入所需库并定义变量

1. 导入所需库（见图 11-12）

导入所需库 picamera、cv2、os、time、asyncio、threading 以及 YanAPI。

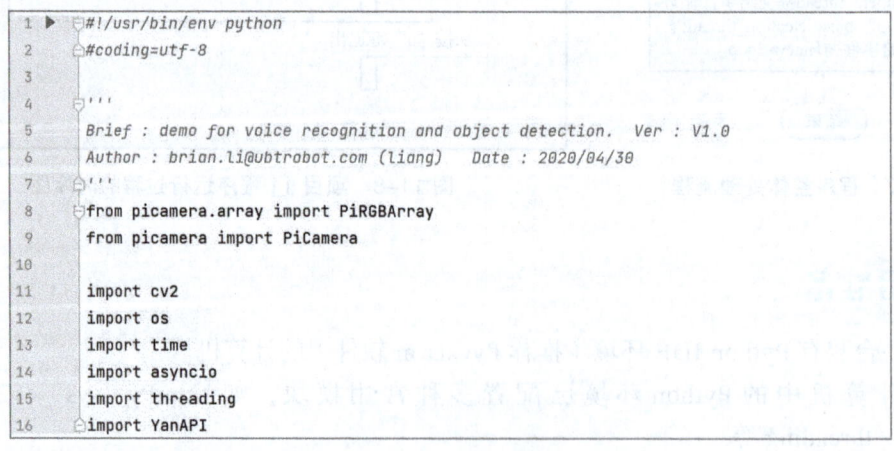

图 11-12　导入所需库

2. 初始化变量（见图 11-13）

1）初始化状态变量 Running、state 和 image。
2）初始化机器人摄像头画面显示的长宽 resX、resY。
3）初始化摄像头 camera。
4）初始化摄像头捕获的图像数据队列 rawCapture。
5）初始化协程调度时间片 coroutine_time_slice。

```python
20  # 设置变量数值
21  Running = False
22  state = 1
23  image = None
24  # 设置画面显示的大小
25  resX = 450
26  resY = 250
27
28  # 初始化摄像头
29  camera = PiCamera()
30  camera.resolution = (resX, resY)
31  camera.framerate = 30
32  # 或者摄像头捕获的图像数据队列
33  rawCapture = PiRGBArray(camera, size=(resX, resY))
34
35  # 协程调度时间片
36  coroutine_time_slice = 0.3
```

图 11-13 初始化变量

（三）定义类 RobotMotion（见图 11-14）

定义实现机器人的运动控制功能的类 RobotMotion，使其具有以下方法。

- step_getsture_walk（self,num）：机器人向前走 num 次，然后停下。
- turn_right_mini(self)：机器人头往右转，保持 2s。
- turn_left_mini(self)：机器人头往左转，保持 2s。
- reset(self, rep：int = 1)：机器人站立不动。

```python
39  # 实现机器人的运动控制功能
40  class RobotMotion:
41      global image
42      def __init__(self):
43          pass
44
45      def step_getsture_walk(self,num):
46          res = YanAPI.sync_play_motion("walk","forward",repeat =num)
47          if res == True:
48              YanAPI.start_play_motion('reset')
49
50      def turn_right_mini(self):
51          YanAPI.sync_play_motion(name="turn around", direction="right")
52          time.sleep(2)
53
54      def turn_left_mini(self):
55          YanAPI.sync_play_motion(name="turnleft", direction="left")
56          time.sleep(2)
57
58      def reset(self,rep: int = 1):
59          YanAPI.sync_play_motion(name="reset", repeat=rep)
```

图 11-14 RobotMotion 类

（四）定义协程 task_thread

与 task_thread 协程对应的是异步函数 task_thread( )，该函数调用语音识别函数 voiceRecognizeWaitCmd( )。

1. 定义异步函数 task_thread（ ）（见图 11-15）

定义异步函数 task_thread( )，其函数目的为：

- 让机器人一直处于语音监听的状态。
- 使当前协程主动让出 CPU 时间给其他协程。
- 判断 Running 是否为 True，若 Running 变为 True，代表机器人将进行第一个任务。

```
62  #一个任务协程，等待语音输入，比赛开始
63  async def task_thread():
64      while True:
65          voiceRecognizeWaitCmd()
66          await asyncio.sleep(coroutine_time_slice)
67          if Running:
68              executeFirstRecognizeFirstPass()
69              return
```

图 11-15　异步函数 task_thread( )

2. 定义语音识别函数 voiceRecognizeWaitCmd（ ）（见图 11-16）

定义语音识别函数 voiceRecognizeWaitCmd( )，其函数目的为：

- 判断 Running 是否为 False，Running 为 False 表明机器人还未听到"开始"指令。
  - 若 Running 为 False，则调用 YanAPI 执行语音识别，打印返回结果。res["question"] 是识别到的内容。
  - 判断识别结果中是否有"开始"，若有，则使 Running 变为 True。

```
71  #语音识别函数
72  def voiceRecognizeWaitCmd():
73      global Running
74      if Running ==False:
75          res = YanAPI.sync_do_voice_asr_value()
76          print (res["question"])
77          if "开始" in res['question'].encode("utf-8").decode("utf-8"):
78              Running = True
```

图 11-16　语音识别函数 voiceRecognizeWaitCmd( )

3. 定义第一个任务函数 executeFirstRecognizeFirstPass（ ）（见图 11-17）

定义听令前行函数 executeFirstRecognizeFirstPass( )，即机器人需要执行的第一个任务，其函数目的为：

- 判断 state 是否为 1，初始情况下 state 值为 1，表明机器人处在第一个任务的状态。
  - 若 state 为 1，调用 RobotMotion 类方法 step_getsture_walk( )，使机器人向前走 10 步，并打印"enter the first mission"。
- 然后进入 state 为 1 的循环，使机器人继续完成第一个任务环节的"向用户致意"动作。间隔一定时间设置调用 YanAPI 改变机器人 17 号头部舵机"NeckLR"位置，使机器人先休息 5 秒，然后将头部舵机角度值设为 60°，接着休息 5 秒，然后将头

部舵机角度值设为 115°，再接着休息 5 秒，然后将头部舵机角度值设为 90°（即回正），最后休息 15 秒，然后使 state 值变为 2，表示机器人进入下一任务状态。
- 退出循环后，打印"exit the executeRecognizeFirstPass"。

```python
#执行第一个任务，运动控制，走几步，然后头部舵机控制
def executeFirstRecognizeFirstPass():
    global state, state_sel, step, reset, skip, debug
    if state == 1:
        my_robot.step_getsture_walk(10)
        print('enter the first mission')
    while state == 1:
        time.sleep(5)
        YanAPI.sync_set_servo_rotate({"NeckLR":60})
        time.sleep(5)
        YanAPI.sync_set_servo_rotate({"NeckLR":115})
        time.sleep(5)
        YanAPI.sync_set_servo_rotate({"NeckLR":90})
        time.sleep(15)
        state = 2
    print('exit the executeRecognizeFirstPass')
```

图 11-17　机器人的第一个任务函数 executeRecognizeFirstPass( )

（五）定义协程 camera_thread

定义与 camera_thread 协程对应的异步函数 camera_thread( )（见图 11-18），其函数目的为：

- 首先打印"camera_thread run."。
- 读取摄像头数据流，让参数 image 获取 frame 的 array 属性作为随后要处理的 bgr 格式图像帧数据，并写进当前 images 目录下的 test.jpg 文件中。
- 清空 rawCapture 对象的缓冲流，为获取下一帧图像做准备。
- 使当前协程主动让出 CPU 时间给其他协程。
- 获取键盘信息，若用户按下 <q> 键，则退出图像帧采集循环。
- 最后释放摄像头资源，并关闭所有窗口。

```python
#机器人摄像头控制，读取摄像头数据流协程
async def camera_thread():
    global image
    print ("camera_thread run.")
    for frame in camera.capture_continuous(rawCapture, format="bgr", use_video_port=True):
        image = frame.array
        cv2.imwrite('images/test.jpg',image)
        rawCapture.truncate(0)
        await asyncio.sleep(coroutine_time_slice)
        key = cv2.waitKey(1) & 0xFF
        if key == ord('q'):
            break
    # When everything done, release the capture
    camera.release()
    cv2.destroyAllWindows()
```

图 11-18　异步函数 camera_thread( ) 的定义

(六) objectdetection_thread 协程

定义与协程 objectdetection_thread 对应的异步函数 objectdetection_thread( )，该函数主要目的是调用函数 object_detection( )。

1. 定义异步函数 objectdetection _thread ( )

定义异步函数 objectdetection _thread( )（见图 11-19），其函数目的为：

- 打印 "object detection thread run."。
- 持续调用物体识别函数 object_detection( )，并使当前协程主动让出 CPU 时间给其他协程。

```
114   async def objectdetection_thread():
115       print ("object detection thread run.")
116       while True:
117           object_detection()
118           await asyncio.sleep(coroutine_time_slice)
```

图 11-19　异步函数 objectdetection_thread( ) 的定义

2. 定义物体识别函数 object_detection ( )

定义物体识别函数 object_detection( )（见图 11-20），其函数目的为：

- 使用 os 库的 popen 函数调用已给的 shell 脚本 "./MobileNetSSD20 images/test.jpg"，即使用训练好的 MobileNet 模型去识别 test.jpg 图片（即实时视频流）中的对象。
- 判断上一步的识别结果 res 是否为空，若为空，则返回调用函数，准备下一次识别。
- 使用 read( ) 函数读出 res 结果的标准输出值，然后处理结果截取出识别到的物体的名称 name 和预测值 predict。
- 判断物体是否为 "aeroplane"，若否，首先调用 YanAPI 的 start_voice_tts( ) 函数让机器人语音播报识别物体的名称 name，然后打印出 "OK I find XXX"，XXX 则为 name，并打印出 line 的内容，包含识别物体的概率等信息。
- 通过一系列处理获取该物体在视频流图片帧中的左上角点位置（x，y）和对象的宽 w 和高 h。
- 调用 cv2.rectangle( ) 函数在视频流图片帧（image）中框出物体的范围，(x, y) 代表矩形的左上角点坐标，(x+w, y+h) 代表矩形的右下角点坐标，以线宽为 2 的绿色线画出矩形框。
- 引用字体 cv2.FONT_HERSHEY_SIMPLEX。
- 在 image 中以 (x, y-3) 这个位置，以引用的字体、青色、线宽为 2 绘制文本 name，并设置字体大小参数为 0.7。
- 在标题为 "Find_ssd" 的窗口中显示 image 图像，即用户可以直接看到机器人识别结果信息。

```
120  #物体识别函数，使用MobileNet模型
121  def object_detection():
122      global image
123      res = os.popen("./MobileNetSSD20  images/test.jpg")
124      if res is None:
125          return
126      res = res.read()
127      for line in res.splitlines():
128          name = line.split("=")[0].split(":")[0]
129          predict = line.split("=")[0].split(":")[1]
130
131          if name != "aeroplane":
132              YanAPI.start_voice_tts("find "+name)
133              print ("OK I find "+name)
134              print(line)
135              x =line.split("=")[1].split(":")[0]
136              y =line.split("=")[1].split(":")[1]
137              w =line.split("=")[1].split(":")[2]
138              h = line.split("=")[1].split(":")[3]
139
140              x = int(float(x))
141              y = int(float(y))
142              w = int(float(w))
143              h = int(float(h))
144              cv2.rectangle(image, (x, y), (x+w, y+h), (0, 255, 0), 2)
145              font = cv2.FONT_HERSHEY_SIMPLEX
146              cv2.putText(image, name, (x, y-3), font, 0.7, (255, 255, 0), 2)
147              cv2.imshow('Find_ssd', image)
```

图 11-20　物体识别函数 object_detection( ) 的定义

（七）定义主函数 main

1. 定义协程循环 start_loop（ ）

定义协程循环 start_loop( ) 如图 11-21 所示。

```
149  #协程循环
150  def start_loop(loop):
151      asyncio.set_event_loop(loop)
152      loop.run_forever()
```

图 11-21　协程循环 start_loop( )

2. 定义主函数 main（ ）

定义主函数 main( ) 如图 11-22 所示，整个程序的处理流程在知识链接中已讲解，所以这里需要进行以下定义。

- 定义线程 new_loop，在当前线程下创建时间循环。
- 定义线程 t，通过当前线程开启新的线程 new_loop 去启动事件循环。
- 定义三个协程 task_thread( )、camera_thread( )、objectdetection_thread( )。
- 定义协程间的协同关系。

```
154    #定义一个main函数
155    def main():
156
157        new_loop = asyncio.new_event_loop()        #在当前线程下创建时间循环。（未启用），在start_loop里面启动它
158        t = threading.Thread(target=start_loop,args=(new_loop,))    #通过当前线程开启新的线程去启动事件循环
159        t.start()
160
161        coroutine1 = task_thread()
162        coroutine2 = camera_thread()
163        coroutine3 = objectdetection_thread()
164
165        #asyncio.run_coroutine_threadsafe(coroutine1,new_loop)    #这几个是关键，代表在新线程中事件循环不断"游走"执行
166        new_loop.run_until_complete(coroutine1)
167        asyncio.run_coroutine_threadsafe(coroutine2,new_loop)
168        asyncio.run_coroutine_threadsafe(coroutine3,new_loop)
```

图 11-22　主函数 main( )

（八）定义程序入口

定义该程序的入口如图 11-23 所示。

- 定义 RobotMotion 类的对象 my_robot。
- 执行主函数 main( )。

```
170    #任务主函数入口
171    if __name__ == "__main__":
172        my_robot = RobotMotion()
173        main()
```

图 11-23　程序入口

二　复制源码包到机器人端

编写完程序后，用 scp 命令复制整个源码包到机器人端，命令如下，输入密码 raspberry，如图 11-24 所示。

```
scp -r demo1 pi@10.10.34.182:/home/pi
```

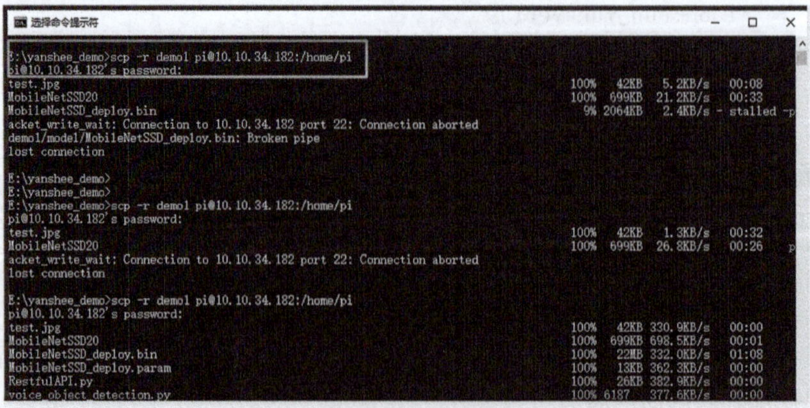

图 11-24　复制源码包到机器人端

三 运行 voice_object_detection 程序

1）用 HDMI 线连接机器人与计算机显示屏，打开终端，用命令查看程序包 demo1 目录结构，如图 11-25 所示。

```
cd demo1/
ls -la
```

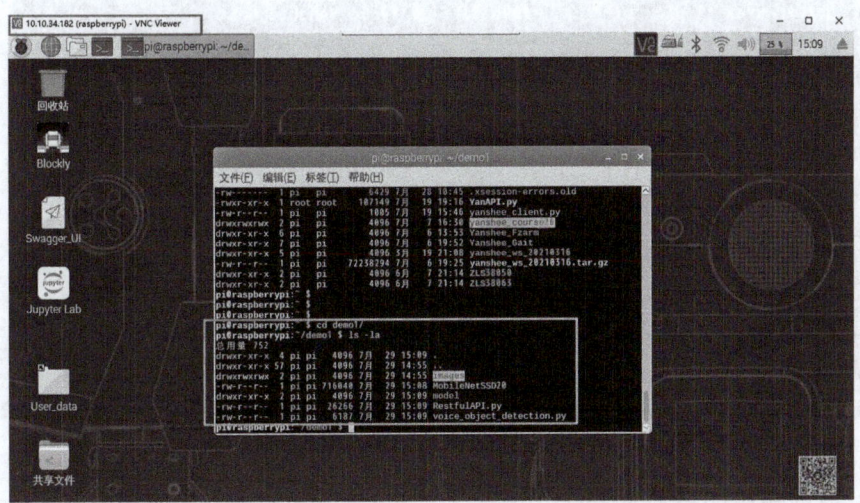

图 11-25　查看程序包 demo1 目录结构

2）给用于调用已训练好的模型 MobileNetSSD 的脚本访问权限，如图 11-26 所示。

```
chmod 777 MobileNetSSD20
```

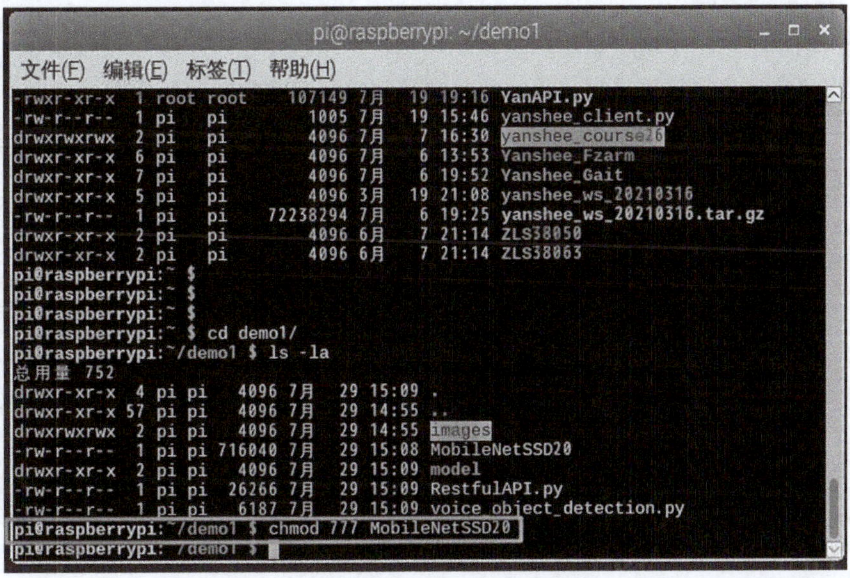

图 11-26　给脚本访问权限

3）运行 voice_object_detection.py 程序，如图 11-27 所示。

```
python voice_object_detection.py
```

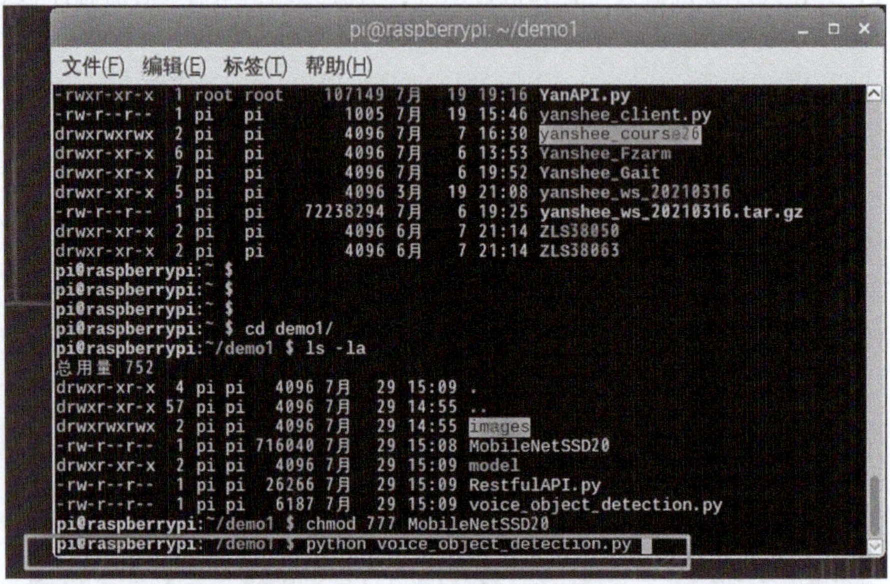

图 11-27 运行 voice_object_detection.py 程序

机器人识别物体的情况如图 11-28 所示，机器人端会显示终端打印信息和机器人摄像头视频流信息，终端会不断打印机器人识别物体的情况。这里机器人多次识别物体为猫咪，且概率都为 99% 以上，所以视频流中框出识别的物体为猫咪，并在方框左上角标记为"cat"。

图 11-28 机器人识别物体情况

任务评价

班级		姓名		学号		日期		
自我评价	1. 能设计多协程并发程序					□是	□否	
	2. 能编写 Python 类、创建实例、使用实例					□是	□否	
	3. 能应用 MobileNet 模型进行图像识别					□是	□否	
	4. 能在树莓派架构下通过摄像头获取视频帧					□是	□否	
	5. 能在视频流中识别物体并显示结果					□是	□否	
	6. 在完成任务时遇到了哪些问题?是如何解决的?							
	7. 能独立完成工作页的填写					□是	□否	
	8. 能按时上、下课,着装规范					□是	□否	
	9. 学习效果自评等级				□优	□良	□中	□差
	总结与反思:							
小组评价	1. 在小组讨论中能积极发言				□优	□良	□中	□差
	2. 能积极配合小组完成工作任务				□优	□良	□中	□差
	3. 在查找资料信息中的表现				□优	□良	□中	□差
	4. 能够清晰表达自己的观点				□优	□良	□中	□差
	5. 安全意识与规范意识				□优	□良	□中	□差
	6. 遵守课堂纪律				□优	□良	□中	□差
	7. 积极参与汇报展示				□优	□良	□中	□差
教师评价	综合评价等级: 评语: 教师签名: 日期:							

➡ 任务拓展

本项目设计的机器人场景结合了 YanAPI 接口与深度学习模型的应用，实现机器人语音播报图像识别出的物体名称，而整个项目程序通过用户手动退出程序来结束。请试着通过调用 YanAPI 动作和灯效模块的接口，在机器人语音播报之后设计一个结合灯光的动作进行执行，并结束程序。

➡ 项目小结

本项目主要学习了使用 Python 语言实现综合语音、视觉、运控的机器人场景的程序设计，熟悉多协程并发编程的思路，熟悉结合 YanAPI 接口与神经网络模型进行应用的方式，掌握在树莓派架构下通过摄像头获取视频帧的方法，运用综合应用来巩固对 Python 语言的运用。

参 考 文 献

［1］谷明信，赵华君，董天平．服务机器人技术及应用［M］．成都：西南交通大学出版社，2019．
［2］梁瑞宇，赵力，王青云，等．语音信号处理（C++版）［M］．北京：机械工业出版社，2018．
［3］韩纪庆，张磊，郑铁然．语音信号处理［M］．3版．北京：清华大学出版社，2018．
［4］纳温·库马尔·马纳西．Python深度学习实战：基于TensorFlow和Keras的聊天机器人以及人脸、物体和语音识别［M］．刘毅冰，薛明，译．北京：机械工业出版社，2019．
［5］洪青阳，李琳．语音识别原理及应用［M］．北京：电子工业出版社，2020．
［6］吕鉴涛．人工智能算法Python案例实战［M］．北京：人民邮电出版社，2021．
［7］李红蕾，胡云冰，王翙，等．计算机视觉技术［M］．北京：电子工业出版社，2021．
［8］Dongxiao Han, Yuwen Li, Tao Song, et al. Multi-Objective Optimization of Loop Closure Detection Parameters for Indoor 2D Simultaneous Localization and Mapping [J]. Sensors, 2020, 20（7）.
［9］Frank D, Michael K. Factor Graphs for Robot Perception [J]. Foundations & Trends in Robotics, 2017, 6（1-2）:1-139.
［10］董付国．Python程序设计［M］．3版．北京：清华大学出版社，2020．
［11］谢志坚，熊邦宏，庞春．AI+智能服务机器人应用基础［M］．北京：机械工业出版社，2020．